冲击地压综合监测预警技术

夏永学　潘俊锋　等　著

应急管理出版社

·北　京·

图书在版编目（CIP）数据

冲击地压综合监测预警技术 / 夏永学等著. -- 北京：
应急管理出版社，2025. -- ISBN 978-7-5237-0713-5

Ⅰ. TD324

中国国家版本馆 CIP 数据核字第 2024DG7403 号

冲击地压综合监测预警技术

著　　者	夏永学　潘俊锋 等
责任编辑	闫　非
编　　辑	田小琴
责任校对	赵　盼
封面设计	解雅欣

出版发行　应急管理出版社（北京市朝阳区芍药居 35 号　100029）
电　　话　010 - 84657898（总编室）　010 - 84657880（读者服务部）
网　　址　www.cciph.com.cn
印　　刷　北京地大彩印有限公司
经　　销　全国新华书店

开　　本　710mm×1000mm$^1/_{16}$　印张　20$^1/_2$　字数　376 千字
版　　次　2025 年 1 月第 1 版　2025 年 1 月第 1 次印刷
社内编号　20240935　　　　　　定价　98.00 元

前　言

　　煤矿安全是一项复杂的系统工程。我国96%的矿井为井工开采，这决定了我国煤矿灾害客观上极为严重，其中冲击地压是主要灾害类型之一，其事故量、事故强度和伤亡人数均呈现较快增长趋势。尤其是过渡到深部开采以后，地下工程原岩应力增大，围岩温度增加，岩石破坏过程强化，受静态地质、动态环境的制约，统一性、规律性、差异性很大。加之采掘动态多变，巷道位移、采场失稳、应力叠加愈加明显，煤岩冲击风险巨大。

　　近年来，随着煤矿科学技术的发展，我国针对深部开采面临的冲击地压问题进行了大量的研究与实验，在冲击地压机理、冲击危险性评价、冲击地压监测预报和防治手段等方面，积累了较为丰富的实践经验，形成了具有中国特色的冲击地压防治理论与技术体系，但也面临一系列亟待解决的理论与技术难题。

　　本书在国家重点基础研究发展计划项目、国家重点研发计划项目、国家科技支撑计划项目、国家自然科学基金项目等基金的资助下，以中煤科工开采研究院有限公司在"十五""十一五""十二五""十三五"期间取得的数十项科研成果，以及近年来国内外冲击地压监测预警技术研究成果和经验为基础，结合我国实际，开展冲击地压多参量预测理论、方法、技术的系统研究工作。重点研究内容包括冲击地压预测理论，综合监测方法，多参量前兆信息识别，危险评价依据、指标，预警规则和模型，预测效能检验等。在此基础上，开发多参量综合预警系统及远程监控平台，进而提升冲击地压预测预报的科学性、时效性和可靠性。根据危险评价结果进行现场冲击地压防治工作，可及时排除事故隐患，提高煤矿井下生产安全性，从而最大限度地减少人员伤亡和财产损失。项目成果对提高我国冲击地压理论研究水平、减小冲击地压灾害现状具有重要意义。

全书的整体构思、统稿和审定由夏永学负责。各章编写分工：第1章由夏永学负责编写；第2章由潘俊锋、夏永学负责编写；第3章由夏永学、潘俊锋、马文涛、秦子晗负责编写；第4章由夏永学、王书文、冯美华、刘少虹负责编写；第5章由夏永学、潘俊锋、陆闯、杜涛涛负责编写；第6章由夏永学、王传朋、陈法兵负责编写；第7章由夏永学、潘俊锋、陆闯、秦子晗、杨光宇负责编写；第8章由夏永学、陆闯负责编写；第9章由夏永学、卢振龙、冯美华、秦子晗、陆闯负责编写。本书内容包含了著者对若干理论问题的研究成果和学术探讨。希望本书的出版对改善我国煤矿深部开采冲击地压防治理论、技术和装备的发展起到积极作用。

本书涉及的很多研究成果是与煤炭企业合作完成的，包括山东新汶矿业有限责任公司、山东淄博矿业有限责任公司、内蒙古平庄矿业有限责任公司、中煤西北能源化工集团有限公司、中天合创能源有限责任公司、伊泰煤炭股份有限公司、陕西彬长矿业集团有限公司、陕西麟北煤业开发有限责任公司、黑龙江龙煤鹤岗矿业有限责任公司、黑龙江龙煤双鸭山矿业有限责任公司、吉林辽源矿业（集团）有限责任公司、甘肃华亭煤业集团有限责任公司、庆阳煤电集团有限责任公司，国能新疆宽沟矿业有限责任公司等。在编写过程中，得到了中煤科工开采研究院有限公司有关领导的大力支持和帮助。在此一并表示衷心的感谢，同时感谢所有引用文献的作者。

由于水平有限，书中难免存在不妥之处，敬请读者批评指正。

著　者

2024 年 3 月

CONTENTS

目　录

1 绪论 ·· 1

1.1 我国煤矿冲击地压灾害现状 ······················ 1

1.2 冲击地压预测预报的意义 ························· 4

1.3 冲击地压监测预警研究现状 ······················ 5

2 冲击地压综合监测预警的理论基础 ·············· 16

2.1 冲击地压发生的动力学过程及启动类型 ·········· 16

2.2 基于冲击地压启动理论的分源监测预警理论基础 ··· 20

3 冲击危险性预评价方法 ·························· 26

3.1 冲击倾向性鉴定 ······························· 26

3.2 综合指数法 ·································· 33

3.3 多因素耦合法 ································ 38

3.4 评估方法的改进 ······························· 40

4 基于现场探测的冲击危险性评价方法 ············ 51

4.1 煤层震源激发地震波的传播特征 ················· 51

4.2 煤层震源激发地震波的正演模拟 ·············· 59

4.3 围岩波速结构与冲击危险性的相关性 ············· 67

4.4 基于CT探测的冲击危险性评价模型 ············· 69

4.5 基于震波CT探测的冲击危险性静态评价方法的应用 ··· 72

4.6 冲击危险静态综合评估指标 ··············· 84

5 冲击地压动态监测方法 ·················· 85

5.1 冲击地压监测方法的分类 ·············· 85

5.2 微震监测 ······················ 88

5.3 地音监测 ······················ 102

5.4 煤体应力监测 ···················· 108

5.5 钻屑法监测 ····················· 108

5.6 常规矿压监测 ···················· 108

5.7 冲击地压综合监测技术 ··············· 109

6 冲击地压监测系统的开发及应用 ·············· 111

6.1 波兰ARAMIS M/E微震监测系统 ··········· 111

6.2 波兰ARES-5/E地音监测系统 ············ 118

6.3 井上下微震联合监测系统研究及应用 ········· 123

6.4 国产KJ1160井下微震监测系统开发及应用 ······ 131

6.5 高精度传感器及KJ21煤体应力系统的研制 ······ 144

7 冲击地压前兆信息的可识别性研究 ············· 151

7.1 应力信息 ······················ 151

7.2 微震信息 ······················ 155

7.3 地音信息 ································· 198

7.4 支架压力信息 ····························· 233

7.5 钻屑信息 ································· 247

8 冲击地压动－静态信息融合方法与联合预警模式 ······ 250

8.1 监测数据融合方法 ·························· 250

8.2 冲击地压综合预警模型 ······················ 261

9 冲击地压综合监测预警平台 ··················· 269

9.1 预警系统开发 ···························· 269

9.2 冲击地压煤层智能控采技术初探 ·················· 297

参考文献 ·································· 308

1

绪　　论

　　我国煤炭开采以井工开采为主，随着社会对煤炭资源需求日益增长与浅部煤炭资源逐渐枯竭矛盾的加剧，多地煤矿全面进入深部开采阶段。在深部开采"三高一扰动"的环境下，冲击地压灾害成为矿井安全生产面临的重要难题之一。

　　冲击地压监测预警是冲击地压研究体系中的关键一环，提高冲击地压监测预警水平，不仅可以使防治措施更有针对性，而且可以反过来促进冲击地压机理的发展；冲击地压监测预警亦是各研究环节中最薄弱的部分，当前我国冲击地压监测预警效果还不够理想，选取和运用冲击地压监测手段时缺乏使用规则和理论指导，盲目实施不同监测系统的综合监测，难以指导现场解危与避灾决策。本章介绍我国冲击地压灾害现状及冲击地压监测预警的重要意义。

1.1　我国煤矿冲击地压灾害现状

　　我国煤矿地质条件极为复杂，开采煤层大都具有冲击倾向性，尤其是过渡到深部开采以后，地下工程原岩应力增大，围岩温度增加，岩石破坏过程强化，巷道围岩变形剧烈。冲击地压造成的严重破坏情况如图 1-1 所示。

图 1-1　冲击地压造成的严重破坏实景图

冲击地压是开采过程中的严重灾害之一，普遍存在于煤矿、非煤矿山和金属矿等地下工程中。冲击地压发生时，瞬间释放巨大能量，会造成巷道大面积破坏，甚至完全闭合。除此之外，冲击地压还可能诱发更严重的次生灾害，如瓦斯与煤尘爆炸、底板突水等，严重影响矿井生产与人员生命安全。据不完全统计，截至2018年，我国已有超过300座煤矿和20座非煤矿山发生过冲击地压，我国冲击地压矿井数量发展趋势如图1-2所示。主要分布在山东、内蒙古、陕西、新疆、河南、黑龙江、辽宁、江苏、甘肃，其中，山东省冲击地压矿井占全国的30.3%，为全国之最。

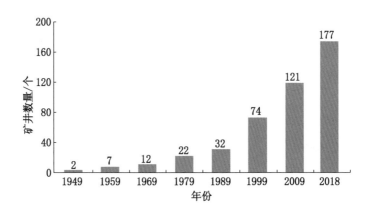

图1-2 我国冲击地压矿井数量发展趋势

近十多年来，我国冲击地压发生频次和强度不断增加，全国范围共发生冲击地压事故440起，伤亡人数达621人，其中，3人以上死亡的19起，死亡435人（表1-1），造成了巨大经济损失，产生了不良社会影响。新汶华丰煤矿，义马千秋煤矿、跃进煤矿、耿村煤矿、鹤岗峻德煤矿、枣庄朝阳煤矿、阜新孙家湾煤矿、五龙煤矿、神新乌冬煤矿、宽沟煤矿、平朔担水沟煤矿、沈阳红阳三矿、山东龙郓煤业、吉林龙家堡煤矿、河北唐山煤矿、山东新巨龙煤矿等均发生过严重的冲击地压事故。义马千秋煤矿是国内冲击地压最严重的矿井之一，2008年6月5日发生在该矿20210回采工作面的冲击地压事故造成13人死亡，11人受伤，105m巷道完全闭合；2011年11月3日，发生在20221掘进工作面的冲击地压事故造成10人死亡，74人被困，经济损失上亿元；2014年3月27日，21032回风上山掘进期间再次发生冲击地压事故，造成6人死亡，并导致该矿长期停产。2017年，全国煤矿共发生5起10人以上的重特大事故，其中冲击地压事故就有

2 起。2018 年 10 月 20 日，山东龙郓煤业 1303 泄水巷掘进贯通期间发生冲击地压事故，巷道两处完全闭合，造成 21 人死亡，22 人被困。2019 年 6 月 9 日，吉林龙家堡煤矿 305 工作面回采期间下巷发生冲击地压，造成 260 m 巷道严重受损（图 1-3），9 人死亡，12 人受伤。2019 年 8 月 2 日，河北唐山煤矿 F5010 联络巷清理巷道时发生冲击地压，造成 7 人死亡。2020 年 2 月 2 日，山东新巨龙能源有限责任公司 -810 m 水平二采区南翼 2305S 综放工作面上平巷发生一起较大冲击地压事故，造成 4 人死亡，直接经济损失 1853 万元。

表 1-1 2003—2022 年我国煤矿发生较大以上冲击地压事故情况

序号	年份	矿井名称	事故类型	人员伤亡
1	2003	芦岭煤矿	冲击地压诱发瓦斯爆炸	84 人死亡
2	2004	木城涧煤矿	冲击地压	12 人死亡
3	2004	峻德煤矿	冲击地压	8 人死亡
4	2005	孙家湾煤矿	冲击地压诱发瓦斯爆炸	214 人死亡
5	2006	华丰煤矿	冲击地压	3 人死亡
6	2008	千秋煤矿	冲击地压	13 人死亡，11 人受伤
7	2010	宽沟煤矿	冲击地压	4 人死亡
8	2011	千秋煤矿	冲击地压	10 人死亡，64 人受伤
9	2012	朝阳煤矿	冲击地压	6 人死亡
10	2013	五龙煤矿	冲击地压	8 人死亡
11	2013	峻德煤矿	冲击地压	5 人死亡
12	2014	千秋煤矿	冲击地压	6 人死亡
13	2015	艾友煤矿	冲击地压	4 人死亡，3 人受伤
14	2017	担水沟煤矿	冲击地压	10 人死亡
15	2017	红阳三矿	冲击地压	10 人死亡
16	2018	龙郓煤业	冲击地压	21 人死亡
17	2019	龙家堡煤矿	冲击地压	9 人死亡，12 人受伤

表 1-1（续）

序号	年份	矿井名称	事 故 类 型	人 员 伤 亡
18	2019	唐山煤矿	冲击地压	7 人死亡
19	2020	新巨龙煤矿	冲击地压	4 人死亡
20	2021	孟村煤矿	冲击地压	6 人受伤
21	2022	胡家河煤矿	冲击地压	4 人死亡，6 人重伤

图 1-3　龙家堡煤矿"6·9"事故现场照片

目前，山东、河南、黑龙江、吉林、辽宁、河北、江苏、安徽等中东部重点煤矿省份已全面进入深部开采，内蒙古、陕西、新疆、甘肃等西部省份也将逐步过渡到深部开采。可以预见，随着开采深度的不断增加，开采条件更加复杂，在高应力作用下，围岩移动和破坏更为剧烈，冲击地压矿井数将进一步增多，煤岩层发生冲击的频度与强度也将随之增大，冲击地压灾害问题及由此引起的一系列事故（如瓦斯、突水及顶底板变形破裂等）也将变得越来越严重和普遍。

1.2　冲击地压预测预报的意义

冲击地压是岩石力学与工程领域公认的世界性难题，虽然通过多年来的系统研究，已经在理论和技术方面获得了许多重要成果，也积累了宝贵的经验，但在冲击地压形发生机理、监测预警和防治方面存在的许多关键性问题仍未能从根本上解决，特别是在冲击地压预测预报方面还有相当长的路要走。因此，开展冲击地压预测预报研究工作仍然是岩石力学与工程领域的重大理论与技术难题。

冲击地压预测预报是提高冲击地压防治水平的关键，只有实现可靠的预测预报，冲击地压防治工作才能更具针对性，从而提高防治效果，降低防治成本，同时有助于进一步认识和提高冲击地压机理。但是，大量的监测实践表明，当前在冲击危险性评价理论和方法方面仍有一些关键性问题亟待解决，包括尚未建立起用于准确评价和预测冲击危险性的技术和方法，尤其是在评价指标、危险判据和预警模型的有效性及普适性方面还有大量工作需要深入研究。

提高冲击地压预测预报水平需要在运用理论分析、经验类比等方法的基础上，综合采用多种手段进行联合监测，通过研究各种监测信息与冲击地压孕育各阶段之间的关系，以及这些信息的时空变化规律，建立冲击地压预测指标与模型。除此之外，在冲击地压前兆信息识别过程中会出现各种复杂的现象，各种信息交织在一起，既有重复又相互矛盾，如何综合利用各参量信息，统一各参量指标的异常指数，最终实现对预警结论的一致性描述，是当前冲击地压监测预警的重要课题。

1.3　冲击地压监测预警研究现状

从 20 世纪开始，国外学者开始试图研究和揭示冲击地压灾害原理，并为冲击地压研究做出了巨大贡献。我国学者从 20 世纪 70 年代末期开始对冲击地压相关问题进行研究，在继承与发展国外先进技术的基础上，初步形成了较为完善的冲击地压理论与技术体系。

1.3.1　冲击地压研究现状

从国内外冲击地压发生历史和发展趋势来看，随着开采深度的增加，冲击地压的发生频次和强度也在不断加大。但是，随着对冲击地压及其控制的不断深入，冲击地压造成的损失也存在得到更好控制的可能。

有组织、有系统地对冲击地压进行研究始于 20 世纪 50 年代。主要采矿国家特别是波兰、南非、加拿大、美国、中国和苏联等国在冲击地压方面开展了大量理论和实践研究工作，形成了各具特色的冲击地压理论，在预测和防治方面也产生了许多行之有效的技术手段。国际岩石力学局于 1977 年成立了专门的冲击地压研究部门，负责收集各国有关冲击地压发生的资料，并进行了详细记录和整理，同时编写了《1900—1977 年冲击地压注释资料》一书。20 世纪 80 年代后，几乎每次国际岩石力学学术会议都有关于冲击地压和岩爆方面的专题研讨。研究成果主要集中在冲击地压的发生机理、预测预报和防治理论与技术等方面：一是研究冲击地压的成因，通过对矿山开采过程中的地质、开采等条件进行分析，得出影响冲击地压发生的主要因素及其作用机制，并在此研究的基础上对开拓方式、巷道布置、开采工艺、支护参数等进行优化设计，通过区域大范围的优化设计实现降低甚至消除冲击灾害发生的目标；二是采用各种监测系统，对开采期间煤岩变形破坏过程进行监测，通过识别冲击地压孕育过程产生的各种前兆信息，采用相应的预警理论与技术，对冲击危险性做出评价和预报，为实施具体防冲措施提供依据；三是根据监测获得的岩体活动及冲击危险性状态采取与之对应的防冲工程措施，达到降低和消除冲击危险的目的。从冲击地压研究的历史来看，上述三个方面是相互影响和相互促进的，对冲击地压的研究都体现出理论与工程实践的紧密结合。

1.3.2 冲击地压监测技术现状

在煤矿开采过程中进行动态连续监测是实现冲击地压预测预报的基础和前提，首先应根据矿井实际条件建立合理的冲击地压监测与预警系统，以实现对冲击地压前兆信息的动态捕捉和有效识别，其次应采用有效的预测方法、指标与判据进行冲击危险预测预报。冲击地压监测技术采用的方法分类见表1-2。其中，地球物理方法不仅监测范围大、成本低、信息量大，而且属于非接触无损监测技术，且快速便捷；其缺点是监测数据量大、易受干扰、具有多解性等。岩石力学方法具有简单实用且成本低等优点，但也存在适应性差、监测范围小等不足。这些监测方法能够以不同的方式和特点给出冲击地压孕育过程伴随的大量信息，逐步成为冲击地压预测预报的重要手段。

表1-2 冲击地压监测技术采用的方法

监 测 方 法	监测方法名称	主要应用国家
岩石力学方法	钻屑监测法	苏、波、联邦德国、中、日、法
	变形量监测法	中、联邦德国、波、法、匈、美
	煤体应力监测法	日、中、美、匈
	地质构造位移监测法	中
	钻孔冲头挤压监测法	苏、波
	岩饼监测法	苏、法、中
	地质动力区划监测法	俄、乌、中

表 1-2（续）

监 测 方 法	监测方法名称	主要应用国家
地球物理方法	微震监测法	波、苏、联邦德国、中、日
	流动地音监测法	波、中、美
	锤击波速监测法	波、苏
	地电监测法	苏、波
	地磁监测法	苏
	重力监测法	苏
	超声监测法	中、苏、波
	地音监测法	波、美、中
	声发射监测法	中、波
	电磁辐射监测法	中
经验类比分析法		大部分国家

1. 微震监测和地音监测法

微震和地音监测都源于声发射技术，已广泛用于岩石稳定性监测，用于冲击地压（岩爆）监测也有近80年的历史，其理论研究已严重滞后工程实践。大量研究表明，煤岩损伤过程中会以声发射的形式向外辐射能量，通过连续声发射监测，不仅可以了解煤岩体当前的损伤状态，而且可以获得岩体损伤过程和发展变化趋势。由于冲击地压的发生也是煤岩体损伤的一种类型，因此通过声发射技术可以为冲击地压预警提供重要的前兆信息。

20世纪40年代，美国矿业局率先提出了采用微震技术监测采动引起的煤岩破裂事件，后来发展到用多通道磁带记录仪收集微震信号，然后在示波器上回放，最后在计算机上进行处理。当然，最初的微震监测系统是无法实现实时监测的，随着电子技术、网络技术的发展和应用，计算机用于处理监测信息的能力也得到极大提升，定位技术和理论方法也取得了突破，岩体声发射技术稳步发展。在数据处理和传输方面，传统的模拟信号逐渐被数字信号代替，信号质量和稳定性得到了极大提升，小波分析、神经网络、模糊识别等逐渐成为研究热点。目前的微震监测系统可以获得震动事件的震源位置、发震时间和释放能量等参数，利用计算机三维可视化还可使监测结果和矿山工程结构以非常直观的形式展示。

波兰的冲击地压较为严重，它也是最早研制微震和地音监测系统的国家之一。波兰EMAG矿用电气工程及自动化研究与发展中心于20世纪70年代研制成功了第一代SYLOK微震监测系统和SAK地音监测系统，目前的声发射系统已发展至第五代，包括ARAMIS M/E微震监测系统和ARES-5/E地音监测系统。波兰矿山研究总院采矿地震研究所也于20世纪70年代开发了第一代数字微震监测仪LKZ，90年代开发了新一代ASI数字化微震监测仪LKZ，目前已更新为WIN-DOWS-XP下的SOS微震系统。除了本国的煤矿应用外，波兰的微震、地音监测系统远销德国、美国、俄罗斯、乌克兰、南非、中国等20多个国家，取得了良好的效果。除此之外，加拿大的ESG微震监测系统和南非的ISS微震监测系统也得到大量应用，前者广泛应用于南非及世界金属矿山的冲击地压监测，后者在加拿大、澳大利亚等国的许多金属矿山也得到大量应用。俄罗斯研制了类似的地震声学监测仪器，如SDAE8型震波监测系统，澳大利亚研制了Siroseis系统。在俄罗斯、乌克兰的许多矿山，除微震和地音监测系统外，还采用电磁辐射等综合性监测手段。而南非Witwatersrand盆地的许多金矿通常只采用微震监测法。目前世界各主要深井开采矿山的大规模地压破坏监测普遍采用微震、地音监测法，或以微震、地音监测法为主的综合监测方法。

国内声发射探测技术最早应用于航空航天领域，目前已在机械、医学等领域广泛使用。从"七五"计划开始，煤炭科学研究总院有限公司下属西安、抚顺、重庆分院等多家科研院所先后对声发射预测煤与瓦斯突出进行了研究，并通过实验室声发射试验研究了煤岩体在单轴压缩状态下的声发射特征，逐步形成了一定的基础理论和分析方法。开发了适用于煤岩体声发射监测的传感器和监测系统，利用声发射活动、瓦斯变化等参数进行煤与瓦斯的预测预报，取得了积极的效果。1976年前后，冲击地压预测预报还是采用地震领域中的群测群防形式，先后在门头沟、大同、辽源等十余个有矿震活动的地区安装了地震仪，最开始采用的是DD-1单分向地震仪，后期逐步更换为DD-2三分向微震仪。北京门头沟煤矿是我国最早使用矿震监测的矿区，矿震监测一直持续到2000年关井，经过20年的监测共获得超过11万个微震事件。我国最早于1984年从波兰引进SY-LOK微震监测系统和SAK地音监测系统，并应用于北京门头沟、枣庄陶庄等矿区。郑治真、陆其鹄等自主研发了慢速磁带地音仪，制作了基于单片机的专用处理设备，实现了对地音信号数据的连续采集，并实现了对震源参数的连续提取和简单分析，该项目在北京房山煤矿井下进行了较长时间的观测，同时获得了国家自然科学基金的资助。1986年，由北京开采所牵头，在对波兰引进的SYLOK微震和 SAK 地音系统消化吸收的基础上，成功研制了国产微震和地音监测系统，分别为 WDJ－1 微震监测系统和 DJ－1 地音监测系统，并陆续在北京、徐州等矿区进行了应用，但没有取得满意的效果。长沙矿山研究院成功研制了 STL－12 型微震监测系统，该系统作为国家"九五"科技攻关项目在铜陵冬瓜山矿得到了应用。但该系统在噪声识别和抑制方面存在较大缺陷，使其应用受到了较大限制。

声发射监测技术的发展与应用关系到矿井地质及岩体动力灾害防治和预测。由于种种原因，我国矿山声发射监测在 20 世纪 90 年代陆续停止。此后 10 多年，矿山冲击地压和矿震监测主要依托区域地震台，但是由于区域地震台密度不够，信号灵敏性和震源定位精度都难以满足矿山冲击地压监测的需要。2006 年以来，以波兰、南非、加拿大、澳大利亚为代表的微震、地音监测系统陆续在国内煤矿和金属矿得到应用，其中波兰的 ARAMIS M/E 微震监测系统和 SOS 微震监测系统已应用到国内各大冲击地压矿区的 100 多个矿井，促进了我国煤矿冲击地压监测预报技术的发展。另外可喜的是，近年来国内多家科研院所在微震和地音监测系统的国产化方面也取得了积极进展。与此同时，用于冲击地压监测预警的其他技术（如电磁辐射监测、煤体应力监测、震动 CT 探测）也得到了迅速发展，这些技术与声发射监测相结合，形成了我国特有的冲击地压综合监测技术体系，并取得了良好的效果。

2. 应力监测法

冲击地压本质上是煤岩应力超过冲击临界载荷后突然破坏的结果，如果能快速、准确地获得煤岩体的应力状态，则可实现对冲击地压的有效预警。目前用于冲击地压煤体应力监测的方法主要是钻孔应力计法，该方法的优点如下：传感器能够安装在煤体深部，实现对冲击危险核区煤体相对应力大小的探测，受外界干扰较小；采样频率高，能实现实时动态传输；监测范围可通过传感器数量和布置方式确定，灵活性高；最重要的是，监测信息可直接反映煤体应力的变化，符合冲击地压的发生机理。

钻孔应力计监测方法最早由北京开采所研发成功，最初是 KS 系列膨胀枕式应力传感器，即通过在煤体中埋设带有油管的压力枕间接反映煤体的相对应力值，主要应用于煤柱稳定性评价、顶底板应力变化、工作面超前支承压力的分布等。之后，在此技术基础上开发了 KSE 系列振弦式应力传感器和 KJ21 采动应力监测系统，实现了对煤体应力的连续在线监测。2009 年进一步开发了毫秒级应力传感器，并将其应用于冲击地压实时动态监测，取得了良好效果。

随着电子技术的不断发展，国内陆续有十多家单位和厂家能提供在线或无线冲击地压应力监测设备。同时开发的可视化软件不仅能实时显示各传感器的应力变化曲线，还能对特定区域内的数据进行联合分析并形成应力分布云图，实时动态预测冲击危险区域及等级，并及时反馈危险信息，大大提高了预警的及时性和有效性。

钻孔应力计法主要通过钻孔孔壁变形引起压力枕内油压变化，再将油压转换为频率信号或者电信号，进行监测和记录。因此该方法实际上只能获得煤体相对应力的大小及其变化趋势，并不是真实的煤体应力值，据此建立的相对应力值与冲击地压的相关性并不总是成立的。而且该方法只能监测垂直应力，实际上冲击地压的发生不仅是垂直应力作用的结果，水平应力也是非常重要的一个因素，特别是发生在构造区域的冲击地压，其水平应力的影响程度远大于垂直应力，仅用单向的垂直应力往往无法反映真实的冲击危险状态。为此，部分学者研发了双向或三向的应力传感器并在部分现场进行了应用，但有关文献缺乏足够的系统性与实用性。

3. 钻屑监测法

钻屑法最早用于煤层突出危险性预测，是 20 世纪 60 年代由德国和苏联学者提出的，我国于 20 世纪 70 年代末开始进行相关方面的研究。20 世纪 80 年代初，煤炭科学研究院重庆研究所将该技术应用于四川省天池煤矿的冲击危险性研究，并建立了相应的评价指标。此后，北京开采所、门头沟煤矿、开滦矿务局、阜新矿业学院等科研院所及企事业单位也开展了相关研究与应用。

钻屑法具有成本低、操作简单、易于操作的优点，目前应用较为广泛，是冲击地压、煤与瓦斯突出预测的重要手段之一。我国《煤矿安全规程》和《防治煤矿冲击地压细则》都将钻屑法作为冲击地压日常监测和解危效果检验的重要手段。其理论基础是煤粉量与煤体应力状态存在正相关关系。现场实施过程中，一般通过钻孔期间不同深度范围内单位煤粉量的涌出情况判定应力的集中程度及范围，应力集中程度越大、范围越广、峰值距离巷帮越近，冲击危险性就越高。打钻过程中颗粒度明显增大，震动频繁、卡钻、顶钻等动力现象的出现也说明危险程度的增加。目前的研究已不局限于煤粉量及其动力现象，许多学者开展了钻屑温度、钻进速度、钻杆扭矩等指标与冲击危险性的关系研究，并建立了定量评价方法，但主要成果仍基于理论与试验研究，缺少现场应用的相关报道。

钻屑法的缺点是探测范围小、施工工程量大、作业条件差、施工操作影响大、在时间和空间上均无法实现连续监测，因此实际应用中往往出现误差大、施工安全隐患高、检测区域与危险区域不一致等现象。为解决上述问题，部分学者提出基于钻屑法的冲击地压危险性自动化分析方法与技术，可以实现冲击危险性检验过程中自动化统计每米煤粉量，记录煤炮、顶钻、吸钻和卡钻等宏观现象，实现钻进区域冲击危险性的智能化评价。由于涉及相当复杂的技术，目前尚难以常规应用。

4. 震波 CT 探测法

地震波在穿越地质体时会出现走时或能量的变化，震波 CT 技术接收穿过地质体的震动波，经过反演分析，便可实现地质体内部结构的重建，通过数字观测技术和计算机成像技术的有机结合，最终以图像等形式直观地表现出来。震波 CT 技术能够提供丰富且高精度的岩层存储信息，是当今极具潜力的物探方法。目前常用的震波 CT 探测最高分辨率可达 1 m 以内，比常规地面地震 3~4 m 的分辨率高得多。由于具有较高的分辨率，该技术已广泛应用于工程岩体内部发育裂缝、断层破碎带、陷落柱、地下空洞、岩层厚度变化带等地质异常体产状及影响范围的探测。

我国于 20 世纪 80 年代中期才开始开展地震波 CT 探测理论与技术方面的研究工作，并先后在山西大同、平顶山等矿区进行应用，取得了一些成果。但总体而言，该技术在煤矿领域的研究及应用相对较少。1993 年，北京开采所最早对冲击地压煤层层析成像方法进行了试验研究，但系统性的研究始于 2010 年，王书文等利用波兰 PASAT 便携被动式 CT 探测系统深入研究了地震波波速及波速梯度与冲击危险性的相关性，并以此为基础建立了以波速异常系数和波速梯度系数为主要因子的冲击危险性评价方法，并在平庄、新疆、新汶、义马等数十个矿区进行了成功应用，取得了较好的效果。窦林名等利用 SOS 微震系统监测的微震事件进行矿震震动波层析成像，并将成像结果用于冲击危险性评价研究，该技术属于主动式 CT 探测，探测频率高且用于探测的震动信号是煤岩破裂自发形成的，因此不需要人为激发，但由于微震定位精度往往存在较大误差，对其应用效果造成了一定影响。张平松等利用地震波 CT 探测技术，对工作面内部地质构造等异常体进行了探测研究，研究了工作面回采过程中煤层顶、底板的动态破坏规律。许永忠等在地震波层析成像中采用 SIRT 法对煤田中的地应力异常区进行了震动波层析成像研究，在一定程度上改善了成像效果。

被动式 CT 探测需要人为激发震源，由于震源位置精确，因此具有精度高、结果可靠的特点，在煤岩体应力异常区、构造带、煤层厚度变化带等典型异常区的探测应用广泛。目前在冲击地压矿井的应用主要还是以被动式探测为主，包括冲击危险性评价与危险区域划分、防治效果检验等方面，但该技术最大的缺陷在于无法连续监测，难以反映冲击危险性的动态变化。主动式 CT 探测所用的震源是煤岩自发破裂产生的震动信号，因此探测频次远高于主动式 CT 探测技术，但震源位置是根据微震系统定位获得的，难以精确获得震源位置，因此探测误差较大，可靠性较低。自震式 CT 探测系统根据机械周期性自动激发震源，激发周期可以人为任意设定，克服了上述两种 CT 探测方法的缺陷，能实现高精度连续探测，是未来智能化防冲的重要发展方向之一，但该技术尚未进入实质性研究阶段。

5. 其他方法

目前，用于冲击地压监测的方法还有电磁辐射监测、支架压力监测、电磁 CT 监测等。电磁辐射技术应用比较广泛，但易受干扰，尤其是在遇到含水、放炮卸压带，用电设备多等情况下，准确性将受到很大影响。支架压力监测可用于坚硬顶板条件下工作面冲击地压的预测预报，但对当前作为主要冲击类型的巷道冲击地压却无能为力。电磁 CT 监测精度高，可作为震波 CT 探测的补充手段，对掘进巷道、煤柱冲击等能起到较好的作用，目前也有相关研究和应用的报道，但存在探测范围小且不能实现连续探测的缺陷，难以作为常规监测方法进行推广应用，目前主要用于局部冲击危险预评价和解危效果检验。此外，巷道变形量观测、顶板下沉量监测等在一定程度上也得到了实际应用，但尚未形成现场实用的方法和判别准则。

1.3.3　冲击地压预警理论与方法研究现状

1. 开采前的冲击地压评价现状

采前冲击危险性评价是冲击地压防治的重要组成部分，可以从整体上掌握待采区域的冲击危险程度及危险区域的分布特征，为工作面开采设计、监测系统布置、防治方案制订及人员管理提供依据。目前国内不少学者都开展了这方面的研究，提出了多种冲击危险性评价方法，主要有综合指数法、多因素耦合法、可能性指数法、动力区划法、数量化理论法、动态权重法。其中，应用最广泛的是窦林名等提出的综合指数法，该方法是在对已发生的冲击地压灾害进行研究的基础上，通过分析各种地质因素和开采技术因素对冲击地压发生的影响规律及程度，依据经验和统计类比方法确定各种因素对冲击地压的影响权重，然后将其综合起来，建立的宏观分析方法。姜福兴等采用模糊数学的方法，建立采煤工作面冲击地压发生的可能性指数评估法，该方法以冲击倾向性和采动应力为主要指标，在很多冲击地压矿区进行了成功应用。地质动力区划法是用于冲击危险评价的较早方法之一，它以构造类型、最大主应力及应力梯度、顶底板岩性、强度系数等因素为主要判据，通过模式识别、概率预测等方法进行冲击危险程度及危险区域预测，该方法从矿区地质构造角度揭示了冲击地压在自然条件下的动力源和能量积聚条件，并在抚顺等矿区进行了成功应用。多因素耦合法通过分析目标区域影响冲击危险的各种因素及其影响程度，将多种影响因素进行叠加分析，进而判定冲击危险区域及等级。数量化理论属于多元分析的一个重要分支，根据研究对象的不同，可分为数量化判别法和数量化预测法两种，在部分冲击地压矿井也进行了成功应用，但相关研究工作没有继续和深入，与其他方法相比，在实用性方面尚有一定差距。秦子晗等根据模糊综合评判理论，基于指标权重动态变化的思想，提出了基于动态权重的区域冲击危险性评价方法，该评价方法可实现指标权重随指标值危险程度的增加而增大，避免因采用固定权重而使危险因素被中和的现象，目前已在国内数十个冲击地压矿井进行了成功应用。

上述基于各种理论或经验建立起来的静态评价方法各有特点，在实际应用中取得了一定的效果，但评价结果的可靠性依赖于开采前了解的各种地质信息和开采信息，以及评价人员的认识和专业水平。由于煤矿井下条件的复杂性和隐秘性，在煤层开采前进行的理论分析和计算，其结果往往与实际情况有较大的偏差，而且这种基于理论分析的静态评估方法难以实时反映井下地质条件与开采条件的变化。特别是对于有冲击危险的煤层开采，由于目前我们对冲击地压机理的认识还很不充分，理论计算更难以反映实际情况。因此，开采前的冲击危险性预评价往往出现较大的偏差，这就需要根据实际揭露的条件进行不断的调整和优化，并结合现场探测（如震波 CT 等）的分析结果进行联合处理，只有这样，冲击危险性预评价得到的危险等级及危险区域才能更好地指导各项防冲工作，从而提高防冲效果，降低防冲成本。

2. 开采过程中的冲击地压动态预警研究现状

虽然开采前进行的冲击危险性预测和评估是冲击地压控制的重要依据，但开采过程中冲击地压的动态预警是更为重要的环节。动态预警主要采用现场监测方法，以现场监测数据为基础，研究冲击地压的动态预警理论和方法，通过详细研究冲击地压孕育各阶段物理力学信息特征及时空变化规律，建立冲击危险的预测模型与判据，从而实现冲击地压预测预报的目的。目前在冲击地压监测预警理论与方法方面已经取得了许多重要成果，不仅极大地促进了冲击地压理论的发展，也为冲击地压预测与防治提供了重要依据。

早期的冲击地压预测预报方法主要是基于概率统计法和经验类比等方法，以获得的各种监测信息的时空变化为依据，进行经验性的、定性的预测，应用效果和可操作性比较差。随着对冲击地压机理、前兆信息和可探测性的认识和发展，开始以冲击地压孕育各阶段前兆信息产生的物理机制和规律为基础，探索具有明确物理意义的指标，通过建立定量化的预测模型和方法，使冲击地压的预测预报与冲击地压机理相联系，为冲击地压的预测预报提供理论基础，同时显著提高冲击地压预测预报的客观性和准确性。另一个突破性的发展方向是，通过研究冲击地压与矿山开采活动之间的关系，进一步确定影响煤岩活动变化的各种因素及其作用机理，建立同时考虑监测数据变化与开采活动、地质条件及工程结构变化的多参量监测预警指标，并以其发生模式为基础进行联合处理，形成综合预测模型。这可能改变目前以统计性、经验性预测预报为主的现状，并为向定量化物理预测预报提供可能。

普遍的观点是，冲击地压和天然地震在影响因素和发生机理等方面存在许多共性的问题，而且用于冲击地压监测的微震、地音等很多方法也是从地震领域引入的，因此地震预测预报方面的许多理论和方法是可以借鉴的。基于岩体震动监测获得描述震源的基本参数包括震动时间、强度、位置等，除此之外，还有许多重要的参数，如震级、应力降、视体积、震源半径等，这些参数为矿山地震活动提供了定量分析的基础。但与此同时，人们也认识到，井下地质条件、岩层结构等环境都随着采掘活动的进行而处于动态变化之中，冲击危险性与人为开采活动关系密切。冲击地压孕育的物理力学环境与天然地震具有巨大的差异，而且影响冲击地压的因素比天然地震更多，偶然性更大，其发生机理也更复杂。但是，矿山开采活动的可预知性、岩体破坏的可观测性也为冲击地压预测预报提供了更好的条件。除此之外，国内部分学者也开始从冲击地压活动规律及矿山开采响应方面进行研究，例如，探寻井下爆破、巷道维修、开采强度及其变化、井下工程结构和岩体结构变化等对冲击地压的影响规律，建立起它们之间的关系，并由此进一步研究同时考虑监测数据变化与开采活动及工程结构变化的多参量综合监测预警指标，但该项研究仍然处于起步阶段，也缺乏系统性。

除了预警指标外，如何确定危险识别准则，运用什么理论构建预测模型，一直是困扰广大科研工作者的一大难题。目前应用最广泛也最为实用的方法是临界指标法，它是在大量监测数据样本分析的基础上，依据经验或数学统计的方法确定临界指标，当监测指标超过人为设定的临界值时，判定目标区域存在冲击危险，从而达到冲击地压预测预报的目的。这方面的文献很多，包括微震监测（窦林名等，2008；吕进国等，2010；姜福兴等，2014）、电磁辐射（王恩元等，2012；潘一山等，2013）、地音监测（齐庆新等，1994；窦林名等，2000；贺虎等，2011；陆闯，2019）、应力监测（王平等，2010）、震波 CT 探测（王书文等，2014；窦林名等，2014）、钻屑法（章梦涛等，1988；陆振裕等，2011；曲效成，2011），这些预测运用的都是临界指标法。但从目前应用情况来看，该方法的总体预测效果还不够理想。其原因除了现场环境干扰和监测方法本身的局限性外，危险性识别理论和方法的不合理也是重要原因之一。

常用的冲击地压综合预测理论有数理统计、神经网络、灰色理论、混沌理论和突变理论等。这些理论虽然在冲击地压预测预报中有所应用，但也存在以下不足之处：数理统计假定冲击地压的监测序列为随机序列，运用随机理论进行危险性识别与实际情况并不完全相符，预测结果与实际情况往往存在较大的偏差；神经网络模型不易收敛，网络结构参数的确定具有一定的随意性，且计算时常常面临陷入局部极值问题，容易导致训练失败；灰色模型在预测单调变化的序列时往往具有较高的预测精度，但当面临数据量大且波动剧烈的数据序列时预测并不理想；混沌理论能够很好地描述非线性系统运动的变化规律，但要求具有非常严格的监测数据质量和恰当的重构系统相空间，且模型没有学习能力；突变模型在岩体工程结构的稳定性分析与预测应用中比较广泛，也取得了一些成果，但突变模型中涉及大量的物理力学参数，并要求这些参数有较高的准确度，而这些参数在冲击地压预测领域往往是难以准确获取的。

特别需要指出的是，反映冲击危险性的前兆信息往往具有异常复杂性和多样性，可能涉及应力、震动、形变、电磁等多种信息，且不同矿井甚至相同矿井不同区域的冲击危险前兆规律也可能存在显著差异。因此，多源监测信息联合预警模式成为冲击地压预测预报的发展方向。多源监测信息识别可以实现优势互补，例如，微震与地音监测相配合，微震能监测到一定区域范围内煤岩体能量集中位置、程度及释放速率，从而确定冲击危险区域及等级。地音监测能够在微震圈定的危险区域内评价危险程度及变化趋势，从而实现冲击地压的短期预警。另外，微震与应力的配合、微震与电磁辐射的配合等，都能得到比单一参量更丰富和全面的信息。但目前冲击地压多源前兆信息综合识别模式仍缺乏足够的理论依据，不具有普遍性和适用性。因此，面对冲击地压孕育过程中出现的各种信息及相互间的复杂关系，如何准确识别其前兆信息并进行恰当的融合处理，最终建立冲击地压综合预警方法和模型，是提高冲击地压预测预报水平的关键。

2

冲击地压综合监测预警的理论基础

冲击地压研究的三大方向包括机理、预测和防治，三者相互影响、相互促进，冲击地压发生机理是预测和防治的基础，而冲击地压的预测和防治实践又反过来促进机理的发展。因此，需要将冲击地压预测预报建立在对其发生机理进行研究的基础上，这对冲击地压预测理论与技术的发展具有重要意义。本章介绍冲击地压综合预警依据的理论基础。

2.1 冲击地压发生的动力学过程及启动类型

冲击地压的发生具有一个过程，在这个过程的不同阶段煤岩所处的物理力学状态是不同的，其信息产生的物理机制与规律也明显不同。因此，获得冲击地压的启动类型及动力学过程是冲击地压前兆信息识别的前提之一。

2.1.1 冲击地压发生的动力学过程

冲击地压发生的整个过程历时非常短暂，一般只有几十秒的时间。但是，作为一个事件过程，总会有自身的发生阶段，只是尺度大小的问题。肉眼看到的往往是冲击地压发生后显现的状态，是一个结果，表现为人员伤亡、设备损坏、巷道破坏等，为此可将这种冲击地压发生后的结果性状态定义为冲击地压显现，也就是冲击地压发生过程的最后阶段。实质上在此之前还有三个阶段。

冲击地压发生的第一阶段即冲击孕育阶段。在这一过程中，随着应力的增加，煤岩体的破坏进入不稳定阶段，在煤岩体中产生大量的微裂隙破坏，同时伴随大量地音、电磁辐射等信息；当大量的微破裂发展到一定程度时，量变转化为质变，最终导致煤岩体的最终断裂，即微震现象；最终断裂往往引发高能量震动，对煤岩稳定性构成威胁，严重时可导致灾害性冲击地压。因此，冲击地压孕育全过程中将产生大量物理力学信息，通过分析各种监测信息与冲击地压发生过程的关系，以及这些监测信息的变化规律，可判断冲击地压孕育的不同阶段，进而为冲击地压的预测预报提供依据。

大量案例表明，微震监测系统对煤岩破裂事件进行定位得到的位置，往往与实际冲击地压显现区域相差甚远；采用钻孔应力计等手段监测到的高集中应力区，往往也不是冲击地压显现的区域，这说明，冲击地压肯定存在另一个有别于冲击地压显现区域的冲击启动区域，因此可将对冲击地压显现阶段起主导作用的煤岩破裂区定义为冲击地压启动区域，同时对应冲击地压发生过程中的第二阶段，即冲击启动阶段。

采用微震监测到一个高能量事件后，又会监测到低能量事件紧随其后，或者监测到的能量特别大，有的达到 10^7 J 以上，但实际井下冲击地压过后，冲击地压显现并不强烈，并未造成较大的破坏。而有时定位到的能量较小，反而冲击地压显现很强烈，甚至出现人员伤亡，这说明，从冲击启动阶段到冲击地压显现阶段一定存在能量传递的过程，传递过程可能造成能量的衰减，这就是冲击地压发生过程中的第三阶段，即冲击能量传递阶段。

因此，冲击地压形成全过程对应的 4 个阶段如图 2-1 所示，依次为冲击地压孕育阶段、冲击地压启动阶段、冲击能量传递阶段和冲击地压显现阶段。从防治冲击地压和研究冲击地压发生条件角度来讲，最好将冲击地压遏制在最初两个阶段，即冲击地压孕育阶段和冲击地压启动阶段，研究冲击地压启动的条件是冲击地压预测与防治的重点，因此可将冲击地压防治研究着眼点提前到第一和第二阶段，即阻止冲击地压启动。冲击地压预测预报的关键在于冲击地压启动前各种前兆信息的有效识别。

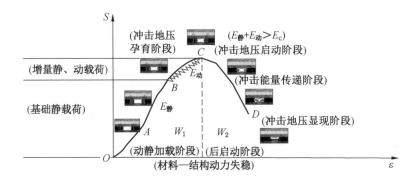

图 2-1 冲击地压形成全过程对应的 4 个阶段

2.1.2 深部开采冲击地压启动类型

1. 冲击地压分类方法

目前，国际上尚未形成统一的冲击地压分类方法。就我国而言，冲击地压的分类方法主要有：①按参与冲击地压的岩体类别分为煤层冲击和岩层冲击；②按地压显现强度分为弹射、微冲击和强冲击；③按震级及抛出煤量分为轻微冲击、中等冲击和强烈冲击；④按冲击地压的破坏后果分为一般冲击地压、破坏性冲击地压和冲击地压事故。

此外，根据冲击地压的应力来源和加载形式（也就是启动条件）进行分类的方法突出了力源因素对冲击地压的作用与冲击地压机制，防治研究相关度最大，根据该分类依据，窦林名将冲击地压分为由采矿活动引起的采矿型冲击地压和由构造活动引起的构造型冲击地压。采矿型冲击地压又可分为压力型、冲击型和冲击压力型，构造型冲击地压主要可分为褶皱型和断层型；潘一山等将其分为煤体压缩型、顶板冲击型和断层错动型3类，其中煤体压缩型包括重力和水平构造应力引起的2种；齐庆新将冲击地压分为重力型、构造型、冲击震动型和综合型4类。

2. 基于冲击启动条件的冲击地压新分类

采用统计方法，分别以"冲击地压"和"冲击矿压"为关键词，对中国期刊网中2000年之后10年间的科技论文进行检索，共检索到相关论文367篇，根据这些论文提供的现场资料，结合课题组以往的科研报告，归纳分析了我国近年来67个矿井发生冲击地压的主导影响因素。

表2-1、表2-2为冲击地压矿井的影响因素统计（地质影响因素和开采技术因素）。地质影响因素主要包括坚硬厚层顶板、上覆巨厚岩层、坚硬顶底板、地质构造、大倾角、煤厚变化及天然地震。开采技术因素主要包括3个：本煤层开采形成的孤岛煤柱、煤层群开采条件下形成的上覆煤柱及放炮震动。

对表2-1、表2-2中的众多因素进一步提炼，根据冲击地压启动条件进行重新划分，课题组认为，冲击地压主要有两种典型的类型：集中静载荷型和集中动载荷型。

集中静载荷型冲击地压发生以应力的缓慢迁移、集中并渐进式加载为主要特征，主要影响因素包括：①开采深度的增加导致自重应力增大；②历史构造运动导致水平构造应力增大；③相邻或相向开采、孤岛煤柱导致支承压力叠加；④工作面超前或巷道侧向支承压力集中；⑤煤层厚度的变化导致局部变薄或尖灭导致应力集中；⑥断层导致断裂区域上下盘应力集中；⑦开采或掘进速度太快，使煤岩体应力来不及调整等。

表2-1 冲击地压矿井的影响因素统计（地质影响因素）

地质影响因素	冲击地压矿井个数	典型举例
坚硬厚层顶板	48	兖州东滩煤矿、鲍店煤矿；新汶良庄煤矿、协庄煤矿、潘西煤矿；徐州三河尖煤矿；平顶山十一矿、十二矿；开滦唐山煤矿；鹤岗峻德煤矿、南山煤矿；七台河新兴煤矿；华亭煤矿
上覆巨厚岩层	5	新汶华丰煤矿、义马千秋煤矿；铜川下石节煤矿；兖州济二煤矿、临沂王楼煤矿
坚硬顶底板	6	大同同家梁煤矿；新汶华丰煤矿、孙村煤矿；七台河桃山煤矿；华亭砚北煤矿
地质构造	38	抚顺老虎台煤矿；阜新孙家湾煤矿；邯郸观台煤矿；开滦赵各庄煤矿、唐山煤矿；新汶潘西煤矿
大倾角	3	甘肃华亭煤矿、北京木城涧煤矿、新汶华丰煤矿
煤厚变化	2	兖州济三煤矿、新汶协庄煤矿
天然地震	1	开滦赵各庄煤矿

表2-2 冲击地压矿井的影响因素统计（开采技术因素）

开采技术因素	冲击地压矿井个数	典型举例
孤岛煤柱	26	义马千秋煤矿；兖州济三煤矿、济二煤矿、东滩煤矿、鲍店煤矿；新汶协庄煤矿；徐州张集煤矿；平顶山十一矿；开滦唐山煤矿、赵各庄煤矿
上覆煤柱	11	新汶华丰煤矿、大同同家梁煤矿、忻州窑煤矿；鹤岗峻德煤矿
放炮震动	6	新汶良庄煤矿；开滦赵各庄煤矿；鹤岗南山煤矿；七台河新兴煤矿；北京木城涧煤矿

动载荷是指作用在给定物体系统上，大小、方向和作用点都随时间变化的载荷。本项目所述集中动载荷指源头相对集中、短时间快速作用的冲击载荷。集中动载荷型冲击地压发生以脉冲载荷或弹性波的加载形式为主要特征，其主要影响因素包括：①工作面采空区大面积悬顶破断、滑移；②大量回收煤柱后引起悬顶

破断；③工作面附近断层"活化"；④井下放炮产生震动波；⑤天然地震引起扰动。

2.2 基于冲击地压启动理论的分源监测预警理论基础

本章基于两种冲击地压类型建立工程结构模型，提出冲击地压启动的能量判据，通过分析冲击地压启动的能量来源及作用机制，介绍冲击地压启动理论对冲击地压监测和预警的指导意义。

2.2.1 冲击地压的工程结构模型与启动能量判据

传统的冲击地压机制研究将冲击地压看作一个整体概念，能量理论认为，冲击地压发生的能量条件为：矿体内与围岩系统的力学平衡状态破坏后释放的能量大于消耗能量，后来 G. Buhuo 不断对该理论进行完善，进一步考虑了岩体动力破坏过程中的时间因素和能量释放的不均匀性，提出将下式作为岩体冲击破坏的能量判据：

$$\frac{\alpha\left(\dfrac{\mathrm{d}V_E}{\mathrm{d}t}\right) + \beta\left(\dfrac{\mathrm{d}V_S}{\mathrm{d}t}\right)}{\dfrac{\mathrm{d}V_P}{\mathrm{d}t}} \geqslant 1 \qquad (2-1)$$

式中　　α——围岩的能量释放系数；

　　　　β——煤岩体的能量释放系数；

$\dfrac{\mathrm{d}V_E}{\mathrm{d}t}$——围岩系统内的能量释放速度，m/s；

$\dfrac{\mathrm{d}V_S}{\mathrm{d}t}$——煤体内的能量释放速度，m/s；

$\dfrac{\mathrm{d}V_P}{\mathrm{d}t}$——煤体克服围岩边界阻力和破坏时吸收能量的速度，m/s。

从形式上看，式（2-1）考虑了冲击地压发生的时间效应及岩体、煤体能量释放的不均匀性，但是没有考虑外界动载荷的可能参与，也没有考虑围岩的结构因素。

后来，白国良和梁冰认为，当满足式（2-1）时，并不一定发生冲击地压，因为围岩保持相对稳定还取决于围岩暴露面的形状和面积、岩体强度等因素，并将式（2-1）整理为下式：

$$\alpha\left(\frac{\mathrm{d}V_E}{\mathrm{d}t}\right) + \beta\left(\frac{\mathrm{d}V_S}{\mathrm{d}t}\right) \geqslant \frac{\mathrm{d}V_P}{\mathrm{d}t} \qquad (2-2)$$

式（2-2）两边对 t 积分得：

$$\alpha V_E + \beta V_S \geq V_P + \psi \qquad (2-3)$$

其中，ψ 为与围岩暴露面的形状和面积、岩体强度等指标相关的函数，对于特定的顶板，ψ 为常数。从而将下式作为岩体失稳的判据：

$$\alpha V_E + \beta V_S - V_P - \psi \geq 0 \qquad (2-4)$$

式（2-4）在式（2-1）的基础上考虑了采掘空间结构因素、岩体强度因素，并且认为：由于岩体并非均质，因此实际过程中可能是局部岩体先失稳，释放能量促进其他岩体失稳，如此形成一种正反馈现象，最终导致整个岩体失稳。白国良和梁冰进一步发展了能量理论，但是仍然缺乏具体性，没有将冲击地压发生能量条件结合到工程结构中，因而缺乏实际应用意义。

从井田范围来讲，冲击地压总是在局部区域发生，根据 2000 年后 10 年间 67 个矿井的统计结果，冲击地压主要发生在回采巷道、掘进工作面及回采工作面。为此，课题组对两种冲击地压类型建立工程结构模型，将冲击启动能量条件与工程结构结合起来研究。

1. 集中静载荷型冲击地压启动能量判据

集中静载荷型冲击地压工程结构模型如图 2-2 所示，设巷道无限长、两帮对称，以左帮为例进行分析。巷道开挖前，巷道所处位置煤体均匀承载，因此不存在应力集聚与分区。巷道开挖后，悬空顶板开始下沉，承载区向巷道两帮迁移，由于两帮近似二维受力，因此容易产生形变，覆岩开始向两帮深处寻找更刚性、更坚实的承载区。同时两帮垂直应力表现出图 2-2 所示特征。依据郑桂荣和杨万斌的研究，根据垂直应力大小分布可将巷道围岩分区为图 2-2 中的破碎区 A、塑性区 B 和弹性区 C。显然巷道两帮围岩中应力分布出现区域性差别。

广义虎克定理三向受力状态下的煤体弹性应变能计算公式为

$$E_0 = \frac{\left[\sigma_1^2 + \sigma_2^2 + \sigma_3^2 - 2\mu(\sigma_1\sigma_2 + \sigma_1\sigma_3 + \sigma_3\sigma_2) \right]}{2E} \qquad (2-5)$$

式中　　　　E——弹性模量；

　　　　　　μ——泊松比；

　　σ_1、σ_2、σ_3——主应力。

由式（2-5）可见，煤岩体给定，E 和 μ 就给定，因此研究区储存的弹性应变能就取决于该位置主应力的大小，也就是说，巷道围岩各点应力不同，其储存的弹性应变能也一定不同，从而可以通过围岩应力对巷道两帮围岩的弹性能储存进行分区。

如图 2-2 所示，设围岩应力峰值 δ_{0max} 所在区域，即巷帮的极限平衡区 $X_{\Omega 0}$ 处承载的弹性应变能为 $E_{\Omega 0}$，由煤岩体储存能量与应力集中系数呈非线性趋势增加，得 $X_{\Omega 0}$ 处 $E_{\Omega 0}$ 为巷道围岩各区域中弹性应变能最大值，$X_{\Omega 0}$ 区域也因此为巷道煤帮主承载区，图 2-2 中用弹簧图示。根据岩体动力破坏的最小能量原理，无论是在一维、二维还是三维应力状态下，岩体动力破坏需要的能量总是一维应力状态下破坏所消耗的能量。因此，该巷道煤帮主承载区发生失稳破坏，无论是单轴压缩破坏还是剪切方式破坏，其发生破坏的条件都是应力超过单轴抗压强度或抗剪强度，即 $\sigma > \sigma_c$ 或 $\tau > \tau_c$，对应的能量消耗准则为

$$E_c = \sigma_c^2/(2E) \quad 或 \quad E_c = \tau_c^2/(2G) \tag{2-6}$$

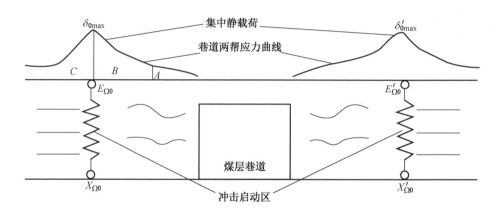

图 2-2　集中静载荷型冲击地压工程结构模型

由此得到巷道应力峰值区 $X_{\Omega 0}$ 处，冲击地压启动的能量条件为 $X_{\Omega 0}$ 处集中静载荷不断渐进式增加，在某一时刻，当 $X_{\Omega 0}$ 处集聚的弹性应变能大于 $X_{\Omega 0}$ 处煤岩破坏所需要的最小能量时，冲击式破坏从 $X_{\Omega 0}$ 处启动，启动后剩余的冲击能量以巷帮浅部煤体为介质和载体向巷道空间传递，并进入冲击地压显现阶段，整个冲击地压发生过程完成。因此，建立冲击地压启动能量判据为

$$E_{\Omega 0} - E_c > 0 \tag{2-7}$$

式中　$E_{\Omega 0}$——将 $X_{\Omega 0}$ 处 3 个主应力代入式（2-5）求出。

2. 集中动载荷型冲击地压启动能量判据

集中动载荷型冲击地压工程结构模型如图 2-3 所示。图中，冲击地压由工作面煤壁侧发生，冲击启动同时受煤帮应力集中和采场上覆坚硬顶板垮断影响。其中，工作面煤壁极限平衡区集中静载荷 E_0 由式（2-5）计算得到。工作面煤壁极限平衡区因上覆顶板悬顶造成该区应力高度集中，储存弹性能量最大，最容易满足失稳破坏条件，也是对外界动载荷响应最灵敏的区域，但是外界动载必须

以该区域静载荷集中度为基础，对其进行扰动或加载，才能完成冲击启动。由图 2-3 所示的顶板断裂弹性能传递至煤壁极限平衡区的能量 E_d 通过下式计算：

$$E_d = E_{d0} R^{-\eta} \qquad (2-8)$$

式中　E_{d0}——顶板断裂时释放的初始能量，可由微震监测出；

　　　R——顶板断裂位置与煤壁极限平衡区的距离，可由微震定位计算得到；

　　　η——煤岩介质中弹性波传播时的能量衰减指数。

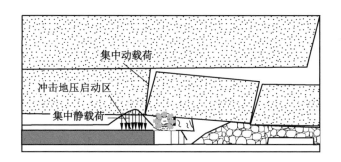

图 2-3　集中动载荷型冲击地压工程结构模型

由此得到工作面煤壁极限平衡区冲击地压启动的能量条件如下：极限平衡区集聚的弹性应变能加上顶板断裂传递来的动载荷能量大于该区煤岩破坏需要的最小能量。因此，建立冲击地压启动能量判据为

$$E_0 + E_d - E_c > 0 \qquad (2-9)$$

2.2.2　基于冲击启动理论的冲击地压分源监测预警认识

20 世纪 80 年代末，岩石力学界提出了"不确定性系统分析方法"，将工程岩体看作"人地系统"，用"系统"概念表征"岩体"，使岩体的"复杂性"得到全面科学的表达。这是因为岩体既是一种典型的可以传递外界载荷的不连续介质，又是一种可以存储内在载荷的地质体，对于发生冲击地压的岩体来说，岩体中能量受到各种扰动、阻止或促进作用，并作出相应的响应，同时岩体结构也在不断地"自组织"。

此外，2.1 节中分析的两种典型冲击地压发生工程结构类型。对于集中静载荷型，除了巷帮极限平衡区自身静载荷集中度满足条件，导致冲击启动外，如果自身静载荷集中度不够，巷道中爆破作业等产生的弹性波对其扰动，叠加也会导致冲击启动。而对于集中动载荷型，如果采场上覆顶板悬顶，对工作面煤壁极限平衡区产生的弯曲弹性能足够大，不需要等到悬顶断裂，也会导致冲击启动。

　　总之，集中静载荷可以独立导致冲击启动，而集中动载荷必须通过静载荷集中区完成，如果静载荷集中度不够，传递到静载荷集中区的动载能量将被消耗。另外，破裂点静载荷长期积聚，超过煤岩强度极限时，静载荷便转化为动载荷。因此静载荷集中是冲击启动的内因。

　　鉴于以上分析，研究冲击地压形成的原因就变得尤为复杂，难以建立线性的或严格的本构关系，进行单一方向的研究，本文引入岩石力学界"系统"的观点来研究冲击地压的启动，本文将巷道两帮、工作面煤壁围岩极限平衡区域定义为"系统内区域"，对应集中静载荷分布；将极限平衡区以外远场定义为"系统外区域"，对应集中动载荷分布。

　　因此，冲击地压启动的能量来源主要分为两类，即采动围岩近场系统内集中静载荷和远场系统外集中动载荷。系统内集中静载荷为采动应力场形成后，以采动围岩中的集中压缩弹性能、顶底板（岩层）弯曲断裂前产生的集中弯曲弹性能为主；系统外集中动载荷包括远场或近场的岩层活动、采掘爆破等产生的冲击波，以采场大面积直接坚硬顶板断裂或上覆高位坚硬顶板断裂、底板断裂、井下爆破产生的瞬间集中压缩弹性能为主。

　　对两种典型工程结构模型冲击地压启动的能量判据分析表明，促成冲击地压启动的能量可以是系统内集中静载荷，也可以是系统外集中动载荷，但是从根本上讲，系统内集中静载荷都必须达到临界条件。也就是说，系统外集中动载荷如果参与，那就是帮助系统内集中静载荷达到临界条件，如果系统内集中静载荷不够大，来自系统外的动载荷传递到静载荷集中区将被消耗，就难以完成冲击启动。

　　以上所述便为冲击地压发生的冲击启动理论，其基本观点为：冲击地压的形成经历冲击地压孕育、冲击地压启动、冲击能量传递、冲击地压显现 4 个阶段；采动围岩近场系统内集中静载荷的积聚是冲击地压启动的内因，采动围岩远场系统外集中动载荷对静载荷的扰动、加载是冲击地压启动的外因；可能的冲击地压启动区为极限平衡区应力峰值最大区，冲击地压启动的能量判据为 $E_{静} + E_{动} - E_c > 0$。动静加载诱发冲击地压启动的机理模型如图 2-4 所示。

　　冲击地压启动理论对冲击地压监测预警的意义如下。

　　（1）指出了冲击地压形成全过程依次经历的 4 个阶段，即冲击地压孕育、冲击地压启动、冲击能量传递、冲击地压显现。冲击地压启动到最终冲击地压显现的时间是极为短暂的，从防治和研究冲击地压发生条件的角度来讲，应将着眼点提前至前两个阶段，即冲击地压孕育阶段和冲击地压启动阶段。

　　（2）指出了影响冲击地压发生的因素复杂多变，从时间上看，既有采前的

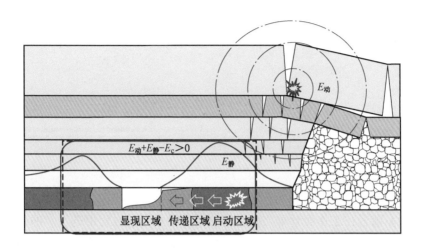

图2-4　动静加载诱发冲击地压启动的机理模型

静态因素，也有开采过程中的动态因素；从空间上看，既有采动围岩近场系统内集中静载荷，也有远场系统外集中动载荷。冲击地压的发生是各种因素综合作用的结果，因此，要实现冲击地压的可靠预测预报，必须考虑时空范围内的各种影响因素，并将其联合分析。

（3）指出了采动围岩近场应力峰值区为可能的冲击地压启动区，从而指导我们研究冲击地压防治，如必须研究采掘空间哪个区域，哪个部分系统内集中静载荷可能最先达到临界条件。因此，围岩近场应力峰值区是冲击地压监测和防治的重点区域。

3

冲击危险性预评价方法

依据工作面采掘时间上的先后关系，可将冲击危险性评价分为预评价和实时评价两种。前者在工作面开采之前进行，后者是在开采过程中进行。冲击危险性预评价的直接目的为：在工作面掘进或回采之前，利用理论或实测手段，划定工作面掘进或回采过程中可能发生冲击地压的区域，大致确定危险区域范围和危险程度，并指出致灾的主要影响因素。冲击危险性预评价有助于制定针对性的冲击灾害防治及管理措施，有重点地布置监测预警设备，在条件允许情况下进行防冲优化设计，从源头上降低甚至消除冲击事故灾害。其涉及的各种因素往往是客观存在的，难以考虑危险变化的时间因素，因此属于静态评估的一种。通过采前预评估可以圈定潜在冲击危险区域的范围及等级，为有针对性进行防冲设计及安全管理提供依据。

3.1 冲击倾向性鉴定

冲击倾向性是识别煤岩体发生冲击破坏的能力、鉴定其是否具有发生冲击地压危险性的固有力学性质。冲击倾向性研究在冲击地压机理研究中占有重要地位，是冲击地压预测与防治研究的基础。

大量的试验研究和生产实践表明，发生冲击地压的煤层具有突然破坏并瞬间释放大量弹性变形能的能力，而各类煤层储存弹性能和发生突然破坏的能力是不同的，因此产生了煤岩层冲击倾向性测定技术，采用冲击倾向性指标评价煤岩体本身是否具有冲击危险。煤层冲击倾向性指标主要有4个：冲击能量指数、弹性能量指数、动态破坏时间和单轴抗压强度。岩层冲击倾向性指标主要是岩层弯曲能量指数。这些指标从定量或定性角度反映了煤岩层储存弹性能和发生突然破坏的能力大小。

3.1.1 煤层冲击倾向性鉴定

根据中华人民共和国国家标准《煤的冲击倾向分类及指数的测定方法》

（GB/T 25217.2—2010），煤的冲击倾向性的强弱，一般根据测定煤样的 4 个指数进行综合衡量。煤的冲击倾向性按其指数值的分类见表 3-1。

表 3-1　煤的冲击倾向性按其指数值的分类

	类　　别	I 类	II 类	III 类
	冲击倾向	无	弱	强
指数	动态破坏时间/ms	$DT > 500$	$50 < DT \leqslant 500$	$DT \leqslant 50$
	弹性能量指数	$W_{ET} < 2$	$2 \leqslant W_{ET} < 5$	$W_{ET} \geqslant 5$
	冲击能量指数	$K_E < 1.5$	$1.5 \leqslant K_E < 5$	$K_E \geqslant 5$
	单轴抗压强度/MPa	$R_C < 7$	$7 \leqslant R_C < 14$	$R_C \geqslant 14$

当动态破坏时间 DT、弹性能量指数 W_{ET}、冲击能量指数 K_E、单轴抗压强度 R_c 的测定值发生矛盾时，其分类可采用模糊综合评判方法，4 个指数的权重分别为 0.3、0.2、0.2、0.3。煤的冲击倾向性强弱可采用综合判定方法进行判断，4 个指数共有 81 种测试结果，其综合判断结果表见表 3-2。

表 3-2　煤的冲击倾向性综合判断结果表

序号	动态破坏时间	弹性能量指数	冲击能量指数	单轴抗压强度	综合评判结果	序号	动态破坏时间	弹性能量指数	冲击能量指数	单轴抗压强度	综合评判结果
1	1	1	1	1	1	10	1	2	1	1	1
2	1	1	1	2	1	11	1	2	1	2	*
3	1	1	1	3	1	12	1	2	1	3	1
4	1	1	2	1	1	13	1	2	2	1	1
5	1	1	2	2	*	14	1	2	2	2	2
6	1	1	2	3	2	15	1	2	2	3	2
7	1	1	3	1	1	16	1	2	3	1	2
8	1	1	3	2	1	17	1	2	3	2	2
9	1	1	3	3	2	18	1	2	3	3	3

表 3-2（续）

序号	动态破坏时间	弹性能量指数	冲击能量指数	单轴抗压强度	综合评判结果	序号	动态破坏时间	弹性能量指数	冲击能量指数	单轴抗压强度	综合评判结果
19	1	3	1	1	1	42	2	2	2	3	2
20	1	3	1	2	1	43	2	2	3	1	2
21	1	3	1	3	2	44	2	2	3	2	2
22	1	3	2	1	1	45	2	2	3	3	*
23	1	3	2	2	2	46	2	3	1	1	1
24	1	3	2	3	3	47	2	3	1	2	2
25	1	3	3	1	1	48	2	3	1	3	3
26	1	3	3	2	3	49	2	3	2	1	2
27	1	3	3	3	3	50	2	3	2	2	2
28	2	1	1	1	1	51	2	3	2	3	*
29	2	1	1	2	2	52	2	3	3	1	3
30	2	1	1	3	1	53	2	3	3	2	2
31	2	1	2	1	*	54	2	3	3	3	3
32	2	1	2	2	2	55	3	1	1	1	1
33	2	1	2	3	2	56	3	1	1	2	1
34	2	1	3	1	1	57	3	1	1	3	3
35	2	1	3	2	2	58	3	1	2	1	1
36	2	1	3	3	3	59	3	1	2	2	2
37	2	2	1	1	*	60	3	1	2	3	3
38	2	2	1	2	2	61	3	1	3	1	2
39	2	2	1	3	2	62	3	1	3	2	3
40	2	2	2	1	2	63	3	1	3	3	3
41	2	2	2	2	2	64	3	2	1	1	1

表3-2（续）

序号	动态破坏时间	弹性能量指数	冲击能量指数	单轴抗压强度	综合评判结果	序号	动态破坏时间	弹性能量指数	冲击能量指数	单轴抗压强度	综合评判结果
65	3	2	1	2	2	74	3	3	1	2	3
66	3	2	1	3	3	75	3	3	1	3	3
67	3	2	2	1	3	76	3	3	2	1	3
68	3	2	2	2	2	77	3	3	2	2	＊
69	3	2	2	3	3	78	3	3	2	3	3
70	3	2	3	1	3	79	3	3	3	1	3
71	3	2	3	2	＊	80	3	3	3	2	3
72	3	2	3	3	3	81	3	3	3	3	3
73	3	3	1	1	2						

注：1—强冲击倾向；2—弱冲击倾向；3—无冲击倾向；＊—结果难以判断。

1. 动态破坏时间

动态破坏时间是指煤试件在单轴压缩状态下，从极限强度到完全破坏所经历的时间。试验过程中采用载荷传感器测量试件承受的载荷，直至试件破坏。测得的信号通过动态电阻应变仪传给毫秒级的计算机数据采集处理系统，该系统根据测得的数据直接绘出相应的动态破坏时间曲线，如图3-1所示，通过相关软件可将曲线图中最大破坏载荷的关键处放大，从而精确地给出单个试件的动态破坏时间。

对于一组试件，其平均动态破坏时间按式（3-1）计算：

$$DT_s = \frac{1}{n} \sum_{i=1}^{n} DT_i \tag{3-1}$$

式中　DT_s——平均动态破坏时间，ms；

　　　DT_i——第 i 个试件的动态破坏时间，ms；

　　　n——每组试件的个数。

2. 弹性能量指数

弹性能量指数是指煤试件在单轴压缩状态下，当受力达到某一值时（破坏前）卸载，其弹性变形能与塑性变形能（耗损变形能）之比。试验过程中采用载荷传感器测量试件承受的载荷，用位移传感器测量试件的轴向变形，直至试件

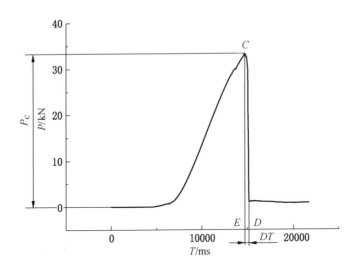

ED—破坏时间；CD—破坏过程；OC—加载过程

图 3 - 1　动态破坏时间曲线

破坏。测得的信号由计算机数据采集系统记录、储存，通过对循环加卸载数据的提取和分析，利用软件绘出弹性能量指数计算示意图，如图 3 - 2 所示，再由计算机直接积分出弹性应变能值和总应变能值，从而获得单个试件弹性能量指数。

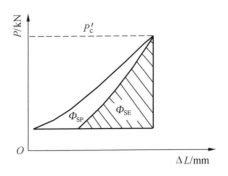

图 3 - 2　弹性能量指数计算示意图

单个试件弹性能量指数按式（3 - 2）和式（3 - 3）计算：

$$W_{ET} = \frac{\Phi_{SE}}{\Phi_{SP}} \tag{3 - 2}$$

$$\Phi_{SP} = \Phi_C - \Phi_{SE} \tag{3-3}$$

式中 W_{ET}——弹性能量指数；

      Φ_{SE}——弹性应变能，其值为卸载曲线下的面积；

      Φ_C——总应变能，其值为加载曲线下的面积；

      Φ_{SP}——塑性应变能，其值为加载曲线和卸载曲线包络的面积。

对于一组试件，其平均弹性能量指数按式（3-4）计算：

$$W_{ETS} = \frac{1}{n} \sum_{i=1}^{n} W_{ETi} \tag{3-4}$$

式中 W_{ETS}——弹性能量指数平均值；

      W_{ETi}——第 i 个试件弹性能量指数；

      n——试件个数。

3. 冲击能量指数

冲击能量指数是指煤试件在单轴压缩状态下，在应力应变全过程曲线中，峰值前积蓄的变形能与峰值后耗损的变形能之比。试验过程中采用载荷传感器测量试件承受的载荷，用位移传感器测量试件的全程轴向变形，用毫秒级高速计算机数据采集处理系统采集测得的数据，得出试件的全应力应变曲线图，如图 3-3 所示，再由计算机积分出峰值前积聚的变形能和峰值后耗损的变形能，从而得到单个试件的冲击能量指数。

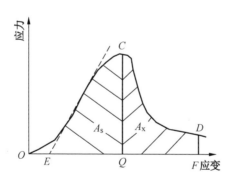

图 3-3 试件的全应力应变曲线图

冲击能量指数按式（3-5）计算：

$$K_E = \frac{A_s}{A_x} \tag{3-5}$$

式中 A_s——峰值前积聚的变形能，等于 OC 曲线下的面积；

A_x——峰值后耗损变形能，等于 CD 曲线下的面积；

K_E——冲击能量指数。

D 为残余强度的初始点，D 点的确定方法是：作 OC 曲线的切线，交 ε 轴于 E 点，截取 $QF = QE$，过 F 点作 ε 轴的垂线，与峰后曲线交点即为 D 点。

对于一组试件，其平均冲击能量指数按式（3-6）计算：

$$K_{ES} = \frac{1}{n} \sum_{i=1}^{n} K_{Ei} \tag{3-6}$$

式中　K_{ES}——冲击能量指数平均值；

　　　K_{Ei}——第 i 个试件冲击能量指数；

　　　n——试件个数。

4. 单轴抗压强度

单轴抗压强度是指在实验室条件下，煤的标准试件在单轴压缩状态下承受的破坏载荷与其承压面面积的比值。单轴抗压强度作为煤矿开采中最常用的表征煤岩体力学性质的工程参数，相关性分析发现，其在一定程度上能够准确反映煤层的冲击倾向性。

试件的单轴抗压强度计算式为

$$R_c = \frac{P_{max}}{A} \tag{3-7}$$

式中　R_c——岩石单轴抗压强度，MPa；

　　　P_{max}——岩石试件最大破坏载荷，N；

　　　A——试件受压面积，mm^2。

3.1.2　岩层冲击倾向性鉴定

根据中华人民共和国国家标准《冲击地压测定、监测与防治方法　第 1 部分：顶板岩层冲击倾向性分类及指数的测定方法》（GB/T 25217.1—2010），岩层冲击倾向性由弯曲能量指数确定，弯曲能量指数是指在均布载荷作用下，单位宽度岩梁达到极限跨度时积聚的变形能，由岩层的密度、弹性模量、抗拉强度及其厚度计算得到。顶底板岩层冲击倾向性按弯曲能量指数值的分类见表 3-3。

表 3-3　顶底板岩层冲击倾向性按弯曲能量指数值的分类

类　别	I 类	II 类	III 类
名　称	无冲击倾向	弱冲击倾向	强冲击倾向
弯曲能量/kJ	$U_{WQ} \leq 15$	$15 < U_{WQ} \leq 120$	$U_{WQ} > 120$

1. 单一岩层弯曲能量指数计算

上覆岩层载荷自煤层顶板起，自下而上，按式（3-8）计算：

$$q = 10^{-6} \frac{E_1 h_1^3 g (\rho_1 h_1 + \rho_2 h_2 + \cdots + \rho_n h_n)}{E_1 h_1^3 + E_2 h_2^3 + \cdots + E_n h_n^3} \tag{3-8}$$

式中　　　　　　　q——单位宽度上覆岩层载荷，MPa；

$E_i (i = 1、2、\cdots、n)$——上覆各岩层的弹性模量，MPa；

$h_i (i = 1、2、\cdots、n)$——上覆各岩层的厚度，m；

$\rho_i (i = 1、2、\cdots、n)$——上覆各岩层的块体密度，kg/m³；

g——重力加速度，N/kg。

当 $n+1$ 层对第1层的载荷小于第 n 层对第1层的载荷时，计算终止，取第 n 层的计算结果。

单一岩层弯曲能量指数按式（3-9）计算：

$$U_{WQ} = 102.6 \frac{(R_t)^{\frac{5}{2}} h^2}{q^{\frac{1}{2}} E} \tag{3-9}$$

式中　U_{WQ}——单一顶板弯曲能量指数，kJ；

R_t——岩石试件的抗拉强度，MPa；

h——单一顶板厚度，m；

E——岩石试件的弹性模量，MPa。

2. 复合岩层弯曲能量指数计算

复合岩层弯曲能量指数按式（3-10）计算：

$$U_{WQs} = \sum_{i=1}^{n} U_{WQi} \tag{3-10}$$

式中　U_{WQs}——复合岩层弯曲能量指数，kJ；

U_{WQi}——第 i 层弯曲能量指数，kJ；

n——复合岩层分层数。

3.2　综合指数法

综合指数法是目前冲击地压预评价的主要方法。《防治煤矿冲击地压细则》第十五条明确规定：冲击危险性评价可采用综合指数法或其他经实践证实有效的方法。该方法是在对已发生冲击地压灾害进行研究的基础上，通过分析各种地质因素和开采技术因素对冲击地压发生的影响规律及程度，确定各因素对冲击地压的影响权重，再将其综合，建立宏观的分析方法，其计算公式如下所示：

$$W_t = \max \{ W_{t1}, W_{t2} \} \tag{3-11}$$

式中 W_t——采用综合指数法评定的综合指数，取地质和开采因素评价指数的最大值，根据该指标可以确定冲击危险程度。

W_{t1} 为地质因素对冲击地压的影响指数，该指数考虑了开采深度等 7 个影响因素（表 3 - 4）；W_{t2} 为开采技术因素对冲击地压的影响指数，该指数考虑保护层的卸压程度等 11 个影响因素（表 3 - 5）。

$$W_{t1} = \frac{\sum_{i=1}^{n_1} W_i}{\sum_{i=1}^{n_1} W_{i\max}} \qquad (3-12)$$

$$W_{t2} = \frac{\sum_{i=1}^{n_2} W_i}{\sum_{i=1}^{n_2} W_{i\max}} \qquad (3-13)$$

根据得出的冲击地压危险状态等级评定综合指数，可将冲击地压的危险程度定量分为 4 个等级，分别为无冲击危险、弱冲击危险、中等冲击危险、强冲击危险。

表 3-4　地质因素对应的冲击地压危险指数评估表

序号	影响因素	因 素 说 明	因 素 分 类	评价指数
1	W_1	同一水平煤层冲击地压发生历史（次数/n）	$n = 0$	0
			$n = 1$	1
			$2 \leqslant n < 3$	2
			$n \geqslant 3$	3
2	W_2	开采深度 h	$h \leqslant 400\ \text{m}$	0
			$400\ \text{m} < h \leqslant 600\ \text{m}$	1
			$600\ \text{m} < h \leqslant 800\ \text{m}$	2
			$h > 800\ \text{m}$	3
3	W_3	上覆裂隙带内坚硬厚层岩层距煤层的距离 d	$d > 100\ \text{m}$	0
			$50\ \text{m} < d \leqslant 100\ \text{m}$	1
			$20\ \text{m} < d \leqslant 50\ \text{m}$	2
			$d \leqslant 20\ \text{m}$	3

表 3-4（续）

序号	影响因素	因 素 说 明	因 素 分 类	评价指数
4	W_4	煤层上方 100 m 范围顶板岩层厚度特征参数 L_{st}	$L_{st} < 50$ m	0
			50 m $< L_{st} \leqslant 70$ m	1
			70 m $< L_{st} \leqslant 90$ m	2
			$L_{st} > 90$ m	3
5	W_5	开采区域内构造引起的应力增量与正常应力值之比	$\gamma \leqslant 10\%$	0
			$10\% < \gamma \leqslant 20\%$	1
			$20\% < \gamma \leqslant 30\%$	2
			$\gamma > 30\%$	3
6	W_6	煤的单轴抗压强度 R_c	$R_c \leqslant 10$ MPa	0
			10 MPa $< R_c \leqslant 14$ MPa	1
			6	2
			$R_c > 20$ MPa	3
7	W_7	煤的弹性能指数 W_{ET}	$W_{ET} < 2$	0
			$2 \leqslant W_{ET} < 3.5$	1
			$3.5 \leqslant W_{ET} < 5$	2
			$W_{ET} \geqslant 5$	3
危险等级评价		$W_{t1} = \dfrac{\displaystyle\sum_{i=1}^{n_1} W_i}{\displaystyle\sum_{i=1}^{n_1} W_{imax}}$	$W_{t1} \leqslant 0.25$	无冲击
			$0.25 < W_{t1} \leqslant 0.5$	弱冲击
			$0.5 < W_{t1} \leqslant 0.75$	中等冲击
			$W_{t1} > 0.75$	强冲击

表3-5 开采技术因素对应的冲击地压危险指数评估表

序号	影响因素	因素说明	因素分类	评估指数
1	W_1	保护层的卸压程度	好	0
			中等	1
			一般	2
			很差	3
2	W_2	工作面距上保护层开采遗留的煤柱的水平距离 h_z	$h_z \geqslant 60$ m	0
			30 m $\leqslant h_z <$ 60 m	1
			0 m $\leqslant h_z <$ 30 m	2
			$h_z <$ 0 m（煤柱下方）	3
3	W_3	工作面与邻近采空区的关系	实体煤工作面	0
			一侧采空	1
			两侧采空	2
			三侧及以上采空	3
4	W_4	工作面长度 L_m	$L_m >$ 300 m	0
			150 m $\leqslant L_m <$ 300 m	1
			100 m $\leqslant L_m <$ 150 m	2
			$L_m <$ 100 m	3
5	W_5	区段煤柱宽度 d	$d \leqslant 3$ m，或 $d \geqslant 50$ m	0
			3 m $< d \leqslant$ 6 m	1
			6 m $< d \leqslant$ 10 m	2
			10 m $< d <$ 50 m	3
6	W_6	留底煤厚度 t_d	$t_d = 0$ m	0
			0 m $< t_d \leqslant$ 1 m	1
			1 m $< t_d \leqslant$ 2 m	2
			$t_d >$ 2 m	3

表3-5（续）

序号	影响因素	因 素 说 明	因 素 分 类	评估指数
7	W_7	向采空区掘进的巷道，停掘位置与采空区的距离 L_{jc}	$L_{jc} \geq 150$ m	0
			100 m $\leq L_{jc} < 150$ m	1
			50 m $\leq L_{jc} < 100$ m	2
			< 50 m	3
8	W_8	向采空区推进的工作面，停采线与采空区的距离 L_{mc}	$L_{mc} \geq 300$ m	0
			200 m $\leq L_{mc} < 300$ m	1
			100 m $\leq L_{mc} < 200$ m	2
			$L_{mc} < 100$ m	3
9	W_9	向落差大于 3 m 的断层推进的工作面或巷道，工作面或迎头与断层的距离 L_d	$L_d \geq 100$ m	0
			50 m $\leq L_d < 100$ m	1
			20 m $\leq L_d < 50$ m	2
			$L_d < 20$ m	3
10	W_{10}	向煤层倾角剧烈变化（>15°）的向斜或背斜推进的工作面或巷道，工作面或迎头与之的距离 L_z	$L_z \geq 50$ m	0
			20 m $\leq L_z < 50$ m	1
			10 m $\leq L_z < 20$ m	2
			$L_z < 10$ m	3
11	W_{11}	向煤层侵蚀、合层或厚度变化部分推进的工作面或巷道，接近煤层变化部分的距离 L_b	$L_b \geq 50$ m	0
			20 m $\leq L_b < 50$ m	1
			10 m $\leq L_b < 20$ m	2
			$L_b < 10$ m	3
危险等级评估		$W_{t2} = \dfrac{\sum\limits_{i=1}^{n_2} W_i}{\sum\limits_{i=1}^{n_2} W_{imax}}$	$W_{t2} \leq 0.25$	无冲击
			$0.25 < W_{t2} \leq 0.5$	弱冲击
			$0.5 < W_{t2} \leq 0.75$	中等冲击
			$W_{t2} > 0.75$	强冲击

在实际应用中，综合指数法存在以下缺陷。

（1）冲击地压实际上是地质因素和开采因素共同作用的结果，综合指数法人为地将两者分开，分别计算评价指数并取最大值，最终评价结果仅反映了其中一类因素而忽略了另一类因素，易造成评价结果的失真。

（2）综合指数法采用专家打分的方式进行取值，部分指标易受专家经验和认知水平的影响，主观因素影响较大。

（3）综合指数法中各因素在临界区域取值时，容易造成评价结果的鲁棒性问题，即指标的轻微变化，可能造成结果突变。比如开采深度为 799 m 时，采深的影响指数为 2；采深增加 800 m 后，评价指数为 3，实际上，这 1 m 深度的增加对冲击危险性的影响是完全可以忽略不计的，但可能对最终危险等级造成实质性影响，这显然是不合理的。

3.3　多因素耦合法

通过对影响冲击地压危险的因素进行分析，确定回采期间影响冲击危险的地质因素。不同因素对诱发冲击地压的影响不同，同一区域单个因素和多个因素叠加对冲击的影响仍不相同，不同区域受相同因素影响，对冲击地压的诱发作用亦可能不同。

采用多因素耦合法对工作面冲击地压危险进行分级分区预测。根据对工作面各主要因素影响程度和范围的分析结果，将工作面各主要因素影响程度及范围进行耦合叠加，获得多因素耦合影响下的工作面冲击危险分级分区预测结果，进而划分工作面冲击危险区域（包括无冲击危险、弱冲击危险、中等冲击危险、强冲击危险 4 种等级的危险区域划分）。

多因素叠加法分区分级划分表见表 3 - 6。冲击地压危险性多因素叠加的等级划分原则如下。

（1）多个"强"等级叠加或"强"等级与其他等级叠加时，定为"强"等级。

（2）1 个"中等"等级与 1 个或多个"弱"等级叠加时，定为"中等"等级。

（3）2 个及以上"中等"等级叠加时，定为"强"等级。

（4）2 个及以上"弱"等级叠加时，定为"弱"或"中等"等级。

综合指数法与多因素耦合法的关系。综合指数法是对区域内最大指标取平均值，代表了区域内平均最高冲击危险性，是对区域冲击危险指数与等级的确定，是宏观上定性质，确定评价区域的防冲要求与能力的方法。多因素耦合法是根据

表 3-6　多因素叠加法分区分级划分表

序号	影响因素	因素说明	区域划分	危险等级
1	W_1	落差大于 3 m、小于 10 m 的断层区域	前后 20 m 范围	强
			前后 20~50 m 范围	中等
2	W_2	煤层倾角剧烈变化 （大于 15°）的褶曲区域	前后 10 m 范围	中等
3	W_3	煤层侵蚀、合层或厚度 变化区域	前后 10 m 范围	强
			前后 10~20 m 范围	中等
4	W_4	顶底板岩性变化区域	前后 50 m 范围	强
			前后 50~100 m 范围	中等
5	W_5	上保护层开采遗留的 煤柱下方区域	煤柱下方及距离煤柱水平距离 30 m 范围	强
			距离煤柱水平距离 30~60 m 范围	中等
6	W_6	落差大于 10 m 的断层或 断层群区域	距离断层 30 m 范围	强
			距离断层 30~50 m 范围	中等
7	W_7	向采空区推进的工作面	接近采空区 50 m 范围	强
			接近采空区 50~100 m 范围	中等
			接近采空区 100~200 m 范围	弱
8	W_8	"刀把"形等不规则工作面或 多个工作面的开切眼及 停采线不对齐等区域	拐角煤柱前后 20 m 范围	强
9	W_9	巷道交叉区域	"四角"交叉前后 20 m 范围	强
			"三角"交叉前后 20 m 范围	中等
10	W_{10}	沿空巷道煤柱	区段煤柱宽 6~10 m 时	中等
			区段煤柱宽 10~30 m 时	强
			区段煤柱宽 30~50 m 时	中等
11	W_{11}	工作面超前支承压力区	超前 0~50 m 范围	强
			超前 50~100 m 范围	中等
			超前 100~150 m 范围	中等

表 3-6（续）

序号	影响因素	因素说明	区域划分	危险等级
12	W_{12}	基本顶初次来压	前后 20 m 范围	中等
13	W_{13}	工作面采空区"见方"区域	单工作面初次"见方"前后 50 m 范围	强
			多工作面初次"见方"前后 50 m 范围	强
			单或多工作面周期"见方"前后 20 m 范围	中等
14	W_{14}	留底煤区域	底煤厚度 0~1 m 时	中等
			底煤厚度 1~2 m 时	中等
			底煤厚度大于 2 m 时	强
15	W_{15}	采掘扰动区域	—	强
说明		(1) 该表主要适用于工作面回采和巷道掘进期间，对于矿井和采（盘）区等大区域冲击危险区划分时，划分参数应根据矿井实际地质情况进行合理扩大。 (2) 经综合指数法评为无冲击危险的采区、工作面或巷道，不需要分区分级划分。 (3) 经综合指数法评估为具有冲击危险、本表未描述的其他区域均定为"弱"等级。 (4) 多个"强"等级叠加或"强"等级与其他等级叠加时，定为"强"等级。 (5) 1 个"中等"等级与 1 个或多个"弱"等级叠加时，定为"中等"等级。 (6) 2 个及以上"中等"等级叠加时，定为"强"等级。 (7) 2 个及以上"弱"等级叠加时，定为"弱"或"中等"等级		

矿井的实际条件（发生规律、主控因素等），在综合指数法的基础上进行细分，划分不同冲击危险区域。但是，多因素耦合法划分的区域至少有一个区域冲击危险等级大于或等于综合指数法确定的危险等级，比如，综合指数法确定的危险等级是"强冲击危险"，但是多因素耦合法划分的最高等级是"中等冲击危险"，甚至"弱冲击危险"，这是不正确的；同样，如果多因素耦合法确定的冲击区域中最低等级高于综合指数法确定的危险等级，也不科学。比如，多因素耦合法将整个工作面全部划分为"中等冲击危险"，但是综合指数法确定的危险等级为"弱冲击危险"，这就表明综合指数法确定的危险等级偏低了。因此，两者是相辅相成的，并不矛盾。

3.4 评估方法的改进

通过综合指数法可以从宏观上掌握目标区域的冲击危险程度，在此基础上采用多因素耦合法，可以进一步圈定目标区域内不同评价单元的危险等级。但要从整体和局部上掌握目标区域的冲击危险状况，需要将两种方法相结合，为此本文在已有综合指数法和多因素耦合法的基础上，对两种方法进行了优化和综合，提出了改进的综合指数法，以进一步提高冲击危险评估的客观性、准确性和可操作性。该方法将影响冲击地压的各种因素分为全局性因素和局部性因素，全局性因素指波动较小、对目标区域整体冲击危险产生影响的因素，如开采深度、采煤方法等；局部性影响因素指波动较大，只对局部区域产生影响的因素，如断层构造、遗留煤柱等。对全局性影响因素进行指标量化后叠加，获得基础危险等级，作为巷道布置、区域卸压等区域防冲措施制定的依据。在确定基础等级的基础上，对局部影响因素进行指标量化后叠加，获得局部危险指数，用以划分冲击危险等级，为有针对性地制订局部监测、防治方案及管理措施提供依据。

3.4.1 全局性影响因素分析

1. 该煤层冲击地压发生的次数（n）

冲击地压发生历史是冲击危险程度的重要评估指标，冲击地压的影响指数可依据式（3-14）确定。

$$\mu_1 = \begin{cases} 0 & (n=0) \\ 0.5 & (0 < n \leqslant 3) \\ 1 & (n > 3) \end{cases} \qquad (3-14)$$

2. 开采深度（H）

冲击地压的发生和开采深度存在密切关系，一般来说，随着开采深度的增加，煤岩静应力加大，冲击地压发生的可能性也会增加。开采深度对冲击地压的影响指数可由式（3-15）确定。

$$\mu_2 = \begin{cases} 0.001H & (H \leqslant 1000 \text{ m}) \\ 1 & (H > 1000 \text{ m}) \end{cases} \qquad (3-15)$$

3. 开采厚度（M）

冲击地压发生的根本原因是煤炭开采造成了应力局部化，煤层厚度越大，开采影响的覆岩范围越广，应力集中程度也越高、范围更大。据统计，我国80%以上的冲击地压事故都发生在厚煤层开采中。煤层厚度对冲击地压的影响指数可由式（3-16）确定。

$$\mu_3 = \begin{cases} 0.1M & (M \leqslant 10 \text{ m}) \\ 1 & (M > 10 \text{ m}) \end{cases} \qquad (3-16)$$

4. 煤的弹性能量指数（W_{ET}）

弹性能量指数是鉴别煤层冲击倾向性的指标之一。先对标准试样进行加卸载实验，当加载载荷达到峰值的 80% ~ 90% 时再卸载，根据加卸载曲线通过式（3 - 17）和式（3 - 18）计算 W_{ET}（图 3 - 4）：

$$W_{ET} = \frac{\Phi_{SE}}{\Phi_{SP}} \qquad (3 - 17)$$

$$\Phi_{SP} = \Phi_C - \Phi_{SE} \qquad (3 - 18)$$

式中　W_{ET}——煤的弹性能量指数；

　　　Φ_{SE}——煤的弹性应变能，J；

　　　Φ_C——煤的总应变能，J；

　　　Φ_{SP}——煤的塑性应变能，J。

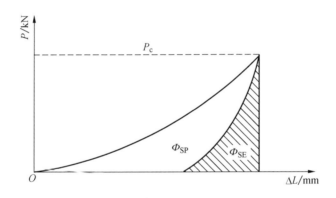

图 3 - 4　煤的弹性能量指数计算

煤的弹性能量指数越大，煤体积聚弹性能的能力越强，冲击危险性也就越高，其对冲击地压的影响指数可由式（3 - 19）确定。

$$\mu_4 = \begin{cases} 0.2 W_{ET} & (W_{ET} \leqslant 5) \\ 1 & (W_{ET} > 5) \end{cases} \qquad (3 - 19)$$

5. 煤的单轴抗压强度（R_c）

我国硬煤、硬板条件下发生的冲击地压具有一定的普遍性，煤的硬度越高、完整性越好，承载能力越强，越容易发生冲击式脆性破坏，且由于应力峰值离巷道近，更容易引发冲击地压事故。煤层硬度对冲击地压的影响指数可由式（3 - 20）确定。

$$\mu_5 = \begin{cases} 0.05 R_c & (R_c \leqslant 20 \text{ MPa}) \\ 1 & (R_c > 20 \text{ MPa}) \end{cases} \qquad (3 - 20)$$

6. 煤的冲击能量指数（K_E）

冲击能量指数也是鉴别煤层冲击倾向性的重要指标之一，根据煤的全过程应力－应变曲线，按式（3－21）计算冲击能量指数（图3－5）：

$$K_E = \frac{A_s}{A_x} \tag{3-21}$$

式中　K_E——冲击能量指数；

　　　A_s——峰值前积聚的变形能，J；

　　　A_x——峰值后损耗的变形能，J。

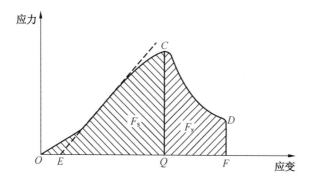

图3－5　煤的冲击能量指数计算

煤的冲击能量指数越大，冲击后剩余能量越高，冲击危险性也越大，其对冲击地压的影响指数可由式（3－22）确定。

$$\mu_6 = \begin{cases} 0.2W_{ET} & (W_{ET} \leqslant 5) \\ 1 & (W_{ET} > 5) \end{cases} \tag{3-22}$$

7. 顶板岩层厚度特征参数（L_{st}）

顶板岩层厚度特征参数反映煤层上方一定范围内的顶板岩性及厚度构成对冲击地压的影响，与岩性及厚度有关，按式（3－23）计算：

$$L_{st} = \sum h_i r_i \tag{3-23}$$

式中　L_{st}——顶板岩层厚度特征参数；

　　　h_i——第 i 层岩层厚度；

　　　r_i——第 i 层岩层的岩性强度指数，按表3－7取值。

表3-7 强度比和弱面系数比取值表

岩 层	砂岩	泥岩	页岩	煤	采空区冒矸
强度比	1.00	0.82	0.58	0.34	0.20
弱面递减系数比	1.00	0.62	0.29	0.31	0.04

顶板岩层厚度特征参数 L_{st} 越大，冲击危险性也越大，其对冲击地压的影响指数可由式（3-24）确定。

$$\mu_7 = \begin{cases} 0.01 L_{st} & (L_{st} \leqslant 100 \text{ m}) \\ 1 & (L_{st} > 100 \text{ m}) \end{cases} \qquad (3-24)$$

8. 构造应力水平（γ）

煤岩体中的应力水平是冲击地压发生的最重要因素，包含原岩应力和采动应力，原岩应力又包含自重应力和构造应力，自重应力与开采深度直接相关，而构造应力则与地层历史水平运动有关，冲击地压矿井往往位于构造应力为主导的矿区，且水平构造应力越大，冲击危险性越高，采用最大水平应力与垂直应力的比值反映区域构造应力水平，其对冲击地压的影响指数可由式（3-25）确定。

$$\mu_8 = \begin{cases} 0.5\gamma & (\gamma \leqslant 2) \\ 1 & (\gamma > 2) \end{cases} \qquad (3-25)$$

9. 坚硬顶板位置（d）

厚层坚硬顶板距离开采煤层越近，对冲击地压的影响越大，其影响指数可由式（3-26）确定。

$$\mu_9 = \begin{cases} 0 & (d \geqslant 10H) \\ H/d & (H < d < 10H) \\ 1 & (d \leqslant H) \end{cases} \qquad (3-26)$$

10. 保护层的卸压效果

保护层是指为消除或削弱相邻煤层的突出或冲击地压危险而先开采的煤层。通过保护层开采可以有效降低被保护层的冲击危险程度，大大降低甚至消除冲击危险性，实现冲击地压的源头治理。保护层的保护效果影响因素很多，其中最主要的有保持层开采厚度 m、距被保护层的距离 h 和遗留煤柱距评价区域的水平距离 L，其影响指数可由式（3-27）确定。

$$\mu_{10} = \begin{cases} 0 & (卸压效果好) \\ 0.5 & (卸压效果一般) \\ 1 & (卸压效果差) \end{cases} \qquad (3-27)$$

11. 与邻近采空区的关系

冲击地压本质上是应力集中引起的，根据力的形成条件，可以分为原岩应力和采动应力，采动应力主要是受采空区范围及分布的影响，孤立煤体的开采往往容易引发严重冲击地压事故，因此冲击地压应尽量采用顺序开采，避免形成孤岛工作面。采空区的影响可由式（3-28）确定。

$$\mu_{11} = \begin{cases} 0 & （首采面） \\ 0.5 & （一侧采空） \\ 1 & （两侧采空） \end{cases} \qquad (3-28)$$

当工作面一条巷道至采空区的最小距离 $d < 20H$ 或 $d < 50\ \mathrm{m}$ 时，定义为一侧采空，如果两条巷道都满足该条件，则定义为两侧采空；H 为煤层采出厚度，m。

3.4.2　局部性影响因素分析

1. 距离采面距离（P_{m}）

开采活动是冲击地压发生的主要影响因素，对于采掘巷道，90% 的冲击地压发生在超前支承压力和滞后卸载应力显著影响范围内，因此确定采动影响范围及其影响程度是确定冲击危险区域的重要依据。开采活动对冲击地压的影响机制表现为：一方面，开采造成局部静载荷升高，为冲击地压提供基础静载应力；另一方面，开采扰动形成动载扰动，为冲击地压提供扰动动载应力。回采和掘进工作面采动对煤体应力的影响关系如图 3-6 所示。

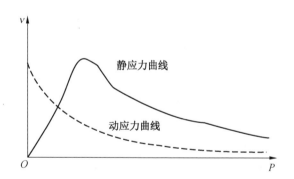

图 3-6　回采和掘进工作面采动对煤体应力的影响关系

对静应力影响指数图和动应力影响指数图如图 3-7 和图 3-8 所示，可由式（3-29）和式（3-30）进行计算，将两者进行综合，其定量化表达如式（3-31）所示。

静应力影响：

$$\nu_{1-1} = \begin{cases} 0 & (P_m > 50H \ \text{或} \ P_m > 500 \ \text{m}) \\ \dfrac{1}{5H}P_m & (0 < P_m \leqslant 5H) \\ -\dfrac{1}{45H}P_m + \dfrac{10}{9} & (5H < P_m \leqslant 50H) \end{cases} \quad (3-29)$$

动应力影响：

$$\nu_{1-2} = \begin{cases} 0 & (P_m > 50H \ \text{或} \ P_m > 500 \ \text{m}) \\ 1 - \dfrac{1}{50H}P_m & (0 \leqslant P_m \leqslant 50H) \end{cases} \quad (3-30)$$

采动影响（超前支承压力 + 扰动）：

$$\nu_1 = \begin{cases} 0 & (P_m > 50H \ \text{或} \ P_m > 500 \ \text{m}) \\ \dfrac{9}{100H}P_m + 0.5 & (0 \leqslant P_m \leqslant 5H) \\ -\dfrac{19}{900H}P_m + \dfrac{19}{18} & (5H < P_m \leqslant 50H) \end{cases} \quad (3-31)$$

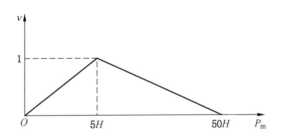

图 3 – 7　静应力影响指数图

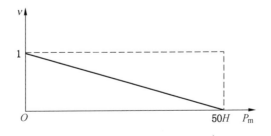

图 3 – 8　动应力影响指数图

2. 构造影响（T_m）

在断层、褶曲等地质构造附近，由于存在残余构造应力，因此该区域的应力水平较其他区域更高，也更容易产生应力集中，因此在断层、褶曲影响区域冲击地压发生的频次和强度也有明显增加。构造对冲击地压的影响指数取值图可简化为图 3-9，并由式（3-32）确定。

$$\nu_2 = \begin{cases} 0 & (T_m > 20b) \\ -\dfrac{1}{20b}T_m + 1 & (0 \leqslant T_m \leqslant 20b) \end{cases} \qquad (3-32)$$

式中　b——根据构造规模确定，大型、中型和小型构造分别取 10、5 和 3，其中，大型构造：断层落差 ≥20 m 或褶曲延伸 ≥1000 m；中型构造：断层落差为 5~20 m 或褶曲延伸为 500~1000 m；小型构造：断层落差 <5 m 或褶曲延伸 ≤500 m。

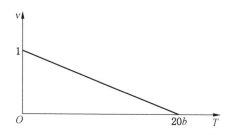

图 3-9　构造对冲击地压的影响指数取值图

3. 交叉巷道及硐室影响（R_m）

在巷道及硐室周边存在采动残余应力，当采掘工作面推进至该区域附近时，形成应力叠加，工作面及巷道的矿压显现更强烈，冲击地压发生的可能性更大，巷道及硐室影响指数取值图可简化为图 3-10，对冲击地压的影响指数可由式（3-33）确定。

$$\nu_3 = \begin{cases} 0 & (R_m > 5h) \\ -\dfrac{1}{5L}R_m + 1 & (0 \leqslant R_m \leqslant 5h) \end{cases} \qquad (3-33)$$

4. 采空区边缘的影响（P_n）

采空区边缘同样会对固定采动支承压力产生影响，其影响指数取值图可简化

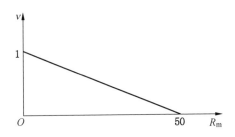

图 3 – 10　巷道及硐室影响指数取值图

为图 3 – 11，在该区域附近进行采掘作业时，发生冲击地压的风险较大，其对冲击地压的影响指数可由式（3 – 34）确定。

$$v_4 = \begin{cases} 0 & (P_n > 50H \text{ 或 } P_n > 500 \text{ m}) \\ \dfrac{1}{5H}P_n & (0 < P_n \leqslant 5H) \\ -\dfrac{1}{45H}P_n + \dfrac{10}{9} & (5H < P_n \leqslant 50H) \end{cases} \qquad (3-34)$$

式中　H——煤层开采厚度，m；

　　　P_n——距离采空区边缘的最短距离，m。

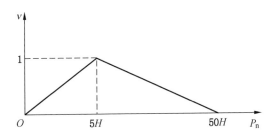

图 3 – 11　采空区边缘影响指数取值图

5. 丢底煤厚度（H_m）

大量实测表明，巷道丢底煤的存在是冲击地压发生的重要原因之一，较厚的底煤往往成为冲击能量释放的突破口，造成底煤的大量突然鼓出，使设备受损、人员受伤，严重时甚至造成巷道堵塞，危害极大。底煤对冲击地压的影响指数可由式（3－35）确定。

$$\nu_5 = \begin{cases} \dfrac{1}{2}H_m & (0\ \text{m} \leqslant H_m < 2\ \text{m}) \\ 1 & (R_m \geqslant 2) \end{cases} \qquad (3-35)$$

6. 区段煤柱宽度（D）

由于受多个方向集中应力的叠加作用，煤柱附近通常具有很高的应力水平，因而煤柱影响区域是冲击地压易发区，合理的煤柱区段尺寸留设对冲击地压防治至关重要。据统计，大约60%的冲击地压与邻近煤层采空区中遗留煤柱或本层遗留煤柱有关。区段煤柱对冲击地压的影响指数可由式（3－36）确定（图3－12）。

$$\nu_6 = \begin{cases} 0 & (D > 50H) \\ \dfrac{1}{5H}D & (0 < D \leqslant 5H) \\ -\dfrac{1}{45H}D + \dfrac{10}{9} & (5H < D \leqslant 50H) \end{cases} \qquad (3-36)$$

式中　H——煤层开采厚度，m。

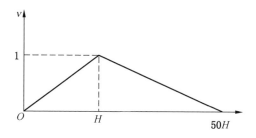

图3－12　区段煤柱对冲击地压的影响指数

3.4.3　综合指数确定

将全局性影响因素和局部性影响因素相结合，按式（3－37）计算冲击危险综合评估指数 ω。

$$\omega = \frac{u+v}{2} = \frac{1}{2m}\sum_{i=1}^{m}u_i + \frac{1}{2n}\sum_{j=1}^{n}v_j \qquad (3-37)$$

式中　u、v——全局性影响指数、局部性影响指数；

　　　m、n——对应的影响因素个数。

根据 ω 值按表3－8划分冲击危险等级。

表 3-8 冲击危险等级表

类别	冲击危险等级	ψ
a	无	$\psi < 0.25$
b	弱	$0.25 \leqslant \psi < 0.5$
c	中	$0.5 \leqslant \psi < 0.75$
d	强	$0.75 \leqslant \psi \leqslant 1$

4

基于现场探测的冲击危险性评价方法

如前所述，基于理论计算的冲击危险静态方法受勘探程度等限制，在实际使用过程中不可避免地与实际存在一定的偏差，为提高评估结果的可靠性，需要对这种偏差进行修正，其中最常用也最有效的方法是现场探测法。在矿山工程中，地震波 CT 成像技术广泛用于工程岩体裂隙、断层构造、地下空洞等地质异常体产状及影响范围的探测。该技术将数字观测技术和计算机技术进行有机结合，以图像等形式提供丰富且可靠的岩层赋存信息，其结果对工程参数优化及灾害防治具有重要的指导意义，是当前极具潜力的物探方法。中煤科工开采研究院有限公司冲击地压研究团队在地震波 CT 探测方面开展了大量研究工作，并将该技术应用于冲击地压煤层冲击危险源及危险区域的探测及分析，在内蒙古、山东、陕西、河南等冲击地压矿区进行了广泛应用，取得了良好效果。本章主要介绍基于震波 CT 探测的冲击危险静态评估技术及其实现。

4.1 煤层震源激发地震波的传播特征

4.1.1 层状岩层地震波传播基本规律

地震波遇到岩层分界面时，不仅产生反射波和透射波，在一定条件下还会产生折射波。如图 4 – 1 所示，当界面下方介质的纵波传播速度高于其上方的纵波传播速度，即 $v_2 > v_1$ 时，透射角 α_2 总是比入射角 α_1 大，而且随着 α_2 的增加更快地增大。当入射角 α_1 增大到刚好使 $\alpha_2 = 90$，即 $\sin\alpha_2 = 1$ 时，透射波将在下层介质并以下层介质的速度 v_2 沿界面滑行，同时开始出现类似光学中的全反射现象。这种沿界面滑行的特殊透过波叫作滑行波，这时的入射角 θ_c 称为临界角，即有：

$$\sin\theta_c = \frac{v_1}{v_2} \tag{4 – 1}$$

考虑到界面两侧的介质是连续分布的，两者质点间存在弹性联系，所以当滑行波传播时，界面下侧质点的振动必然激起界面上侧尚处于静止状态的质点发生振动。由于滑行波以高速介质的波速 v_2 向前滑行，在入射波到达之前，滑行波必然造成界面上临界点以外的任意点超前引起一个新的振动，并向上传播，形成波动传回地面，从而产生在地面上能够观测到的所谓"折射波"。由于折射波超前其他波首先返回地面，因而被最先接收。

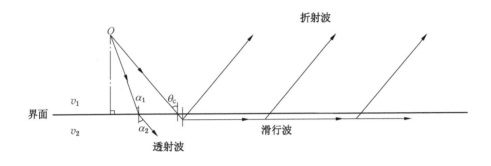

图 4-1　折射波的传播特点

　　形成折射波的条件是界面下层介质的波速必须大于上覆介质的波速。在多层介质情况下，当各层互相平行时，形成折射波的条件是：界面下部介质的波速必须大于上部介质的波速。

4.1.2　"岩-煤-岩"特殊层状结构地震波传播特征

　　与地面二维空间不同的是，在煤矿采掘巷道中进行地震波探测属于三维空间体，是一种较为特殊的地质环境，且地震波的激发和接收受多种因素共同影响。煤层作为一种特殊的介质体，与顶底板之间存在明显的差异。通常来说，煤层在煤系地层中属于一个低速、低密度的软弱夹层，煤岩交界面两侧差异较大。

　　按照波在传播过程中的传播路径特点，煤层震源被激发后，"岩-煤-岩"结构中各路径震波的时距曲线如图 4-2 所示。直达波未受到煤岩交界面的干扰而直接到达检波器，因此，其携带的波形信息必然反映了煤层的相关特性。由于顶底板波速一般大于煤层波速，当地震波的入射角度大于临界角 θ_c 时，透射波将变成沿界面以顶底板的速度传播的滑行波，该波在滑行的同时，将向煤层激发新的波动，从而被煤层中的检波器感知。利用该类型的波可分析煤层顶底板的特征。另外，由于顶底板与煤层之间存在强差异性，地震波入射到煤岩交界面后产生大量反射波，其中包含一定的转换波，这部分能量在顶底界面连续多次反射，满足一定条件时，煤层中的 P 波、SV 波和 SH 波会相互叠加、相长干涉，形成

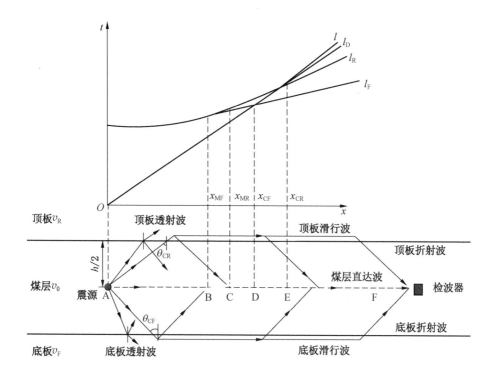

h—煤层厚度；v_0—煤层纵波波速；v_R—顶板纵波波速；v_F—底板纵波波速；θ_{CR}—顶板折射临界角；

θ_{CF}—底板折射临界角；x_{MR}—顶板折射波盲区半径；x_{MF}—底板折射波盲区半径；

x_{CR}—顶板折射波临界距离；x_{CF}—底板折射波临界距离；l_R—顶板折射波时距曲线；

l_F—底板折射波时距曲线；l—反射波时距曲线；l_D—直达波时距曲线

图 4-2　"岩-煤-岩"结构中各路径震波的时距曲线

一个强的干涉扰动，即槽波。槽波的能量在煤层和邻近顶底板内都有存在，但主要分布在煤层中，因此，槽波的特征可反映煤岩层总体的特征。

图 4-2 为典型"岩-煤-岩"结构中各路径震波的时距曲线。结构模型中，$v_F > v_R > v_0$，震源及检波器均位于煤层中部。

当源检距 x 不同时，检波器接收到的波组分及其到达顺序也不尽相同。首先以顶板方向的波组分为例，由各时距曲线可知，顶板折射波的接收存在一个长度为 $x_{MR} = h\,\mathrm{tg}\theta_{CR}$ 的盲区（AC 范围内），若在 AB 范围内安装检波器，将无法接收到顶板折射波，该范围内直达波最先到达检波器。当源检距 $x = x_{MR}$ 时，来自顶板的第一列折射波和反射波同时到达，两种波组分均可被检测到。根据 3 种类型波的时距曲线的交点位置可得，当源检距 $x_{MR} < x < x_{CR}$ 时，CE 段的检波器首先接收

到的是直达波，然后是顶板折射波，后者在前者的续至区间内，折射波的初至在记录上难以辨认；当源检距 $x > x_{CR}$ 时，EF 段的检波器首先接收到的是顶板折射波，而后是直达波，折射波初至清晰可辨，是观测折射波的有利地段。

通过几何关系可得出，直达波和顶板折射波到达顺序的临界距离 x_{CR} 为

$$x_{CR} = h \sqrt{\frac{v_R + v_0}{v_R - v_0}} \qquad (4-2)$$

由上式可知，围岩折射波临界距离与煤岩波速比值，以及震源与围岩垂距有关，其变化曲线图如图 4-3 所示，临界距离随围岩波速与煤层波速比值的增大而减小，随震源与围岩垂距的增大而增大。

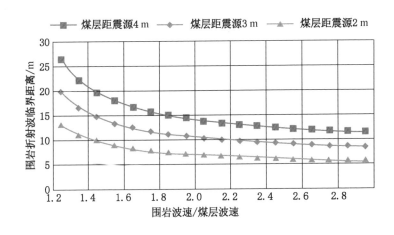

图 4-3 围岩折射波临界距离变化曲线图

同理，可分析底板折射波的到时问题，为便于比较不同源检距条件下检波器接收地震波波组类型，现将分析结果列于表 4-1。

表 4-1 不同源检距条件下检波器接收地震波波组类型分析结果

检波器位置	AB	BC	CD	DE	EF
初至波类型	煤层直达波	煤层直达波	煤层直达波	底板折射波	底板折射波
续至波类型	顶底板反射波	底板折射波 顶底板反射波	底板折射波 顶板折射波 顶底板反射波	煤层直达波 顶板折射波 顶底板反射波	顶板折射波 煤层直达波 顶底板反射波

基于以上分析可知，针对某一探测目的，在布置观测系统和选取有效波形时，应考量检波器位置的合理性及不同传播路径的波列对探测目标的敏感度，从中选取可最大限度反映目标体特性的波进行分析。另外，还需考虑分离不同波的难易程度或可行性。

对于本模型而言，若利用初至波进行地震探测，在 AD 范围内布置检波器只能获取煤层的相关特性，而在 CF 范围内布置检波器则可对底板的相关特性进行分析。反之，获取了某源检距条件下的地震波记录后，可根据顶底板岩性差异，大致判断初至波的行走路径，进而用于分析相应层位的岩性特征。

4.1.3 "基本顶－直接顶－煤层"特殊层状结构地震波传播特征

实际上，井下煤层顶底板一般为众多波速不同的层状组合岩层，基本顶（底）岩层相对直接顶（底）更加密实、坚硬，其纵波波速大小规律一般为：基本顶波速＞直接顶波速＞煤层波速；基本底波速＞直接底波速＞煤层波速。由于"基本顶（底）—直接顶（底）"之间波阻抗差异界面的存在，煤层震源激发的地震波将在该界面产生一组滑行波，并向煤层传播折射波，该折射波仍能被煤层中的检波器接收，其到时与"直接顶（底）－煤层"界面的折射波到时的序列关系与诸多因素有关，为深入分析该问题，建立如图 4－4 的"基本顶－直接顶－煤层"层状结构，该结构中各路径震波的时距曲线如图 4－4 所示，结构模型中，$v_L > v_Z > v_0$。

由图 4－4 所示的几何关系可得出，直接顶折射波时距曲线方程为

$$t = \frac{x}{v_Z} + \frac{2h_Z \sqrt{v_Z^2 - v_0^2}}{v_0 v_Z} \tag{4-3}$$

基本顶折射波时距曲线方程为

$$t = \frac{x}{v_L} + \frac{2h_0 \sqrt{v_L^2 - v_0^2}}{v_0 v_L} + \frac{2h_Z \sqrt{v_L^2 - v_Z^2}}{v_Z v_L} \tag{4-4}$$

直达波和直接顶折射波到达顺序的临界距离为

$$x_{CZ} = 2h_0 \sqrt{\frac{v_Z + v_0}{v_Z - v_0}} \tag{4-5}$$

令 $m_L = \dfrac{v_L}{v_0}$；$m_Z = \dfrac{v_Z}{v_0}$。

联立式（4－4）及式（4－5），可得基本顶折射波时距曲线 l_L 与直接顶折射波时距曲线 l_Z（或延长线）交点对应的基本顶折射波临界距离为

$$x_{ZL} = 2 \left[h_Z \sqrt{\frac{m_L + m_Z}{m_L - m_Z}} + \frac{h_0 (m_Z \sqrt{m_L^2 - 1} - m_L \sqrt{m_Z^2 - 1})}{m_L - m_Z} \right] \tag{4-6}$$

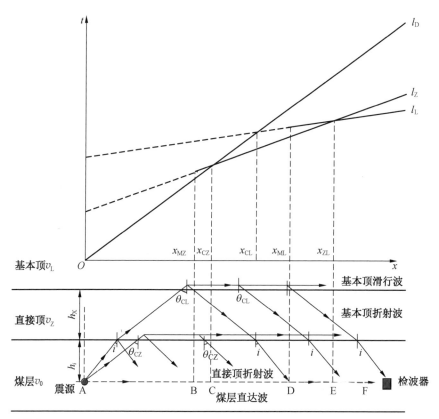

v_0—煤层纵波波速；v_Z—直接顶纵波波速；v_L—基本顶纵波波速；θ_{CZ}—直接顶折射临界角；

θ_{CL}—基本顶折射临界角；x_{MZ}—直接顶折射波盲区半径；x_{ML}—基本顶折射波盲区半径；

x_{CZ}—直接顶折射波临界距离；x_{CL}—基本顶折射波临界距离；x_{ZL}—直接顶、基本顶折射波临界距离；

l_L—基本顶折射波时距曲线；l_Z—直接顶折射波时距曲线；l_D—直达波时距曲线；

h_0—震源至直接顶距离；h_Z—直接顶厚度

图 4-4 "基本顶-直接顶-煤层" 结构中各路径震波的时距曲线

　　为便于比较不同源检距条件下检波器接收的初至折射波类型，现根据图 4-4 所示的时距曲线进行分析，分析结果（只考虑顶板）见表 4-2。可见，该模型条件下，初至波类型共有 3 类，当源检距小于直接顶折射波临界距离 x_{CZ} 时，检波器接收到的初至波存在：煤层直达波和直接顶折射波两种，随着源检距的继续增大，初至波均为基本顶折射波。

表 4-2 不同源检距条件下检波器接收地震波波组分析结果（只考虑顶板）

检波器位置	AB	BC	CD	DE	EF
初至波类型	煤层直达波	煤层直达波	直接顶折射波	直接顶折射波	基本顶折射波
续至波类型	—	直接顶折射波	煤层直达波	基本顶折射波 煤层直达波	直接顶折射波 煤层直达波

根据式（4-6），绘制出直接顶折射波与基本顶折射波临界距离变化曲线，如图 4-5 所示。图 4-5 中，基本顶波速与煤层波速的比值为 m_L，震源至直接顶的距离 $h_0 = 2$ m，直接顶波速与煤层波速的比值 m_Z 不断变化，但不超过 3。图 4-6 中，直接顶波速与煤层波速的比值 $m_Z = 2$，基本顶波速与煤层波速的比值 m_L 不断变化，但不小于 2。

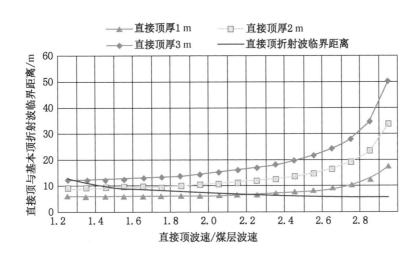

图 4-5 直接顶折射波与基本顶折射波临界距离变化曲线

由曲线可知，直接顶厚度对直接顶折射波与基本顶折射波相遇距离 x_{ZL} 影响较大，当直接顶波速与煤层波速的比值 m_Z 较小时，其变化对 x_{ZL} 的影响较小；反正亦然。此外，直接顶折射波临界距离 x_{CZ} 与 x_{ZL} 的相对大小关系受上述两因素影响显著。可见，多数情况下，$x_{CZ} < x_{ZL}$，即存在部分区间（检波器位于图 4-2 中 DE 区间），直接顶折射波先于基本顶折射波到达检波器。实际上，在某些特殊条件下会出现 $x_{CZ} > x_{ZL}$ 的情形，即无论检波器如何布置，直接顶折射波均无法成

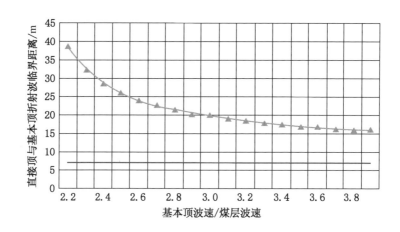

图 4 - 6　基本顶折射波临界距离变化曲线

为初至波，直接顶折射波与基本顶折射波临界距离变化曲线如图 4 - 5 所示。

分析图 4 - 4 至图 4 - 6 可知，若直接顶波速与煤层波速比值 m_Z 较小，直接顶折射波临界距离 x_{CZ} 则较大，若此时直接顶厚度 h_Z 较小，直接顶与基本顶折射波临界距离 x_{ZL} 可能会小于 x_{CZ}。该条件下，初至波仅出现：煤层直达波和基本顶折射波两种情形（表 4 - 3）。"基本顶 - 直接顶 - 煤层"结构中各路径震波的时距曲线如图 4 - 7 所示。

表 4 - 3　不同源检距条件下检波器接收地震波波组分记录（只考虑顶板）

检波器位置	AD	DE	EB	BC	CF	FG
初至波类型	煤层直达波	煤层直达波	煤层直达波	基本顶折射波	基本顶折射波	基本顶折射波
续至波类型	—	基本顶折射波	基本顶折射波	煤层直达波	煤层直达波 直接顶折射波	煤层直达波 直接顶折射波

综合以上分析，煤层顶（底）板的岩性、层厚及煤岩层组合特征对初至波类型及续至波类型影响显著。源检距较小时，初至波类型随顶（底）板相关参数的变化而变化较大；源检距较大时，初至波为基本顶（底）的折射波，其运动学和动力学特征可表征基本顶（底）的地质信息。基于此，在大源检距条件下，可利用初至波记录对基本顶（底）的相关性质进行研究。

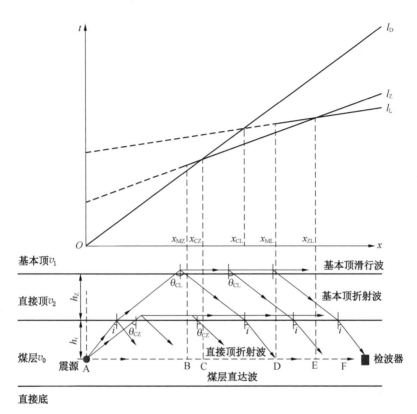

图 4-7 "基本顶-直接顶-煤层"结构中各路径震波的时距曲线（薄软直接顶）

4.2 煤层震源激发地震波的正演模拟

同其他地球物理学问题一样，地震波 CT 研究也包括两类问题：一是正演问题，二是反演问题。这里正演问题指的是已知震源（场源）和传播介质的波速、密度等参数的分布，求井间地震波场的地震响应（即地震波场的空间分布随时间的变化）；而反演问题是指已知井间地震响应，求震源和介质参数的分布问题。从应用的角度来讲，地震学问题主要是求解反演问题。但是为了求解反演问题，往往要先解正演问题，两者是相关联的。

地震波场数值模拟是指对特定的地质、地球物理问题作适当的简化，从而形成一个简化的数学模型，采用数值计算的方法获取地震响应的过程。它是研究各种地震地质条件下构造、物性和岩性等各种地质因素与地震波响应特征（运动学和动力学特征）之间关系的一门技术，也是研究复杂地区地震资料的采集、处理和解释的有效辅助手段。它对人们认识地震波的传播规律，解释实际地震资料，表征地下介质结构与岩性及地下资源开发等均具有重要的理论和实践意义。

4.2.1 有限差分全波场模拟方法简介

地震波场数值模拟方法分为两大类：一类是射线追踪方法，例如，几何射线追踪、渐近射线追踪、动态射线追踪、高斯射线束和傍轴射线近似等；另一类是在时空域或变换域直接解差分或积分方程的波动方程数值解方法，例如，有限差分法、克希霍夫积分法、频波数域方法、伪谱法和有限元法等。

Tesseral 2 – D 全波场模拟方法是基于有限差分的计算方法，非常容易地模拟复杂地质剖面的地震响应，继而快速、精确地计算在介质中传播的波场。它主要包括以下几种波动方程模型的正演模拟方法。

1. 直入射正演模拟

该方法提供一种相对较快的估计反射波时间和振幅的方法，该方法假设地震能量传播是严格垂直的一维传播，在该假设条件下，不考虑地震能量的耗散。．

2. 标量波动方程正演模拟

该模拟是非均匀介质中波场效应最简单的近似，它只考虑压缩波的传播，不考虑密度变化。这种方法对于估计波的运动很有用，它的计算速度比声波方程正演模拟快 30%。

3. 声波方程正演模拟

该方法能估算实际地质情况中地震能量传播的二维波场效应，它忽略固体介质中的刚度，也就是说，这是一种理想的流体介质，在该介质中横波的速度为零。这种近似对于固体的计算仍然有用，当大部分地震能量传播到不连续介质时，转换波的振幅很小，可以忽略不计。声波方程正演模拟计算比垂直入射正演模拟慢，但比弹性波方程正演模拟快。声波方程正演模拟和垂直入射正演模拟仅考虑纵波速度和密度特性。

4. 弹性波动方程正演模拟

该方法产生的结果最接近固体介质的实际条件，包含转换波和横波效应。它不仅考虑密度和纵波的分布，也要已知对应横波的速度，它的计算时间是声波方程的两倍。横波速度在模型的某些区域可以为零，这样就在模型中形成固体和液体两种介质。

5. 各向异性弹性波动方程正演模拟

该方法是弹性波动方程的一个变异，考虑纵向和横向物理特征的变化。允许粗略地模拟各向异性介质的响应。它花费的时间是弹性波动方程模型正演模拟的 3 倍。

4.2.2 煤岩层结构地震波场演化特征

为分析"岩－煤－岩"特殊层状结构条件下，煤层震源激发后地震波场的演化特征，建立煤岩层地震波场正演模型如图 4 – 8 所示，模型水平 × 垂直 = 280 m × 50 m，垂直方向上共分为 5 层，各层位岩性及物性参数见表 4 – 4。震源位于煤层中部，11 个检波器同时接收，各检波器位置见表 4 – 5，震源至检波器走向距离为 210 m。设定采样间隔为 1 ms。

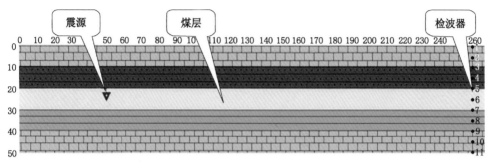

图 4 – 8　煤岩层地震波场正演模型

表 4 – 4　各层位岩性及物性参数表

序号	岩　　性	厚度/m	密度/ (kg·m^{-3})	纵波波速/ (m·ms^{-1})	横波波速/ (m·ms^{-1})
1	砂砾岩（顶板）	10	2100	1.5	0.90
2	砂岩（顶板）	10	2600	2.5	1.45
3	煤层	10	1300	1.0	0.50
4	泥质砂岩（底板）	10	2200	2.0	1.15
5	砂砾岩（底板）	10	2100	1.5	0.90

表 4 – 5　各检波器位置

检波点编号	检波点层位	距煤层中心垂向距离/m
1	砂砾岩（顶板）	25
2	砂砾岩（顶板）	20
3	砂岩（顶板）	15
4	砂岩（顶板）	10
5	煤层与顶板交界面	5
6	煤层中部	0
7	煤层与底板交界面	– 5
8	泥质砂岩（底板）	– 10
9	泥质砂岩（底板）	– 15
10	砂砾岩（底板）	– 20
11	砂砾岩（底板）	– 25

图 4 - 9 为煤岩层结构中地震波场在不同时刻的波场快照，波场中存在顶板纵波、顶板横波、底板纵波、底板横波、煤层纵波、煤层横波，以及在顶底板界面和工作面上产生的多次反射波、转换波、绕射波等。由于传播时间较短，煤层内的煤层纵波和煤层横波及顶底板之间的多次反射波混叠在一起。

$t = 4$ ms 时，地震波在煤层内部传播；$t = 8$ ms 时，地震波传播至顶底板，并在煤岩界面产生反射波；$t = 12$ ms 时，顶底板折射波向煤层空间传播，且其传播速度大于煤层直达波传播速度。此时，煤层中部波前仍为煤层直达波；$t = 16$ ms 时，煤层中波前完全为顶底板折射波，即顶底板折射波先于煤层直达波到达该处。

图 4 - 10 所示为地震记录及其初至分析，采用模型中观测系统条件下的 300 ms 地震记录，并拾取 11 道记录数据的初至（蓝色线）。

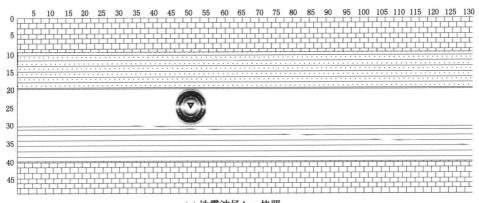

(a) 地震波场4 ms快照

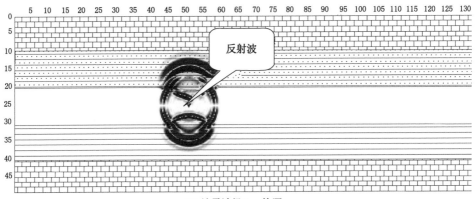

(b) 地震波场8 ms快照

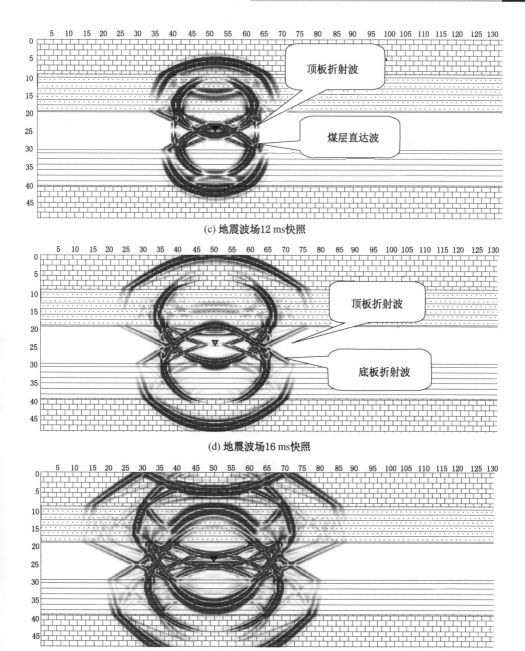

(c) 地震波场12 ms快照

(d) 地震波场16 ms快照

(e) 地震波场20 ms快照

图4-9 煤岩层结构中地震波场在不同时刻的波场快照

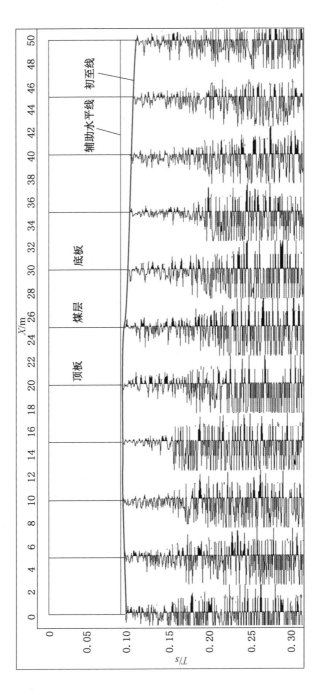

图4-10 地震记录及其初至分析

可见，在检波器与震源水平距离一致的条件下，顶板处的检波器会首先接收到地震波，证明顶板滑行波的存在。同时发现，尽管煤层波速（1.0 m/ms）小于底板波速（2.0 m/ms），但煤层中检波器先于底板检波器接收到地震波。实际上，该处煤层的波前并非完全由煤层传递而来，而是由顶板滑行波在煤层内引起的折射波，该现象证明了顶板折射波的存在，及其与煤层直达波的速度相对大小关系。

4.2.3 不同源检距条件下初至规律

煤岩层正演模型及观测系统布置如图 4 - 11 所示，模型水平 × 垂直 = 300 m × 50 m，垂直方向共分为 5 层，各层位岩性及物性参数见表 4 - 4。震源及检波器均位于煤层中部，震源激发后，51 道检波器同时接收，道间距 5 m，最小源检距 0 m，最大源检距 250 m。设定采样间隔 1 ms。

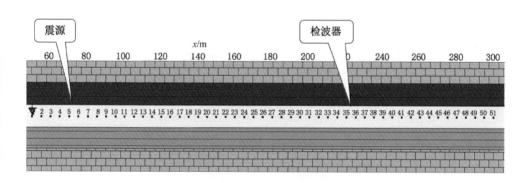

图 4 - 11　煤岩层正演模型及观测系统布置

首先，通过几何关系计算直达波和顶板折射波到达顺序的理论临界距离 x_{CR} 为

$$x_{CR} = h \sqrt{\frac{v_R + v_0}{v_R - v_0}} = 10 \times \sqrt{\frac{2.6 + 1.3}{2.6 - 1.3}} = 17.32 \text{ m}$$

图 4 - 12 所示为 51 道检波器接收地震波数据。蓝色线段斜率 $k_z = 1/1.3$，为煤层直达波初至线。绿色线段斜率 $k_z = 1/2.6$，为顶板折射波初至线。两者交点至震源距离约为 17.3 m，与理论计算结果相符。

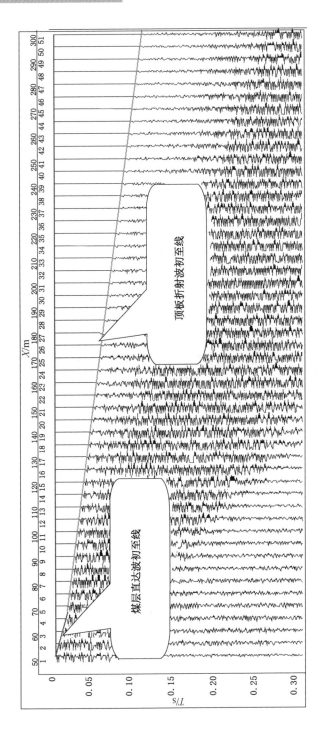

图4－12　51道检波器接收地震波数据

4.3 围岩波速结构与冲击危险性的相关性

一般来说，回采工作面静载荷的分布特征可从 3 个方面进行描述：①载荷大小或载荷集中程度；②载荷在煤岩平面上的梯度分布；③载荷分布异常区至采掘空间的距离。载荷分布异常区是指某区域内的载荷大小或梯度分布出现异常。

为便于分析，可定义 3 个指标，分别为波速大小、波速梯度、波速异常区的最小临巷距。其中最小临巷距是指异常区距采掘空间的最小距离。

4.3.1 波速和冲击危险性的关系

波速的大小与介质性质和密度相关，一般来说，波在岩石内的传播速度比在煤中的快，但对于同一种介质，作用在介质中的应力越大，介质的密度越高，波的传播速度也越快。冲击地压是煤岩应力集中超过极限后能量突然释放的一种现象，应力越高，冲击地压发生的可能性和强度也越大，波的传播速度越快，表明介质应力集中程度越高，冲击危险性就越大。基于地震波 CT 探测冲击危险的原理就是基于波速和冲击危险性的这种正相关关系。

断层活化、厚硬顶板断裂、覆岩空间结构失稳均可产生强烈震动，其突然释放的能量以应力波的形式向外传播，根据动量守恒原理，在应力波的传播路径上，波速、质点震动速度与动应力的关系可表示为

$$\sigma = \rho v_P V_P \qquad (4-7)$$

$$\tau = \rho v_S V_S \qquad (4-8)$$

式中　　σ——正应力，一般是由纵波引起的，MPa；

　　　　τ——剪应力，是横波引起，MPa；

　　　　ρ——介质的密度，kg/m³；

　　V_P、V_S——纵波、横波波速，m/s；

　　v_P、v_S——纵波、横波引起的质点震动速度，m/s。

由式（4-7）和式（4-8）可见，动应力与震波波速是正相关的。

4.3.2 波速变化和冲击危险性的关系

地震和冲击地压的大量监测数据表明，高波速梯度区通常是震动事件活跃区。在矿山开采中，不同区域受应力分布和岩层结构的变化，微震事件的分布往往具有较大的差异性，其波速也表现出类似的差异。

三向受压煤岩体达到极限承载强度时，将发生结构破坏及能量释放，由于周围约束体的强度、刚度、裂隙发育情况、储能条件不可能完全一致，煤岩破坏区能量释放过程往往表现出明显的方向性。相对周边的高应力区，低应力煤岩体承载能力较低，密度、强度、刚度整体偏小，裂隙更为发育，其抑制周边煤岩发生

破坏、扩容的能力较低，从而更易成为高应力煤岩释放能量的路径。反之，若区域内煤岩体发育均匀，则力学性质差异性较小，潜在冲击破坏区周围的约束条件更加均匀，从而不利于冲击的发生。

可见，在特定的载荷水平条件下，煤岩体在非均匀受载条件下比均匀受载条件下更容易发生冲击式破坏，且其非均匀度越高，发生冲击破坏的可能性越大。上述分析表明，地震波波速与介质应力具有正相关关系，通常表现为围岩高波速梯度区与高应力梯度区重合或者接近。因此，可将波速梯度作为评价冲击危险性的因素之一。

4.3.3 波速异常区位置和冲击危险性的关系

煤矿井下条件复杂多变，还受开采活动的强烈影响，由此形成了大量的波速异常区 A_i，波速异常区分布与冲击破坏的关系如图 4-13 所示，其形成机理、范围具有显著差异性。在采动影响区域，主要表现为高波速异常；而在采空区边缘、破碎区等结构突变区，则表现为波速梯度异常。上述两个异常区域都是容易产生高能震动的震源区域，但是如果异常区离采掘作业空间较远，那么即使产生震动能量释放，由于能量在传播过程中会被煤岩介质逐步消耗，一般也不会造成冲击灾害；反过来说，如果震源离采掘空间很近，震动释放的能量无法被完全消耗，当剩余能量超过一定界限时，可能会对巷道工程造成影响，甚至发生冲击地压事故。可见，波速异常区距采掘空间越近，冲击危险性就越大。

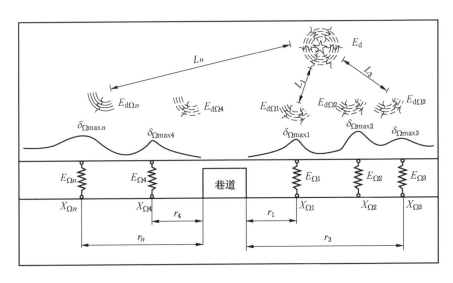

图 4-13 波速异常区分布与冲击破坏的关系

4.4 基于 CT 探测的冲击危险性评价模型

4.4.1 波速异常系数

如前所述，波速的异常变化区域反映了煤岩介质条件的变化，可利用震动波的波速大小实现对探测对象体的危险程度评价及危险区域圈定，为此定义波速异常系数 AC 的计算式为

$$AC = \frac{V_P - V_P^0}{V_P^c - V_P^0} \tag{4-9}$$

式中　V_P——实测纵波波速值，m/s；

　　　V_P^0——平均纵波波速，m/s；

　　　V_P^c——极限纵波波速值，m/s。

可见，AC 为纵波波速的异常值与最大异常值之间的比值。当 $AC > 0$ 时，表明该区域比平均应力值高，存在应力集中，AC 越大，应力集中越明显；当 $AC < 0$ 时，表明该区域比平均应力值低，为卸压区，AC 越小，卸压越明显，一般为煤体破碎区或空洞区。

4.4.2 波速梯度系数

第二个指标是波速梯度系数 GC，该指标主要从震动波波速变化的角度表征围岩结构特征的变化，结构突变区通常也是冲击危险区，GC 的计算式为

$$GC = \frac{G_P}{G_P^c} \tag{4-10}$$

式中　G_P——围岩质点的纵波波速梯度值，m/s；

　　　G_P^c——围岩临界破坏时的极限纵波波速梯度值，m/s。

纵波波速梯度 G_P 一般为波速变化最大方向的波速变化率，对于离散的数据，纵波波速梯度计算示意图如图 4-14 所示，在选定质点的 4 个方向上划分 8 个正方形的网格，对应 8 个节点，分别对这 8 个节点求一阶导数，并将其中的最大值作为纵波波速梯度 G_P。求得中心网格（m，n）的纵波波速梯度 $G_P(m, n)$ 为

$$G_P(m,n) = \text{Max} \frac{V_P(m,n) - V_P(x,y)}{d \sqrt{(m-x)^2 + (n-y)^2}} \tag{4-11}$$

式中　x——网格纵向编号；

　　　y——网格纵向编号；

　　　d——网格的边长。

4.4.3 危险评价模型

为了综合反映波速大小与波速变化对冲击地压的影响程度，将波速梯度和波

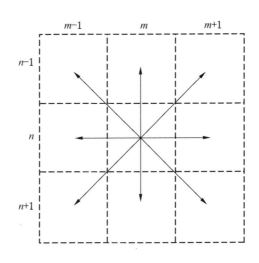

图4-14 纵波波速梯度计算示意图

速梯度异常系数进行联合处理，建立式（4-12）所示的综合评价指标 C。

$$C = aAC + bGC = a\frac{V_P - V_P^0}{V_P^c - V_P^0} + b\frac{G_P}{G_P^c} \qquad (4-12)$$

式中　a、b——权重系数，可根据经验确定，一般取 0.5。

式（4-12）中，G_P 可通过式（4-11）计算得出，V_P、V_P^c、G_P^c 这3个参数都可通过 CT 探测数据的反演分析获得，m/s。根据经验，对于有弱冲击倾向性的煤岩层，V_P^c 取 $1.2MaxV_P$，G_P^c 取 $1.2MaxG_P$；对于有中等冲击倾向性的煤岩层，可分别取 $1.1MaxV_P$ 和 $1.1MaxG_P$；对于强冲击倾向性的煤岩层，两者分别取 $MaxV_P$ 和 $MaxG_P$；$MaxV_P$ 为震波 CT 反演图像中最大的纵波波速值，m/s；$MaxG_P$ 为 CT 图像中的最大波速梯度值，m/s。

指标 C 的最大值为 1，C 值越大，冲击危险程度越高，当 $C<0$ 时，表明该区域为卸压区。为了与理论分析方法统一，将震波 CT 探测结果分为 4 个等级，分别对应无、弱、中等、强，基于 C 值的冲击危险等级的分类见表4-6。

表4-6 基于 C 值的冲击危险等级的分类

类别	危险等级	C 值
a	无危险	<0.25
b	弱危险	$0.25 \leqslant C < 0.50$

表 4-6（续）

类别	危险等级	C 值
c	中等危险	$0.50 \leqslant C < 0.75$
d	强危险	$0.75 \leqslant C \leqslant 1.00$

4.4.4 冲击危险等级划分

如前所述，异常区域距采掘空间的距离也是影响冲击危险的重要指标，为此将异常区最小临巷距 r 引入评价模型。

在煤岩层冲击危险性评价结论的基础上，考虑异常区最小临巷距 r 的影响，可以实现工作面回采巷道冲击危险等级划分，划分标准见表 4-7。表中，$r_弱$、$r_中$、$r_强$ 分别为弱、中等、强冲击危险区域距巷帮的最小距离，m；b 为巷道宽度，m。

表 4-7 巷道冲击危险等级划分标准

类别	巷道冲击危险等级	r 值
I	无危险	
II	弱危险	$r_弱 < 3b$，或 $3b < r_中 < 5b$ 或 $5b < r_强 < 7b$
III	中等危险	$r_中 < 3b$，或 $3b < r_强 < 5b$
IV	强危险	$r_强 < 3b$

冲击危险区域及等级划分示意图如图 4-15 所示，当探测区域评估为 I 类时，表明异常区与巷道有足够的安全距离，不需要处理；当评估结果为 II 类时，表明巷道已受异常区影响，需要进行预卸压；当评估结果为 III 类时，表明对巷道的危险程度较大，需要降低开采强度，并采取有针对性的解危措施，解危后进行效果检验；当评估结果为 IV 类时，表明冲击危险程度很高，需要停止生产作业，撤离人员，对危险区域进行评估后采取解危措施，并经效果检验无危险后再恢复生产活动。

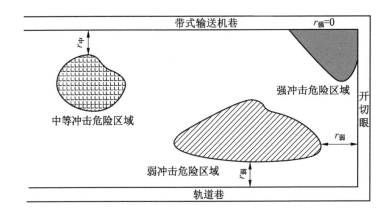

图 4 - 15　冲击危险区域及等级划分示意图

4.5　基于震波 CT 探测的冲击危险性静态评价方法的应用

山东某矿 1301 工作面带式输送机巷已发生多起冲击地压事故，该工作面采深超过 800 m，属于深部开采，开采厚度大，煤层及顶底板均具有冲击倾向性，构造复杂，造成 1301 工作面回采期间冲击地压防治难度更大。根据地质条件和开采技术条件分析，1301 工作面开采过程冲击地压防治面临的主要问题如下：1301 工作面及 80 m 区段煤柱对应区域受 1300 工作面采空、构造和区段煤柱留设等因素的综合影响，应力分布极为复杂，冲击危险性极高。又因为 1301 工作面基本顶为 12.85 m 厚细砂岩，距煤层仅 2.2 m，单向抗压强度达 103.99 MPa，属于厚层坚硬顶板，受工作面初次来压和见方等因素影响，回采过程中冲击危险性较高。

为获得 1301 工作面的冲击危险源分布情况，采用 PASAT - M 震波 CT 探测系统（图 4 - 16）实测 1301 工作面冲击危险源分布特征及危险程度。在此基础上，有针对性地对 1301 工作面、区段煤柱冲击危险区域进行冲击地压综合防治，并再次利用地震 CT 对防治效果进行检验。

综合考虑 1301 工作面及区段煤柱动力显现区域分布情况及周围开采环境，选定 1301 工作面 2 号联络巷到 1 号联络巷之间区段、1 号联络巷以外 500 m 范围作为工作面探测部分，选定 80 m 宽区段煤柱内 2 号联络巷以外 250 m 范围、3 号联络巷以外 250 m 范围作为煤柱探测部分。共分为 5 个区域进行探测，1301 工作面及区段煤柱对应区域的 CT 探测区域示意图如图 4 - 17 所示。

图 4 - 16 PASAT - M 震波 CT 探测系统

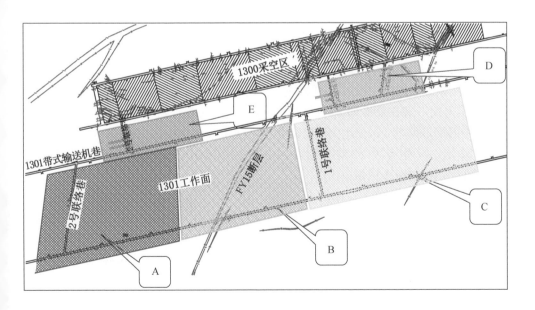

图 4 - 17 1301 工作面及区段煤柱对应区域的 CT 探测区域示意图

4.5.1 震波 CT 探测方案

1. 工作面区域探测方案

地震波探测利用的是振动信号，巷道中的排水管道、电缆线、信号线等对物探信号影响一般较小，本次探测选择工作面上下巷道，探测期间未产生较大的振动干扰因素，这为震波数据的采集提供了良好的背景环境。激发炮孔和接收锚杆安装严格按照相关规定进行施工，为震波的激发和接收工作创造有利条件。

综合考虑 1301 工作面邻近 1300 采空区动力显现区域分布情况、周围开采环境及设备探测能力，将 1301 工作面分 A、B、C 3 个区域依次进行探测，共设计 189 个激发震源，探测走向范围约 1176 m，1301 工作面实际观测系统布置图（A、B、C 区域）如图 4 – 18、图 4 – 19 所示。试验过程中，设定采样频率为 2000 Hz，检波器工作频段为 5 ~ 10000 Hz，增益为 20 dB，采样长度为 0.5 s，激发孔内每孔 200 g 炸药，短断触发。

1）A 区域

探测范围为：辅助运输巷 2 号联络巷以外 360 m，带式输送机巷 2 号联络巷以外 310 m。依据设备探测能力分两轮进行探测，从 2 号联络巷向外进行，两轮探测带式输送机巷端采用单双号交叉激发方式，该区域共实施爆破震源 52 个。

采集端设计在辅助运输巷，激发端布置在带式输送机巷，信号线穿过 2 号联络巷连接激发端和采集端。为提高施工效率，采用先从巷道 2 号联络巷处向外（第 1 轮单数）再返回至 2 号联络巷（第 2 轮双数）的放炮顺序，实施激发震源。观测系统参数为：每放 1 炮 11 道接收，道间距（探头间距）17 m，炮间距 6 m。信号线一端在采集端 1 – 1 号探头位置，另一端在激发端 51 号炮孔位置，51 号炮孔距联络巷 1 m，此次测试需要信号连接线约 800 m。每轮激发 26 炮，共激发 52 炮，47 炮有效（2 轮分别为 24、23 炮）。1301 工作面实际观测系统布置图如图 4 – 18 左侧 A 区域。

2）B 区域

探测范围为：辅助运输巷 1 号联络巷以内 345 m，带式输送机巷 1 号联络巷以内 315 m。依据设备探测能力分两轮进行探测，从 1 号联络巷往内进行，两轮探测带式输送机巷端采用单双号交叉激发方式。该区域共实施爆破震源 50 个。

采集端设计在辅助运输巷，激发端布置在带式输送机巷，信号线穿过 1 号联络巷连接激发端和采集端。为提高施工效率，采用先从巷道 1 号联络巷处往内（第 1 轮单数）再返回至 1 号联络巷（第 2 轮双数）的放炮顺序实施激发震源。观测系统参数为：每放 1 炮 11 道接收，道间距（探头间距）17 m，炮间距 6 m。信号线一端在采集端 1 – 1 号探头位置，另一端在激发端 1 号炮孔位置，1 号炮

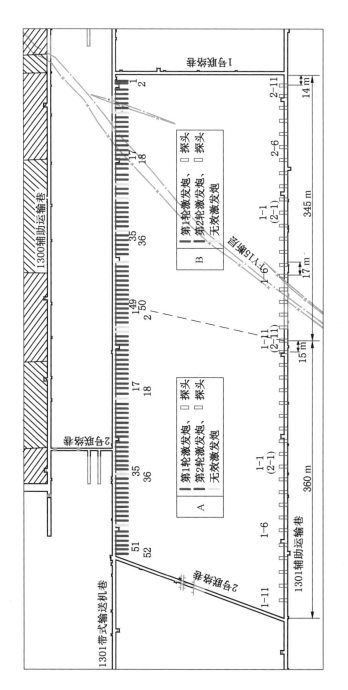

图 4-18 1301 工作面实际观测系统布置图（A，B 区域）

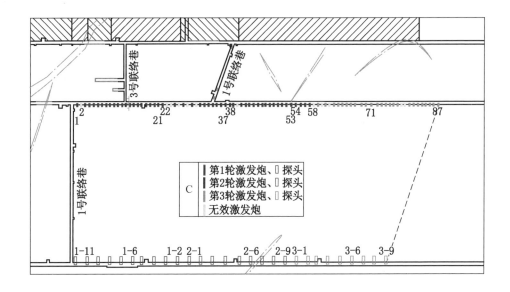

图4-19 1301工作面实际观测系统布置图（C区域）

孔距1号联络巷6 m，此次实验需要信号连接线约800 m。每轮激发25炮，共激发50炮，44炮有效（2轮各22炮）。1301工作面实际观测系统布置图如图4-18右侧B区域。

3）C区域

探测范围为沿工作面走向1号联络巷以外约515 m。依据设备探测能力分3轮进行探测，从1号联络巷往外进行，第1、2轮探测激发端采用单双号交叉激发方式，第3轮激发端顺序激发。3轮探测共实施爆破震源87个。

采集端设计在辅助运输巷，激发端布置在带式输送机巷，信号线穿过1号联络巷连接激发端和采集端。为提高施工效率，采用先从巷道1号联络巷以外约342 m位置开始往内至1号联络巷（第1轮单数），再返回至距1号联络巷342 m位置（第2轮双数），最后继续往外顺序放炮（第3轮）的施工顺序激发震源。观测系统参数为：第1轮每放1炮10道接收，道间距（探头间距）17 m，炮间距6 m，第2、3轮每放1炮9道接收，其他参数不变。信号线一端在采集端1-1号探头位置，另一端在激发端57号炮孔位置，1号炮孔距1号联络巷6 m，此次实验需要信号连接线约1150 m。前两轮每轮激发29炮，第3轮29炮，共激发87炮，其中有效激发炮75炮（3轮分别为22、28、25炮），1301工作面实际观测系统布置图（C区域）如图4-19所示。

1301 工作面探测区域共激发 189 炮，其中有效炮 166 炮，共接收震波数据 1698 道。带式输送机巷探测范围 1145 m，辅助运输巷探测范围 1176 m，探测面积 255310 m²。

2. 宽煤柱区域探测方案

对于煤柱区域探测，受现场巷道布置影响，仅在一条或两条相邻巷道布置测点不能满足观测系统的要求，为得到足够的数据覆盖次数，采用在煤柱内钻取深孔，在深孔内按一定炮间距布置多个激发震源炮的方法探测煤柱。

对 1301 工作面西侧区段煤柱分 D、E 两个区域依次进行探测，在 3 号、2 号联络巷布置接收探头，在平行 3 号、2 号联络巷以外分别施工深孔布置震源，为保证数据覆盖次数，另在 1301 胶带大巷补充设计激发炮。D、E 区域共设计 70 个激发震源，探测走向范围均约为 250 m，区段煤柱测区实际观测系统布置图（D、E 区域）如图 4-20 和图 4-21 所示，具体方案设计如下。

1）D 区域

探测范围为沿区段煤柱走向方向 3 号联络巷以外 250 m、倾向方向 1301 带式输送机巷以内约 65 m 范围。激发震源分别布置在平行 3 号联络巷 250 m 的 D 号深孔和 1301 带式输送机巷内，共实施爆破震源 35 个。

采集端设计在煤柱 3 号联络巷右帮，激发端布置在 1301 带式输送机巷和煤柱 D 号激发深孔内，信号线穿过 1301 带式输送机巷连接激发端和采集端，为减

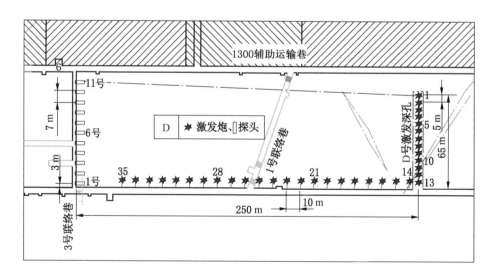

图 4-20　区段煤柱测区实际观测系统布置图（D 区域）

少激发端现场铺、撤线的时间和工作量，采用从 D 号深孔孔底 - 孔口 - 带式输送机巷顺序实施激发震源。观测系统参数为：1 炮 1 放，每放 1 炮 11 道接收，道间距（探头间距）7 m，D 号深孔内震源炮间距 5 m，带式输送机巷炮间距 10 m。信号线一端在采集端 1 号探头位置，另一端在深孔激发端 1 号炮孔位置，1 号炮孔距煤帮 65 m，孔内最外 13 号炮距煤壁 3 m，此次实验需要信号连接线约 300 m。D 号深孔激发 13 炮，带式输送机巷激发 22 炮，共激发 35 炮，区段煤柱测区实际观测系统布置图（D 区域）如图 4 - 20 所示。

2）E 区域

探测范围为沿区段煤柱走向方向 2 号联络巷往外 250 m、倾向方向 1301 带式输送机巷以内约 65 m 范围。激发震源分别布置在平行 2 号联络巷 250 m 的 E 号深孔和 1301 带式输送机巷内，共实施爆破震源 35 个，现场探测工作于 9 月 11 日完成。

采集端设计在煤柱 2 号联络巷右帮，激发端布置在 1301 带式输送机巷和煤柱 E 号激发深孔内，信号线穿过 1301 带式输送机巷连接激发端和采集端，采用从 E 号深孔孔底 - 孔口 - 带式输送机巷顺序实施激发震源。观测系统参数同 D 区域，此次实验需要信号连接线约 300 m。D 号深孔激发 13 炮，带式输送机巷激发 22 炮，共激发 35 炮，区段煤柱测区实际观测系统布置图（E 区域）如图 4 - 21 所示。

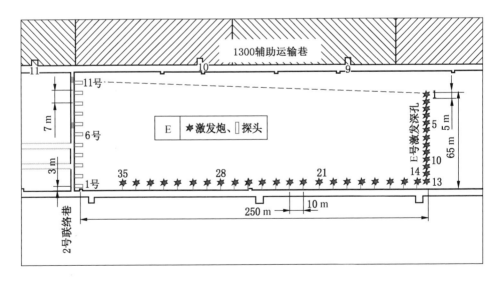

图 4 - 21 区段煤柱测区实际观测系统布置图（E 区域）

4.5.2 探测区域冲击危险性分析

1. 总体分析

图 4-22 为 80 m 宽煤柱及 1301 工作面探测区域冲击危险性指数 C 分布图及微震分布情况，图中用蓝色到红色的变化代表探测区域内冲击危险性指数从小到大的变化，区域内 C 的最大值为 0.7，最小值为 -0.5。

测区内绝大部分区域的冲击危险性指数小于 0.75，但存在近 1/5 测区面积的煤岩层冲击危险性指数处于 0.5~0.75 之间，以上区域处于中等冲击危险等级。另外，还零散分布较大面积弱冲击危险区域。综合判断，探测期间测区内的煤岩层总体处于中等冲击危险等级。

将 2015 年以来 3 次方以上事件投影到 C 分布图中，可以看出，微震事件大多聚集在 80 m 大煤柱、1301 工作面内联络巷、断层构造附近，尤其是在 1301 带式输送机巷分布较密集。这是因为 1301 工作面及 80 m 区段煤柱对应区域受 1300 工作面采空、构造和区段煤柱留设等因素的综合影响，应力分布复杂，冲击危险性比其他区域高，据此可从侧面验证此次探测结果的可靠性。

2. 工作面煤岩层冲击危险区域分析

根据冲击危险性指数分布情况划分宽煤柱及 1301 工作面探测区域煤岩层冲击危险区域（图 4-23），分别用红色、洋红阴影线表示具有中等、弱冲击危险区域，并标出走向尺寸（图 4-24）。

划分出 Ⅲ-1、Ⅲ-2、Ⅲ-9、Ⅲ-10 等 10 处中等冲击区域，具体位置如下：

Ⅲ-1 区域位于带式输送机巷距 2 号联络巷往外 94~185 m、回采帮以内约 60 m 范围；

Ⅲ-2 区域位于带式输送机巷距 2 号联络巷往外 254~436 m、回采帮以内约 66 m 范围；

Ⅲ-3 区域位于带式输送机巷距 2 号联络巷往外 512~609 m、回采帮以内约 100 m 范围；

Ⅲ-4 区域位于带式输送机巷距 1 号联络巷往外 79~212 m、回采帮以内约 80 m 范围；

Ⅲ-5 区域位于带式输送机巷距 1 号联络巷往外 273~360 m、回采帮以内约 100 m 范围；

Ⅲ-6 区域位于带式输送机巷距 1 号联络巷往外 400~519 m、回采帮以内约 55 m 范围；

Ⅲ-7 区域位于带式输送机巷距煤柱 2 号联络巷往外 2~60 m、煤柱帮以内

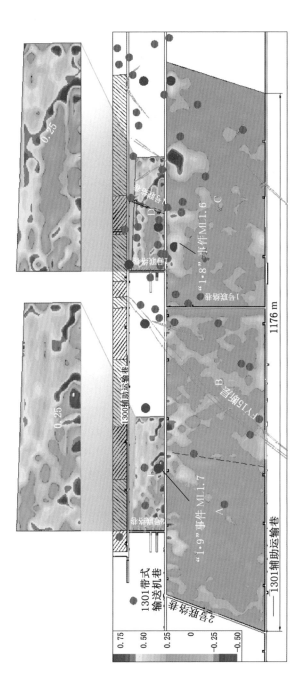

图 4-22　80 m 宽煤柱及 1301 工作面探测区域冲击危险性指数 C 分布图及微震分布情况

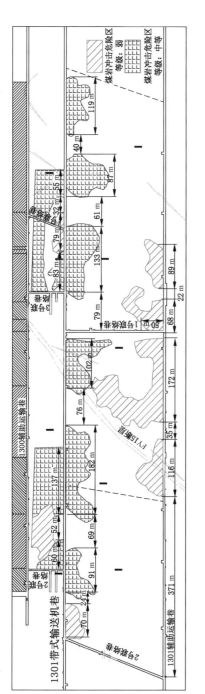

图 4 - 23　宽煤柱及 1301 工作面探测区域煤岩层冲击危险区域

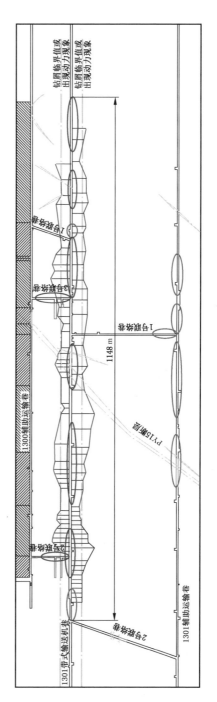

图 4 - 24　宽煤柱及 1301 工作面两巷道及联络巷冲击危险区域

约 59 m 范围；

Ⅲ-8 区域位于带式输送机巷距煤柱 2 号联络巷往外 112~249 m、煤柱帮以内约 65 m 范围；

Ⅲ-9 区域位于带式输送机巷距煤柱 3 号联络巷往外 0~83 m、煤柱帮以内约 38 m 范围；

Ⅲ-10 区域位于带式输送机巷距 1 号联络巷往外 194~249 m、回采帮以内约 65 m 范围；

划分出Ⅲ-1、Ⅲ-2、Ⅲ-6、Ⅲ-7 等 7 处弱冲击危险区域，具体位置如下：

Ⅲ-1 区域位于带式输送机巷距 2 号联络巷往外 0~70 m、回采帮以内 48 m 范围；

Ⅲ-2 区域位于辅助运输巷距 2 号联络巷往外 371~487 m、回采帮以内约 60 m 范围；

Ⅲ-3 区域位于辅助运输巷距 2 号联络巷往外 522~693 m、回采帮以内 60~160 m 范围；

Ⅲ-4 区域位于辅助运输巷距 1 号联络巷往外 0~68 m、回采帮以内约 96 m 范围；

Ⅲ-5 区域位于辅助运输巷距 1 号联络巷往外 90~179 m、回采帮以内约 50 m 范围；

Ⅲ-6 区域位于带式输送机巷距煤柱 3 号联络巷往外 83~162 m、煤柱帮以内约 36 m 范围；

Ⅲ-7 区域位于带式输送机巷距煤柱 2 号联络巷往外 18~125 m、煤柱帮以内约 20~65 m 范围。

3. 巷道冲击危险区域划定

采掘空间冲击危险性的判定是冲击地压危险性评价的重点。根据实测煤岩层冲击危险区域分布范围及至巷帮的距离，初步划定宽煤柱及 1301 工作面两巷道及联络巷冲击危险区域，如图 4-24 所示，冲击危险等级：Ⅲ-1~Ⅲ-8 为中等，Ⅱ-1~Ⅱ-7 为弱。

4.5.3 探测效果检验

为进一步验证探测结果，对探测区域探测时间点前后的所有钻屑法探测结果进行对比，钻屑法检测冲击危险性布置图如图 4-25 所示。图中红色和粉红色椭圆线分别为根据 CT 探测圈定的强及中等危险区域，蓝色实线的长度反映平均钻屑量，绿色虚线为钻屑量的临界值。由图中可见，钻屑法判定有冲击危险的区域

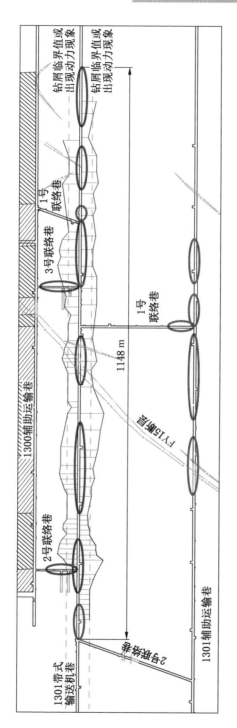

图 4 - 25　钻屑法检测冲击危险性布置图

（煤粉量超标或有动力现象）与震波 CT 圈定的强及中等冲击危险区域基本一致，验证了探测结果的可靠性。

4.6 冲击危险静态综合评估指标

如前所述，无论是理论分析法还是现场探测法，均能独立地用于冲击危险性评价及冲击危险区域划分。大量实践表明，采用多种评估方法能显著提高评价结果的可靠性，但是在实际应用过程中，不同方法的评价结果不可避免地出现不一致甚至相互冲突的现象，从而给决策者带来很大困惑，影响评价结果的有效应用。为此可按式（4-13）建立静态综合评估指标。

$$\psi = \lambda_1 \omega + \lambda_2 C \qquad (4-13)$$

式中　　　ψ——静态评估指数；

λ_1、λ_2——权重系数，可根据经验确定，一般取 0.5。

可根据 ψ 值按表 4-8 划分冲击危险等级。

表 4-8　静态综合评估冲击危险等级表

类别	冲击危险等级	ψ 值
a	无	$\psi < 0.25$
b	弱	$0.25 \leqslant \psi < 0.50$
c	中等	$0.50 \leqslant \psi < 0.75$
d	强	$0.75 \leqslant \psi \leqslant 1$

5

冲击地压动态监测方法

现场监测是实现冲击地压可靠预测预报的基础和前提。大量研究表明，冲击地压的发生依次经历孕育－发展－启动－显现的过程，这一过程中将伴随一系列物理力学参数的变化，采用多种监测手段可以获取这些参量信息，通过研究各种参量信息与冲击地压的关系对冲击危险进行定性或定量预测，已经成为目前冲击地压预测预报的主要方法，也是未来重要的发展方向之一。目前冲击地压监测预警方法种类繁多，包括微震、地音、应力、钻屑等多种手段，本章简要介绍各种冲击地压监测方法的原理及特点。

5.1 冲击地压监测方法的分类

冲击地压监测预报方法大体上可以分为两种，一种是地球物理法，另一种是岩石力学法。其中岩石力学法主要包括煤体应力监测法、钻屑法、岩饼法、围岩变形监测法等，该方法具有简单实用且成本低等优点，但也存在适应性差、监测范围小等缺点。煤体应力监测和钻屑法监测是目前最常用的两种方法。地球物理法目前主要包括微震法、地音法、电磁辐射法、震波 CT 探测法等，该方法不仅监测范围大、成本低、信息量大，且属于非接触无损监测技术，具有快速便捷等优点，其缺点是监测数据量大、易受干扰、具有多解性等。地球物理法目前普遍采用波速测量及声发射探测等方法，主要包括以下两类。

第一类属于声波探测法（图 5 - 1a），该方法是一种主动探测方法，即用于探测的声波源是人为激发的，通过在探测区域附近布置一定数量的声波传感器接收声波信号，比较分析声波的到时、振幅、频率等参数，就可以间接获得岩体物理力学性质的当前状态。

第二类属于声发射技术（图 5 - 1b），该方法为被动探测方法，即声波源是煤岩体在外力作用过程中自发产生的，采用声波传感器能接收这种声波信号，通过对声发射产生时间、位置和强度等参数进行分析，不仅可以间接获得煤岩体损伤的当前状态，而且在长时间监测的基础上，还可以获得损伤的形成历史和发展变化趋势。

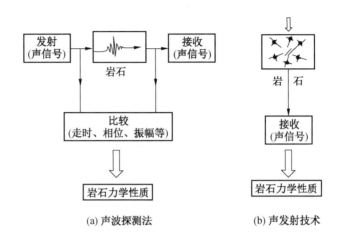

(a) 声波探测法   (b) 声发射技术

图 5-1 声波探测法和声发射法的原理

声音在岩体中传播过程中，当遇到缺陷体时，波传播的方向、速度等参数可能发生变化，声波探测可以根据这种变化推断缺陷存在的位置、大小等信息，也就能间接获得冲击危险区域及其严重程度。由于冲击地压的发生往往是应力局部化和缺陷局部化造成的，因此该技术尤其适用于冲击危险静态评估与危险区域划分。目前用于冲击地压研究的技术主要有震波 CT 探测技术。

而在声发射技术中，由于声波是岩体在受力破坏过程中主动产生的，通过声波探测可以获得岩体破裂时间、位置、规模等信息，因此在长时间声发射监测的基础上，我们不仅可以了解岩体的当前状态，还可以更深入地了解岩体破坏过程及其发展变化趋势，该技术为冲击地压研究提供了重要手段。

声发射是岩体在外界荷载或温度作用下其内部结构演化的伴生现象，矿山开采必然伴随着煤岩破坏产生的声发射，根据声发射的能量和频率，可以划分为两种：第一种是能量高但频率低的微震现象，由于频率低，波在传播过程中衰减慢，因此监测范围大。现有的区域微震监测系统基本可以覆盖所有开采区域，甚至实现全井田覆盖；第二种是能量低但频率高的地音现象，由于频率高，波衰减速度快，只能用于局部小范围的重点监测，微震、地音监测的区别如图 5-2 所示。

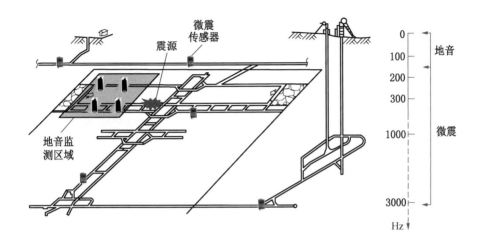

图 5-2 微震、地音监测的区别

图 5-3 和图 5-4 揭示了实验室实验过程的声发射现象和声发射信息产生的物理机制，可以将试件的整个加载过程分为 5 个阶段。第一个阶段为弹性应变阶段，该阶段属于加载初期，试件内部没有声发射产生（或者仅产生少量的声发射）；第二个阶段为微裂隙产生阶段，该阶段试件内部开始出现声发射现象，但是声发射频次和能量都较小，且随着载荷的增加，声发射频次和能量都稳定增长，且声发射集中在少数狭长带内；第三个阶段为微裂隙快速扩展阶段，该阶段随着载荷的增加，微震频次和能量急剧增长，事件沿最终主破裂面的集中程度更高；第四个阶段为声发射平静阶段，随着由连续、均匀应变向损伤局部化的过渡，试件内部开始形成贯通性破坏，这个阶段由于岩石的变形破坏由新裂纹的产生转为沿潜在破裂面的剪切滑移，新的破裂产生很少，声发射现象不明显，出现所谓的"准平静期"；第五个阶段为破坏阶段，当载荷达到试件的破坏强度时，试件发生突然破坏，此时产生高能量震动现象，属于微震现象。可见，相对于最终破坏的微震事件，岩石最终破坏前产生的声发射频率高而能量低，属于地音事件。因此，地音现象反映的是最终破坏前旧裂隙的闭合，新裂纹的产生、发展过程是事物发展的量变阶段。微震是最终破坏的质变阶段，反映岩体的宏观破裂。

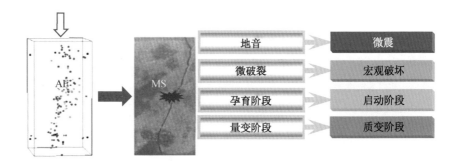

图 5-3 实验室实验过程的声发射现象

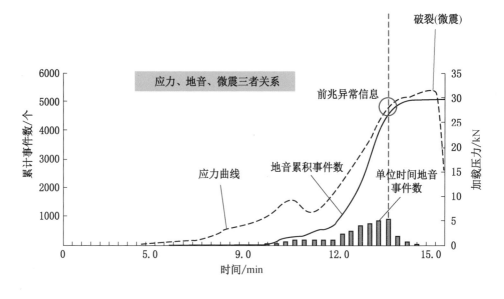

图 5-4 声发射信息产生的物理机制

5.2 微震监测

5.2.1 微震监测原理

目前微震监测是一种用于监测冲击地压的重要手段,用于监测煤岩最终破裂产生的高能、低频振动信息。该技术通过在有开采活动的目标区域的不同方位布置传感器,在一定区域范围内形成微震监测台网,用于探测开采过程中煤岩破裂产生的震动信号，根据震动信号确定震动发生的时间、位置和能量等信息。微震监测的对象一般为频率小于 100 Hz、能量大于 100 J 的震动事件，其监测范围大，能够实现动态监测和三维定位显示，还可以通过震源参数分析确定煤岩破裂的性质和尺度，为冲击危险性识别和危险区域划分提供重要依据。可在长时间微震监测的基础上实现对煤岩体冲击危险状态及趋势的预测，该技术在冲击危险区域动态划分、灾害分级、长期性危险趋势评估等方面具有独特的优势。

井下煤岩体是一种应力介质，当其受力发生变形破坏时，会伴随能量释放的过程，微震是这种释放过程的物理效应之一，即煤岩体在受力破坏过程中以较低频率（小于 150 Hz）震动波的形式释放变形能产生的震动效应。微震现象主要有以下特征：①在受力过程中由煤岩体主动产生；②属于释放变形能过程；③具有波动性质；④属于随机瞬态过程，即事件间隔是随机的，且每个事件都有自身的波形和频谱；⑤具有不可逆性，即若重复加载时应力不超过卸载之前的最大值，则不会产生这类现象。

微震的强度和频度在一定程度上反映了煤岩体的应力状态和释放变形能的速率。更重要的是，冲击地压是煤岩体在达到极限应力平衡状态后的一种突然破坏现象，而参与冲击的煤岩体通常是在某些部位首先达到极限平衡状态，产生局部破裂，与之相应出现一定强度和一定数量的微震活动；另一方面，冲击地压的孕育和发生是煤岩体大量积蓄和急剧释放变形能的过程，大量能量的释放以大量能量的积蓄为前提，与煤岩体积蓄能量相应，微震活动出现异常平静或剧烈运动现象。因此，微震活动的时空变化动态包含冲击地压的前兆信息。通过连续监测微震活动的水平及其变化，可对煤岩体的冲击危险进行预测：在发生微震活动的矿井空间的不同方位布设传感器，探测微破裂发射出的地震波，对微震事件进行实时监测，记录和分析震动的波形图，确定发生震源的位置，还可以给出微震活动性的强弱和频率。以此为基础判断推理煤岩体应力状态及破坏情况，并根据微震监测获得的微震活动的变化、震源方位和活动趋势，判断潜在的矿山动力灾害活动规律，通过识别矿山动力灾害活动规律实现预警。

微震监测系统能够对全矿范围微震现象进行监测，是一种区域性、及时监测手段。相比其他传统监测手段，该系统具有远距离、动态、三维、实时监测的特点，还可以根据震源情况确定破裂尺度和性质，为评价全矿范围内的冲击地压危险提供依据。图 5-5a 所示为微震事件平面显示图，图 5-5b 所示为微震事件倾向剖面图。

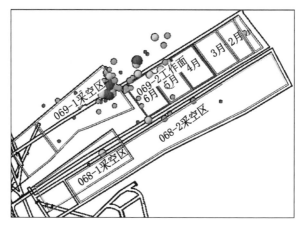

(a) 微震事件平面显示图

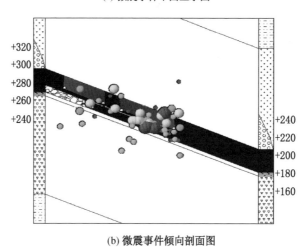

(b) 微震事件倾向剖面图

图 5-5　某矿微震事件定位效果图

5.2.2　台站布置的原则

对于一个给定的矿区，当前和未来一段时期内高微震活动的特殊区域是可以预知的，微震台站以一定的布局方式环绕这些区域，台网布置的目的是使震源参数的误差最小，这在理论上是可以实现的，然而矿区台网设计总会受到一些客观条件的限制，如怎样进入所选区域、数据传输、动力补给等，台网的最终设计结果往往不是理论上的最优值。"理想"的台网布置的理论计算结果可为台站分布的几何形状提供有用的知识，并可作为实际台网设计的"指南"。在实际应用中，可根据微震监测中震源定位的影响因素和优化布置的理论知识，确定微震拾震器布置应遵循如下原则。

（1）台基应选择在无风化、无破碎夹层、完整大面积出露的基岩上，岩性要致密坚硬。如不能满足以上条件，则需要安装地点构筑水泥平台。

（2）台站间距越小，定位精度越高，因此在满足经济支出能力的同时，尽可能地增加观测站数量，使观测站围绕震源均匀分布，保证多数站可以获得记录信息，避免定位站数不足，影响精度和可靠性。

（3）观测站布置采用空间立体形式，必须考虑到时方程组的性质，找出监测台站的最优几何分布，避免出现"病态"方程，得不到正确的震源位置或使方程组解发散。

（4）根据矿井生产实际，微震监测系统若要构成一个空间网络，拾振器布置时要确保当前开采区域和其他重点监测区域处于监测网络的中心，使传感器尽可能接近待测区域，避免大断层及破碎带的影响，还要远离机械和电气的干扰等。

（5）既要照顾当前开采区域，又要考虑未来一定时期内的开采活动，尽量利用现有巷道或硐室和矿井风流通风，测站硐室要避开开采活动影响范围，以减少施工、通风及维修费用。

5.2.3 微震台网优化

微震事件的定位精度是影响微震监测系统应用效果最重要的因素，微震事件定位的准确程度主要依赖于几个因素，如微震台网的分布形状、P波到时读取的准确性、适当的速度模型假设等。这些因素导致的误差分为系统误差和随机误差，系统误差的影响能够通过对走时异常的详细分析、同一组微震事件的同时定位及速度模型的测定来消除；而对于给定的速度模型，随机误差依赖于地震波到时读取的准确性及震源与台站之间的几何形状，由于读取误差具有随机性，无法从根本上消除，因此，定位优化问题等价于对微震台站空间分布的分析，以保证震源定位过程中的随机误差值降至最小。

在实际应用中，多假设煤岩体为均匀和各向同性介质，微震事件仅通过P波到时的最小二乘法定位，P波到时用公式描述为

$$t_i = t_0 + T(h, m, x_i) + \varepsilon_i \tag{5-1}$$

速度模型为

$$T(h, m, x_i) = \left[(x_0 - x_i)^2 + (y_0 - y_i)^2 + (z_0 - z_i)^2 \right]^{1/2} / V_P \tag{5-2}$$

式中　$T(h, m, x_i)$——震源 $h = (x_0, y_0, z_0)^T$ 到第 i 个台站的走时；

$X_i = (x_i, y_i, z_i)^T$——台站坐标；

t_0——发震时刻；

t_i——在第 i 个台站、带有读数误差 ε_i 的 P 波初动时刻，速度模型矢量 $\boldsymbol{m}$ 仅由一个相等的 P 波波速参数 V_P 描述；

n——微震台站数。

一般地，选择一个台站布局，依赖于所给布局有关的一些指标值。所以，最好的台网应该受到指标值的约束，这样在大多数情况下，当它的极值表示最佳布局时，称为"最优"。这个指标值记作 Q，应依赖于所寻找的震源参数 $\theta = (t_0, x_0, y_0, z_0)^T$ 的协方差矩阵，在大多数情况下，台网优化方案的选择均可采用"最佳 D 值"设计准则确定：

$$Q = \det\left[C_\theta(X, \langle h \rangle) \right] = \min$$
$$X \in \Omega_x \qquad\qquad (5-3)$$

式中 $C_\theta(X, \langle h \rangle)$——所找震源参数 θ 的协方差矩阵；

$X = (X_1, \cdots, X_n)$——微震台站坐标；

$\langle h \rangle = (\langle x_0 \rangle, \langle y_0 \rangle, \langle z_0 \rangle)$——已知最有可能的震源位置；

Ω_x——可能的台站定位的空间域；

n——地震台数量，由此得到的设计准则，一般称为"区域最佳 D 值"，由式（5-4）决定布局的 X，叫作"D 形状值"。

震源参数 θ 包含 4 个未知参数，确定它们至少需要 4 个台站，假设不同台站上的时间读数误差相互独立，且具有相同的方差，即 $\sigma_{t_i}^2 = \sigma_t^2$。这样协方差矩阵 $C_\theta(X)$ 为

$$C_\theta(X) = \sigma_t^2 ([1:X]^T [1:X])^{-1} \qquad\qquad (5-4)$$

其中，$[1:X]$ 是从矩阵 X 的左边增加单位矩阵所获得的矩阵，式（5-5）行列式的最小值等于 $\det([1:X]^T[1:X])$ 的最大值，可在行列正交的设计中寻找 X。在该范围单位球体内，对于 $n = 4$，中心坐标位于坐标系原点。这样很容易给出 4 个台站优化分布的例子，协方差矩阵 $C_\theta(X)$ 的对角元素是：

$$\begin{cases} \{C_\theta\}_{11} = \sigma_{t_0}^2 = \sigma_t^2/4 \\ \{C_\theta\}_{22} = \sigma_{x_0}^2 = 3V_p^2\sigma_t^2/4 \\ \{C_\theta\}_{33} = \sigma_{y_0}^2 = 3V_p^2\sigma_t^2/4 \\ \{C_\theta\}_{44} = \sigma_{z_0}^2 = 3V_p^2\sigma_t^2/4 \end{cases} \qquad (5-5)$$

矩阵中其余元素为 0。根据式（5-6）和已知的球面优化设计思路，可以获

知 4 个台站应该分布在包含射线出发点的震源位置 $\langle h \rangle$ 处并穿过中心点 $\langle h \rangle$ 所在正四面体的顶点上，矩阵 X 的行是正四面体的顶点，坐标系的原点是其中心，4 个台站的最优布置方案如图 5-6 所示。

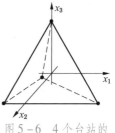

图 5-6　4 个台站的
最优布置方案

所获得的解可以推广到 $n > 4$ 的情形，上式描述未知震源参数的最小方差可以写为

$$
\begin{cases}
\{C_\theta\}_{11} = \sigma_{t_0}^2 = \sigma_t^2/n \\
\{C_\theta\}_{22} = \sigma_{x_0}^2 = 3V_p^2\sigma_t^2/n \\
\{C_\theta\}_{33} = \sigma_{y_0}^2 = 3V_p^2\sigma_t^2/n \\
\{C_\theta\}_{44} = \sigma_{z_0}^2 = 3V_p^2\sigma_t^2/n
\end{cases}
\tag{5-6}
$$

其中 n 是台站数量，最优台站布置点即以震源位置 $\langle h \rangle$ 为中心的正 n 多边形的顶点。

以山东淄博唐口煤矿为例，某阶段唐口煤矿重点监测的工作面有 3 个，分别为 5303 工作面、2310 工作面和 1307 工作面。ARAMIS M/E 微震监测系统共布置了 19 个拾震器。取 P 波波速为 4000 m/s，到时读取方差为 0.05 s。则震中和震源定位标准差云图如图 5-7、图 5-8 所示。

由图 5-7、图 5-8 可知，定位效果最好的区域处于拾震器包络的区域内。越向外围，定位效果越差。台网边缘的拾震器组太密会导致误差变化大、不稳

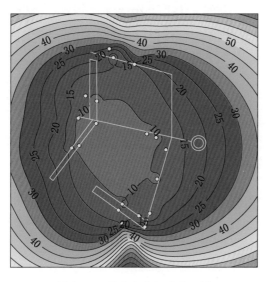

图 5-7　震中定位标准差云图

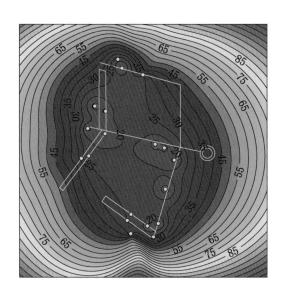

图 5-8　震源定位标准差云图

定。震源定位误差总是大于震中定位误差。

5.2.4　微震波速校核

　　义马千秋煤矿目前正在使用 ARAMIS M/E 微震监测系统，其主要用于监测煤矿冲击地压，目前主采的 21141 工作面煤层埋深为 629.5 ~ 694 m，倾角为 11.4° ~ 12.8°，煤厚为 16.81 ~ 25.6 m，平均煤厚为 21 m，普氏系数为 1.5 ~ 3，顶板为泥岩，厚度为 10 ~ 18 m。底板为砂岩，厚度为 7 ~ 10 m。共布置 14 个微震拾振器，微震台站坐标见表 5-1。

表 5-1　微震台站坐标

编号	X	Y	Z
1	3548.629	4088.248	61.598
2	3338.005	4651.429	66.352
3	3057.376	4413.097	-2.178
4	2720.590	4451.280	-88.000
5	2963.750	3991.619	-48.000
6	2837.458	3614.445	-74.000

表 5 − 1（续）

编号	X	Y	Z
7	2834.002	4280.954	− 84.000
8	2182.987	4569.811	− 199.000
9	3774.198	3978.411	151.000
10	4091.243	3976.368	223.000
11	4562.124	3994.637	325.000
12	4791.242	3833.321	346.000
13	4555.631	4833.545	341.000
14	4789.857	5775.314	339.000

拾振器布置完毕后，还应进行 P 波速度的校核，以进一步提高定位精度，波速校核采用定点爆破的方式：

$$V_{\mathrm{P}} = \frac{1}{n-1} \sum_{i=1}^{n} \left| \frac{d_{i+1} - d_i}{t_{i+1} - t_i} \right| \qquad (5-7)$$

式中　d_i——第 $i(i=1、\cdots、n)$ 个拾振器到爆破点的距离；

　　　t_i——第 i 个拾振器 P 波初动时刻，确定 V_{P} 的值为 4000 m/s。

采用定点爆破检验定位效果，爆破定位实验结果统计表见表 5 − 2，定位精度满足要求。

表 5 − 2　爆破定位试验结果统计表

爆破（x_0，y_0，z_0）	定位结果（x，y，z）	误差（Δx，Δy，Δz）
(4543，3199，− 32)	(4547，3192，− 21)	(4，7，11)
(3637，2828，− 69)	(3638，2823，− 73)	(1，5，4)
(3745，2822，− 94)	(3751，2820，− 104)	(6，2，10)

5.2.5　台网灵敏度分析

在给定的开采区域，可将事件震级 M_{L} 与其可测距离 r 相联系，利用该距离范围内的所有测站来计算震中和震源深度的期望误差。经验表明，若参与定位的监站少于 5 个，由于不能进行有效的误差修正，定位精度往往较低，要获得震级

为 M_L 的微震事件的可靠震源定位测量值，需要至少5个测站记录到该微震事件。因此，可先计算从点 h_i 到第5个最近测站的距离，然后将该距离转换为地震震级。但是，由于5个测站记录一个事件并不能确保具有良好的定位误差，因为5个测站的监测网可能具有非常差的几何分布，如呈扁平的分布形式等。因此，理想的微震监测系统测站布置必须具有良好的灵敏度和定位误差。

在假设煤矿地质和开采条件各方向无较大差别的情况下，可以近似地将微震事件的能量和监测半径 r 联系起来，这种关系可用式（5-8）表示：

$$E = \mu r^q \tag{5-8}$$

此处 q 接近2，μ 与 q 都可以求出，不同的矿取值不一样。

由里氏震级公式：

$$\log E = a + bM \tag{5-9}$$

式中　　M——震级；

　　　　E——能量；

　　a、b——地震常数。

联立式（5-8）、式（5-9）可得：

$$M = (\log \mu r^q - a)/b \tag{5-10}$$

一般 $q = 1.9$，$a = 1.8$，$b = 1.9$。微震台网最小可测震级分布如图5-9所示。

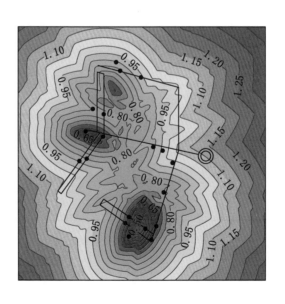

图5-9　微震台网最小可测震级分布

此云图表示在某一地点必须至少发生多大震级的微震事件才能被微震台网监测到。图中出现了 3 个明显的低震级区，表明这 3 个区域的监测能力很强。全局可监测的最小微震事件能量可达 341 J，里氏震级为 0.38 级。

5.2.6 台网监测能力分析

1. 有效台站数

微震事件震源释放能量越大，传播的距离越远，触发的台站越多，震源的定位也越精确。为获得计算可靠的震源参数，应保证至少有 5 个台站被同一事件触发并参与定位计算。图 5 – 10 所示为不同能量等级微震事件的定位区域，显示了在事件能量分别为 1000 J、2000 J 和 5000 J 的情况下，至少有 5 个有效台站被触发的区域，即能够有效进行震源定位的区域。

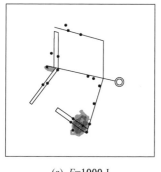 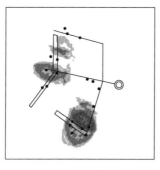 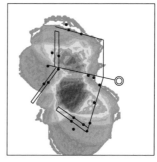

(a) E=1000 J   (b) E=2000 J   (c) E=5000 J

图 5 – 10　不同能量等级微震事件的定位区域

随着能量的增大，能够进行震源定位的区域逐渐增大。当 E = 5000 J 时，3 个工作面大都可以进行震源定位。但是考虑到煤矿井下的复杂开采和地质条件、信号干扰及传输线路和拾震器的工作状态，通道被触发并不一定等于此通道波形可以参与最终的定位计算，而且很多通道的波形可能并不具有有效初至，这就要求必须有更多的可触发台站，才能确保定位的可行性及定位结果的准确性。

2. 最大空隙角

台网最大空隙角 θ 是指震中和台站各连线之间的最大夹角，最大空隙角可以反映子台网对震源分布的均匀性。由图 5 – 11 可知，当台站能从四象限包围震中，即 $\theta \leqslant 90°$ 时，分布最佳，震中位置的测定误差最小；当 $\theta > 180°$ 时，台站都偏于震中一侧，观测效果不好。因此最佳台网布置应尽量使监测工作面处于 $\theta <$ 180°区域内，最大空隙角 $\theta = \max(\theta_1, \theta_2, \cdots, \theta_n)$。

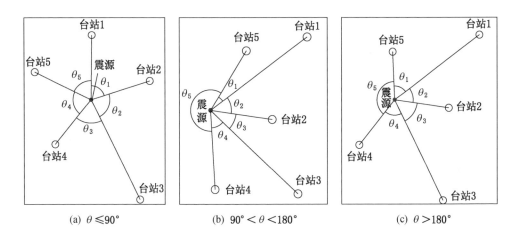

(a) $\theta \leqslant 90°$　　(b) $90° < \theta < 180°$　　(c) $\theta > 180°$

图 5-11　最大空隙角示意图

图 5-12 所示中红线为 90°等值线，红线包围的区域内定位效果最佳；白线为 180°等值线，其外部事件定位效果较差，且外围离白线越远，效果越差。

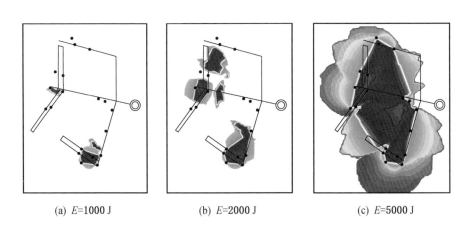

(a) $E=1000\,\mathrm{J}$　　(b) $E=2000\,\mathrm{J}$　　(c) $E=5000\,\mathrm{J}$

图 5-12　最大空隙角云图

事件能量越大，触发的台站越多，可能的最大空隙角就越小，所以最大空隙角是台站密度、台站布置和震源位置的函数。

当微震事件触发台站足够多时，最大空隙角还可用于选择最佳的定位子台网。

3. 近台震中距

定位子台网中离震源最近的台站与震源的距离称为近台震中距。由于在进行震源定位时，震源深度和发震时刻具有相关性，两者之间存在折中计算，所以震源深度误差较大。中国地震局《地震目录与地震观测报告编报规范》明确要求，近台震中距必须小于 50 km 才认为台网所定地震震源深度有效。只有当震中距小于 1 ~ 2 倍震源深度时，基于走时方法确定的震源深度才有较高的精度。

由于走时与震源参数的关系通常是非线性的，所以至少存在一个极小的拟合函数。由图 5 – 13 可知，如果初始值选在离真实震源较近的 θ_1 点，则迭代结果可以得到全局极小值 θ^0，即最佳精确解。如果初始值选在离震源较远的 θ_2 点，则震源计算的迭代结果为 θ^*，只是局部极小点，并不是全局最优解。在进行震源计算时，系统默认最近台站坐标为震源求解的初始值，因此最近台站距离震源较远，会使迭代不稳定甚至发散，导致震源定位误差较大甚至无解。

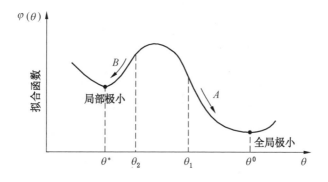

图 5 – 13　初始值对定位结果的影响

图 5 – 14 为某矿近台震中距云图，图 5 – 15 为基于广义逆的奇异值分解法计算出的震源深度定位误差，两图具有很好的相关性，有效验证了近台震中距与震源深度定位误差的相关关系。

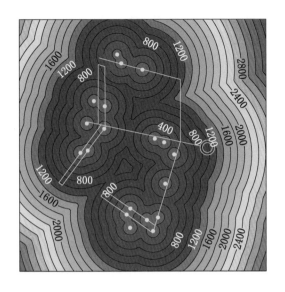

图 5-14　某矿近台震中距云图

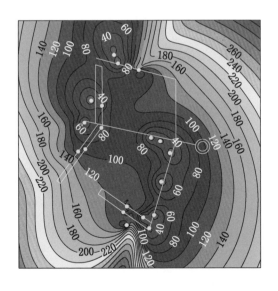

图 5-15　基于广义逆的奇异值分解法计算出的震源深度定位误差

4. 台站高差

台网的水平分布决定了震中的定位精度，台网的垂向分布决定了震源深度的定位精度。

假设某台网包含 n 个台站，第 i 个台站的 z 坐标为 z_i，工作面煤层平均标高为 z_0，台站与煤层的高差 $\Delta z_i = z_i - z_0$，则所有台站的 Δz_i 组成一个集合 $S = \{\Delta z_i \mid i = 1、2、\cdots、n\}$。定义垂直离散度系数 K，如式（5 – 11）所示，式中 $Var(\Delta z_i)$ 为集合 S 的方差，$Max(\Delta z_i)$ 为 Δz_i 的最大值，$Min(\Delta z_i)$ 为 Δz_i 的最小值。此系数可以评估台站垂向布置的优劣，K 值越大表明台站垂向布置越优。

$$K = Var(\Delta z_i) \frac{\left[\, Max(\Delta z_i) - Min(\Delta z_i)\,\right]}{1 \times 10^6} \quad Max(\Delta z_i) \cdot Min(\Delta z_i) < 0$$

$$(5 – 11)$$

分别选取最大高差为 ±200 m（$K = 8$）、±400 m（$K = 64$）和 ±600 m（$K = 216$）的 3 种情况进行模拟，震源 Z 值定位误差模拟结果如图 5 – 16 所示。

将震源 Z 值定位误差小于 20 m 的区域面积 S_0 占模拟矿井总面积 S 的比值 L 作为衡量优劣的标准，L 值的变化柱状图如图 5 – 17 所示。可见，随着 K 值的变大，L 值呈指数幂急剧升高，表明 K 值越大，震源 Z 值的定位效果越好。

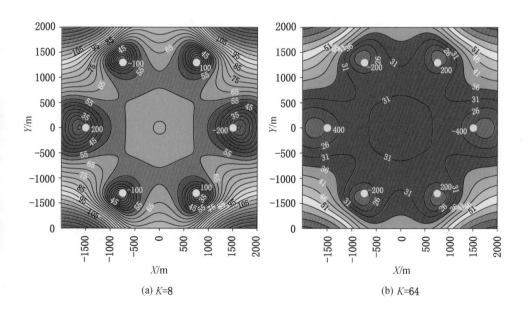

(a) $K=8$　　　　　　　　　　(b) $K=64$

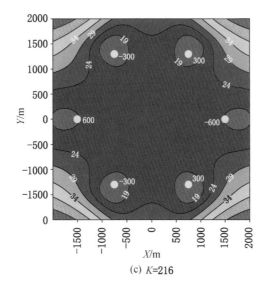

(c) $K=216$

图 5-16 震源 Z 值定位误差模拟结果

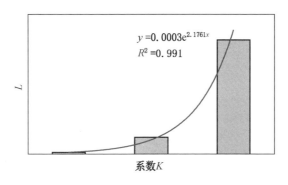

$y = 0.0003\mathrm{e}^{2.1761x}$
$R^2 = 0.991$

系数K

图 5-17 L 值的变化柱状图

5.3 地音监测

5.3.1 地音监测原理

与微震相反,地音一般指能量较小而频率较高的震动事件,频率通常大于 150 Hz 而小于 3000 Hz,而能量一般小于 1000 J。如前所述,在外力持续加载的作用下,煤岩体将依次经历旧裂隙的闭合、新裂隙的产生和裂纹的扩展过程,在这一过程中将伴随大量地音信号的产生。而且煤岩体受力不同阶段的地音信号特征和活动规律是不一样的,图 5-18 所示为工作面前方的 4 个区域:应力降低区、峰值应力区、应力升高区、原岩应力区。各区域呈现不同的煤岩破坏特征和地音特征。可见地音是煤岩破裂孕育过程中的产物，而冲击地压是煤岩发生宏观破裂造成的结果，地音的频率、强度反映了煤岩体得当前状态和发展趋势，与冲击危险程度有密切关系。

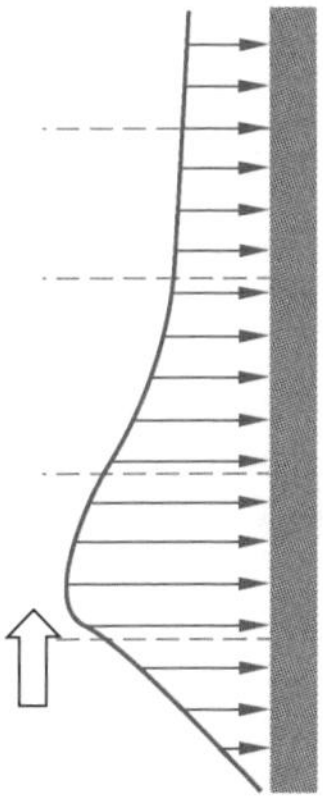

应力区域	煤岩破坏特征	地音活动特征	地音经历时期
原岩应力区	煤岩破裂很少发生	事件很少能量很小	萌芽期
应力升高区	旧裂纹闭合、新裂纹产生与裂纹扩张	地音事件数不断增加，释放能量增加	发展期
峰值应力区	宏观裂隙形成，断裂破坏	地音分布最密集释放能量最大	高潮期
应力降低区	裂纹的扩张和宏观裂纹的增长明显放缓	地音事件和释放能量显著减少	平静期

图5-18 工作面前方的4个区域

地音监测通过对井下潜在冲击危险区域近场的煤岩微破裂信息进行实时监测，通过统计一系列地音参量，找出地音活动规律，以判断煤岩受力破坏状态和进程，进而评价冲击危险性，并根据危险大小实现对冲击地压的预测预报。通常地音传感器的布置位置大都位于潜在冲击危险区域，一般为采掘影响区域，如回采工作面两巷道前方300 m、掘进迎头后方200 m内，其监测覆盖范围可根据微震事件的分布进行确定。

冲击地压地音前兆是冲击煤岩体裂隙扩展演变过程中的产物，而裂隙扩展演变的前提是应力集中，而破裂与介质的非均匀性密切相关。因此冲击地压的孕育、发生过程为：由于采掘活动造成应力、应变在局部区域积聚，超过极限后，煤岩体发生突然破裂，释放部分弹性能，从而发生冲击地压。冲击地压发生前，变形过程在时间上经历了一个由线性到非线性的变化；在空间上经历了由均匀变形到非稳定变形的改变。地音信号反映了煤岩体破坏时能量释放过程，同时地音信号的强弱也是评价煤岩体脆性破坏倾向性（冲击倾向性）的信息指标。冲击地压的预报取决于对各种前兆现象的识别，这些前兆显示应力积聚过程已达到很高水平。

5.3.2 地音信号降噪技术

由地音监测系统数据采集原理可知，噪声对地音参数的计算影响较大。地音监测系统是灵敏的监测仪器，虽然系统自带了滤噪功能，但是受井下复杂条件及人为活动的影响，地音探头附近不规则的机械振动、人为作业等产生的大量干扰信号仍有部分会被地音系统采集到，导致监测数据部分失真，影响地音系统的前兆识别和监测预警结果。因此采用有效的地音降噪技术抑制干扰噪声并获取真实的煤岩体地音信号是冲击地压地音前兆信息识别过程中的一项重要工作，也是提高地音预警准确性的根本与前提。

目前地音监测系统的降噪技术可以分为物理降噪和人工命令降噪两类。物理降噪主要是对信号源采集环节的降噪，即对地音探头采用防护措施，减少外界噪声信号的干扰。在探头安装前，需要在安装地点垂直于巷道煤壁安装 φ 为 18 mm、长度大于 1.5 m 的锚杆，锚固方式为全程锚固，待锚固剂凝固之后，将探头固定在锚杆上；在安装探头时，要在安装的位置掏一个 φ120 mm、深 150 mm 左右的孔洞，待探头安装好之后，在其周围填充面纱等材料，达到保护探头和降低噪声影响的效果，井下传感器安装示意图如图 5 - 19 所示。

(a) 安装实物图

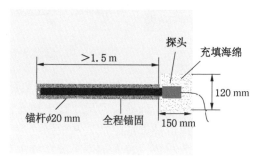

(b) 安装示意图

图 5 - 19 井下传感器安装示意图

人工命令降噪主要是通过人为识别噪声信号后，通过在地音数据库软件 ARES_OCENA 的命令窗口中输入除噪命令，减少噪声信号的干扰。人为噪声识别中，除井下作业人员主动反馈作业情况外，还可以通过地音定位软件 ARES_E_X 接收的当前波形及频谱判断各探头周围是否存在噪声，因为煤岩体各种尺度的微破裂同时发生，一段时间内接收的地音信号的频率范围较宽，若地音信号波形比较规则，频率较小且相对固定，可以认为是电气或机械噪声，此时需要降噪，煤矿井下主要噪声源的频谱与波形见表 5 - 3。

采取以上降噪技术后，地音监测数据的真实度大幅提高，为下文地音数据分析提供了保障。

表 5 - 3 煤矿井下主要噪声源的频谱与波形

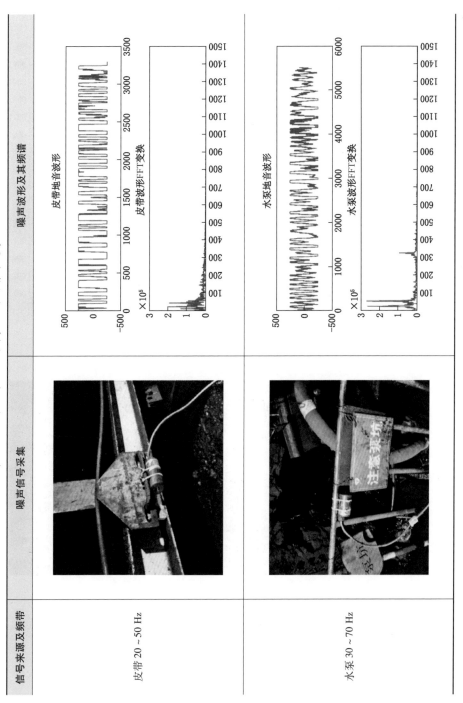

信号来源及频带	噪声信号采集	噪声波形及其频谱
皮带 20~50 Hz		皮带地音波形 皮带波形FFT变换
水泵 30~70 Hz		水泵地音波形 水泵波形FFT变换

表 5 - 3（续）

信号来源及频带	噪声信号采集	噪声波形及其频谱
乳化液泵站 110～130 Hz	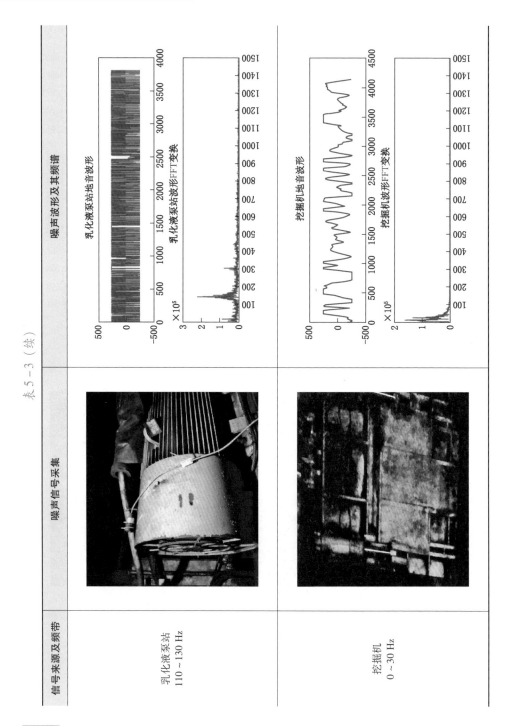	
挖掘机 0～30 Hz		

表 5 - 3（续）

信号来源及频带	噪声信号采集	噪声波形及其频谱
动力电缆 50 Hz	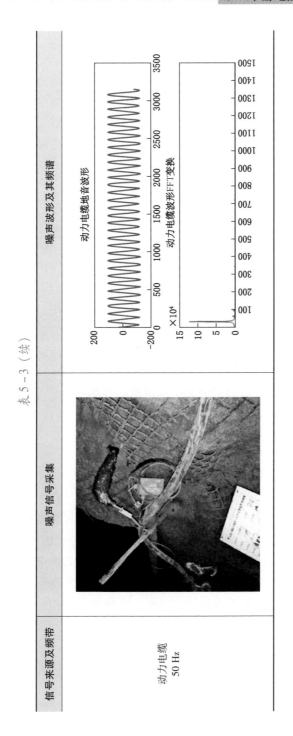	动力电缆地音波形 动力电缆波形FFT变换

5.4　煤体应力监测

根据与采掘活动的关系，可将煤岩体应力分为原岩应力和采动应力。在采掘活动前，煤岩体处于原岩应力状态，采掘活动破坏了原岩应力平衡状态，在局部区域产生了应力集中、应力转移等现象，一定范围内形成了采动应力，地应力与采动应力是煤岩动力灾害的根本驱动力。因此，在地应力原位测量的基础上进行采动应力监测，对冲击地压研究具有重要意义。原岩应力场是相对稳定的，测量时一般可在矿井范围内布置若干测点，在很短的时间内一次性完成。而采动应力场受采掘工作面的移动而不断变化，因此需要长时间监测，尤其是作为冲击地压这一以瞬时突发性为主要特征的灾害预警手段，实现煤岩体应力的在线监测是很有必要的。

目前，采动应力监测方法有多种，其中有些方法既可用于原岩应力测量，又可用于采动应力监测。我国煤矿采动应力监测方法主要有空心包体应变计法和钻孔应力计法，其中后者的应用最为广泛。该方法通过在煤岩层一定深度内埋设应力传感器间接获取监测点的应力变化情况。该方法布置方案灵活、数据物理意义明确，是当前静载荷在线监测的主要手段之一。冲击地压矿井应力监测的主要包括以下利用途径。

（1）把握围岩集中静载荷及冲击地压危险性的变化情况。

（2）掌握采掘扰动范围、程度及时间特征。

（3）检验煤岩煤层卸压效果的时效性。

5.5　钻屑法监测

钻屑法监测可根据钻屑量和颗粒度的变化及施工过程中的有关动力效应辨别冲击危险性，是一种原始且有效的监测手段。首先需要在受开采扰动较小的区域进行标准煤粉量测定，再根据实际煤粉量和标准煤粉量的相对大小辨别冲击危险，实际煤粉量越大，危险程度越高，同时颗粒度变大也是危险增加的信号，如果施工过程中出现煤炮频繁、钻进困难，则认为存在冲击危险。

钻屑法的缺点是对施工人员的要求高、工程量及劳动强度大、主观因素影响大，且在时间和空间上无法实现连续监测，因此常常作为特定区域危险性确认或解危效果检验的手段。

5.6　常规矿压监测

冲击地压是一种特殊的矿压显现形式，因此常规矿压监测也可作为冲击监测预警的重要补充。常规矿压监测主要包括支架压力、锚杆锚索受力、顶板位移、地表沉降、巷道变形等，其中支架压力是最重要且最常用的监测信息。支架压力能反映顶板岩层受力大小和活动强度，对于中低位厚硬顶板主导型冲击地压，工作面后方大面积悬顶和突然断裂是诱发冲击地压的重要因素，通过监测支架压力信息，与其他信息进行横向比较，相互验证，可以有效提高顶板型冲击地压预测预报的整体水平。

5.7 冲击地压综合监测技术

由于冲击地压具有异常复杂性和多变性，对其监测预警涉及一个多维空间的信息描述问题，单一方法在时间、空间和监测信息上均无法实现全覆盖，因此难以全面反映冲击地压孕育过程中的各种复杂现象，需要运用多学科、多种观测方法，对多种数据进行联合分析和处理。显然，监测手段的合理搭配组合是提高监测预警水平的前提和基础，在监测方法选择时既要考虑监测信息获取的全面性，也要考虑互补性，包括空间互补、时间互补和监测信息互补。空间互补既要涵盖远场动载监测，也要包含近场静载监测；时间互补既要有长期趋势性评估，也要有短期临震预警，因此必须实现对冲击地压孕育-发展-启动全过程的监测；监测信息互补主要考虑冲击地压前兆信息的多样性，既有应力场的变化，也有裂隙场和震动场的变化，不同前兆信息分别从不同角度反映冲击危险程度，多场联合监测显然能提高冲击地压的监测预警水平。

基于上述原因，建立图 5-20 所示的多场、多源、多信息综合监测方法体系。综合考虑冲击地压孕育发展的力学全过程，通过系统研究潜在冲击风险区域的应力场、裂隙场、震动场的相互作用关系，建立三者之间的表征模型，并深入

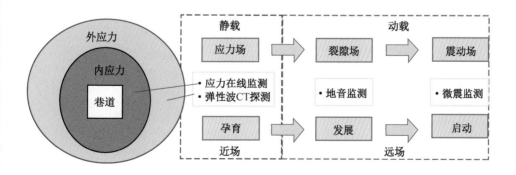

图 5-20　多场、多源、多信息综合监测方法体系

揭示三者的尺度效应与时空演化规律，从而确定冲击地压的应力－能量－物理量耦合互馈模式与差异，将为冲击地压监测预警指标选取、动态优化、预警模型建立、数据挖掘与利用提供必要条件。

6

冲击地压监测系统的开发及应用

    我国冲击地压监测系统研发起于 20 世纪 70 年代，依次经历了引进、消化吸收与自主开发 3 个阶段，目前已经形成了世界上最完善的冲击地压监测体系。以微震、地音系统为代表的进口设备主要来自波兰，目前已应用于国内 100 多个煤矿。国产设备 2010 年前后在山东部分冲击地压矿井陆续推广应用，目前已覆盖全国大多数冲击地压矿区。总体而言，国产系统在监测范围、灵敏度、定位精度方面尚有一定差距，但在成本、传输方式、后处理软件上具有优势。本章介绍波兰进口与国产冲击地压监测系统的特点与应用情况。

6.1 波兰 ARAMIS M/E 微震监测系统

6.1.1 系统简介

    ARAMIS M/E 微震监测系统是由波兰 EMAG 矿用电气工程及自动化研究与发展中心开发研制的，是当今世界上最先进的微震监测系统，波兰国内 80% 的煤矿装备了该系统，目前已被广泛应用于美国、俄罗斯、乌克兰、南非等国的矿山企业。我国 2006 年引进该系统，目前已经成功在国内 30 多个矿井应用。

    ARAMIS M/E 微震监测系统的主要功能是对全矿范围的微震事件进行监测，自动记录微震活动，实时进行震源定位和微震能量计算，为评价全矿范围内的冲击地压危险提供依据，其原理是利用各拾震器接收到震动波的时间存在差异，在特定的波速场条件下计算震源位置及起震时刻，同时利用震相持续时间计算震动释放的能量，并标入采掘工程图和速报，显示给生产指挥系统，以便及时采取措施。

6.1.2 系统结构

    ARAMIS M/E 微震监测系统由地面中心站、记录服务器及井下分站等硬件及 ARAMIS_WIN、ARAMIS_REJ 和 HESTIA 软件构成。该系统构成图如图 6-1 所示。

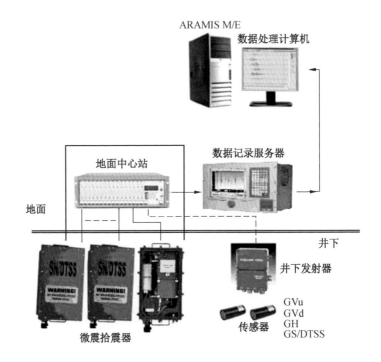

图 6 - 1   ARAMIS M/E 微震监测系统构成图

1. 硬件构成

1）井下分站

ARAMIS M/E 微震监测系统的井下分站主要负责微震事件的捕捉、信号 A/D 转换及发送，其中对信号的捕捉有两种不同的传感器可供选择。

（1）SPI - 70 型拾震仪。SPI - 70 型拾震仪是一种测量岩层震动速度的仪器，与 NSGA 信号发射器一并固定在防爆箱内，组成一个 SN/DTSS 的井下分站整体，蹲放在水泥硬化平台之上，通过地面设备对其进行直流供电。其工作原理是微震波传播到拾震器，导致拾震器振子原有的平衡状态被打破，平衡指针发生震动，带动线圈切割磁铁，产生电信号。SPI - 70 型拾震仪的灵敏度为 110 Vs/m，即微震波让 SPI - 70 型拾震仪振子产生 1 m/s 的速度震动时，其带动线圈切割磁铁产生的电压值为 110 V，精度相对较高，多安装在距离可能震源区域 1 km 的大巷中，实现区域范围的监测。图 6 - 2 所示为 SPI - 70 型拾震仪结构图。

（2）G 系列探头传感器。G 系列微震探头传感器分为 GVu、GVd 和 GH 3

种，分别安装在巷道顶板、底板和巷道帮部预置锚杆端部，用通信电缆与 NSGA 发射器连接，其功能与 SPI-70 型拾震仪一致，用于捕捉微震信号，G 系列微震监测探头的灵敏度为 30 Vs/m，灵敏度相对较低，多安装在回采工作面前方 300~500 m 范围内的回采巷道中，精细化监测采场范围内的微震事件，图 6-3 所示为 G 系列探头传感器。图 6-4 所示为 ARAMIS M/E 微震监测系统两种传感器井下安装示意图（图 6-4a 所示为 SPI-70 型拾震仪，图 6-4b 所示为 G 系列探头传感器）。

图 6-2　SPI-70 型拾震仪结构图

图 6-3　G 系列探头传感器

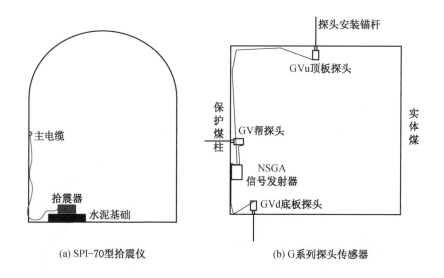

(a) SPI-70型拾震仪　　　　　　(b) G系列探头传感器

图 6-4　ARAMIS M/E 微震监测系统两种传感器井下安装示意图

（3）NSGA 信号发射器。图 6 – 5 所示为 NSGA 信号发射器，它的功能包括：一方面接收 SPI – 70 型拾震仪或者 G 系列探头传感器发送的电压信号，经过 A/D 转换和放大处理后，将信号发送至地面中心站；另一方面作为中继电源，为 SPI – 70 型拾震仪或 G 系列探头传感器电路部分供电。

图 6 – 5　NSGA 信号发射器

2）地面中心站

SP/DTSS 地面中心站是 ARAMIS M/E 微震监测系统的重要组成部分，由变压装置、GPS 时钟模块与井下分站"一对一"工作的 OCGA 接收器等重要部件构成，图 6 – 6 所示为 SP/DTSS 地面中心站正面显示图。

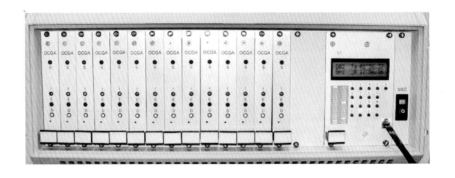

图 6 – 6　SP/DTSS 地面中心站正面显示图

SP/DTSS 地面中心站的主要功能如下。

（1）将地面 220 V 交流电转变为井下分站需要的 32.5 V 直流电，并通过通信电缆输送给井下分站。

（2）接收来自 GPS 时钟的时间数据，并发射给井下分站。

（3）"一对一"接收井下分站发送到地面的监测信号，经放大处理后，将信号传输到记录服务器，进行缓存。

3）记录服务器

ARAMIS M/E 记录服务器为一个 24 小时开机运行的工控机，通过安装其中的 ARA_REJ 软件实现系统各环节软硬件的工况监控、井上下监测参数的设置、传感器工作状态的检测、通道开关设置等，通过记录服务器的可视化交互操作，实现大多数井下工作地面完成，降低产品维护的人工成本。

2. 软件构成

1）ARA_REJ 数据记录软件

ARA_REJ 软件是安装在数据记录服务器上的软件，保证 24 小时开机，实时显示各通道波形，ARA_REJ 软件操作界面如图 6 - 7 所示。

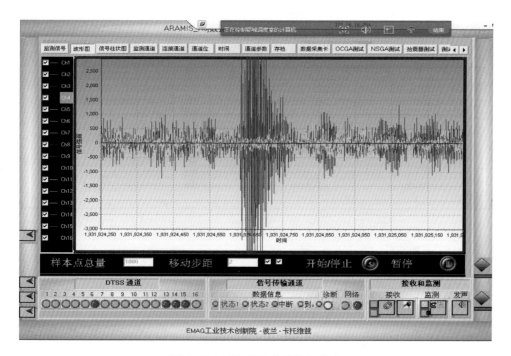

图 6 - 7　ARA_REJ 软件操作界面

ARA_REJ 软件的主要功能如下。

（1）实时显示每个通道传感器工作波形。

（2）设置系统各参数。

（3）检测关键部位工作状态。

（4）时间工具。

（5）存档设置。

（6）传感器、接收器、发射器测试功能。

2）ARA_WIN 数据处理软件

ARA_WIN 软件安装在数据处理计算机，便于技术人员对监测到的微震事件进行查看、修改、保存，直至形成各种报表等程序的操作平台。ARA_WIN 软件操作界面如图 6-8 所示，软件滚屏显示新发生事件的坐标、能量、时刻，以及所属采区、煤层、工作面等信息。

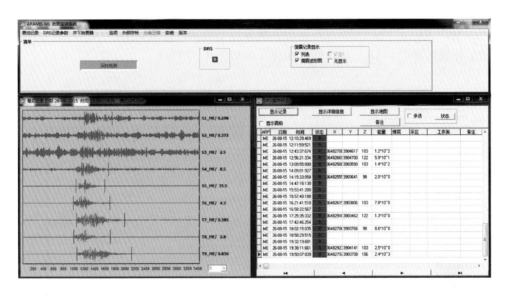

图 6-8 ARA_WIN 软件操作界面

3）HESTIA 冲击地压综合预警软件

图 6-9 所示为 HESTIA 冲击地压综合预警软件微震事件平面显示图，该软件将常规的钻屑法、地音监测系统及微震监测系统多种监测数据放在同一软件平台进行区域冲击地压危险性的综合评价，使冲击地压监测更科学，判断准则更充实、标准。

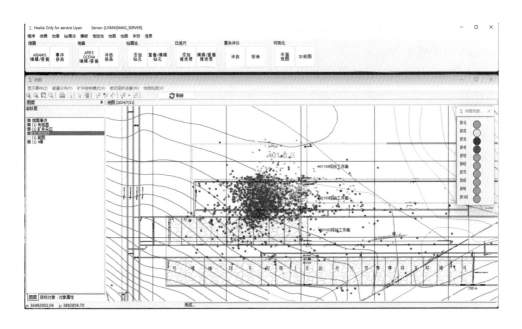

图6-9　HESTIA冲击危险性评价软件微震事件平面显示图

6.1.3　系统功能

1. 系统特点

（1）地面集中供电，井下监测分站安装、维护方便。

（2）信号传输与供电共用一路通信电缆。

（3）一路通信电缆可实现三维信号同步传输。

（4）系统通信采用数字信号传输，抗干扰能力强，数据精确度高。

（5）井下分站配置灵活，既可采用拾震器，也可选用探头传感器。

（6）地面集中控制，系统设置简便。

（7）实现微震事件的不间断、实时监测。

（8）系统监测范围大、监测精度高。

（9）GPS时钟精确计时。

2. 系统功能

（1）实时、连续、自动记录微震事件。

（2）实时显示微震事件记录信息。

（3）自动生成微震事件信号波形图。

（4）滤波处理波形图，提高监测结果精度。

（5）微震事件精确定位并显示在平面图上。

（6）微震事件能量计算。

（7）与 HESTIA 软件配合使用，实现矿井冲击危险评价和微震事件动态图像化显示。

（8）无限制访问存档数据，灵活处理微震信息。

6.1.4 技术参数

ARAMIS M/E 微震监测系统技术参数见表 6−1。

表 6−1 ARAMIS M/E 微震监测系统技术参数

防爆类型	本质安全型
防爆等级	EExia I（适用高瓦斯矿井）
监测通道	16 通道（标准），最高 64 通道
频率范围	0 ~ 150 Hz
动态处理范围	≤110 dB
传输距离	≤10 km
传输速度	19200 b/s
定位精度	±20 m(X, Y)，±50 m(Z)
采样频率	500 Hz
震源定位的最小震动能量	100 J

6.2 波兰 ARES−5/E 地音监测系统

6.2.1 系统简介

ARES−5/E 地音监测系统是采用地音监测法进行矿井冲击危险性评估，能够对监测区域范围内的地音事件进行实时监测。地音探头将监测到地音事件转化为电压信号，然后经井下发射器处理后，由通信电缆传输至地面。由系统分析软件根据实时监测数据对监测区域的冲击危险性进行综合评价，并给出相应的统计图表，如图 6−10 所示的地音事件实时监测图，横坐标为时间轴，左侧纵坐标为地音频次统计值，右侧纵坐标为地音事件总能量值。

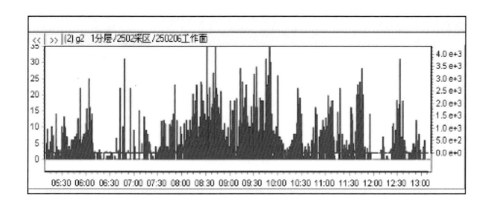

图 6 – 10　地音事件实时监测图

系统可以监测震动频率为 28 ~ 1500 Hz、能量小于 10^3 J 的地音事件，其监测范围与微震监测系统形成了很好的互补。应用该系统可以实现对监测区域内较弱震动事件的实时监测，经系统软件统计分析后，可对监测区域当前的危险等级进行评估，并对下一时段的危险等级进行预测，为预防可能发生的冲击危险争取宝贵的时间，有助于提高冲击地压防治工作效率、有效控制冲击地压事件的发生。

6.2.2　系统结构

地音监测技术涉及计算机技术、软件技术、电子技术、通信技术、应用数学理论和地球物理学，是相关学科交叉集成的应用结果。根据系统空间分布特点，ARES – 5/E 地音监测系统结构图如图 6 – 11 所示，可分为井下和地面两部分。

1. 系统井下部分

（1）SP – 5.28/E 探头。实时监测探头 50 ~ 80 m 范围内的高频、低能震动信号，并将该震动信号转化为电压信号，再将此电压信号发送至 N/TSA – 5.28/E 发射器。

（2）N/TSA – 5.28/E 发射器。接收 SP – 5.28/E 探头监测到的电压信号，经放大、过滤，转化为数字信号后，通过通信电缆传输至地面中心站。

2. 系统地面部分

（1）系统程序服务器。该服务器由 TRS – 2 安全变压器、多路电压整流器和脉冲稳流器组成的 SR15 – 150 – 4/11 I 供电装置及信号放大器组成，其功能满足地面中心站的供电要求，并通过信号放大器监听各通道信号。

（2）ARES – 5/E 地面中心站。由信号接收器、备用能量供应转换器、GPS

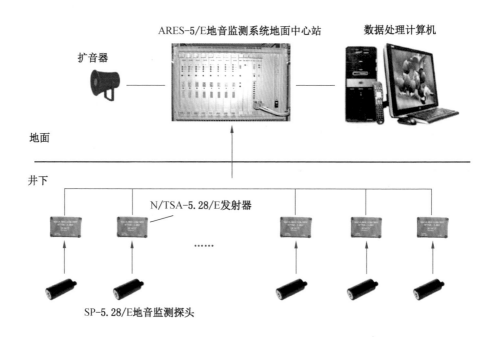

ARES-5/E地音监测系统地面中心站　　数据处理计算机

扩音器

地面

井下

N/TSA-5.28/E发射器

······

SP-5.28/E地音监测探头

图 6-11　ARES-5/E 地音监测系统结构图

时钟接收装置及电隔离栅组成，其功能是接收 N/TSA-5.28/E 发射器发送的数字信号，经过处理及分类统计后，将数据发送到 OCENA_WIN 软件进行分析。

（3）辅助配置。UPS 电源：由 UPS 电源主机、一组蓄电池及电池箱组成，该配置主要是在监测室临时停电后向系统提供临时电源（不小于 4 小时），使系统能够不间断地接收井下地音信号；打印机：打印输出小时、班、日报表等；安装有系统数据分析软件 OCENA_WIN 的服务器，该软件的主要功能是统计地音事件数量及其释放的能量，并以此为依据对监测区域危险等级进行评估。

6.2.3　系统功能

ARES-5/E 地音监测系统配备了 OCENA_WIN 软件，能够监测矿山采动引起的地音事件。主要提供以下功能。

（1）将岩体破裂过程中发出的声音频率转化为电信号。

（2）对电信号进行放大、过滤，将其转化为数字信号，并传输到地面中心站。

（3）自动监测地音事件。

（4）连续记录地音事件数字波动曲线。

（5）以报告和图表形式实现地音信号处理结果的可视化。

（6）通过 GPS35 – LVS 或 GPS16 – LVS 型 GPS 接收器实现几个 ARES – 5/E 地面中心站的同步使用。

（7）对监测区域进行危险等级评价。

系统软件界面友好，保证用户方便地使用系统的各项功能，可以直接输入命令对系统进行操作。用户可以在现有屏幕上设置一个新的窗口，将一个探头监测得到的能量强度和地音事件变化的数据用图表表示出来，监测数据每分钟变化更新一次，ARES – 5/E 地音事件数量与能量强度的实时监测曲线如图 6 – 12 所示。

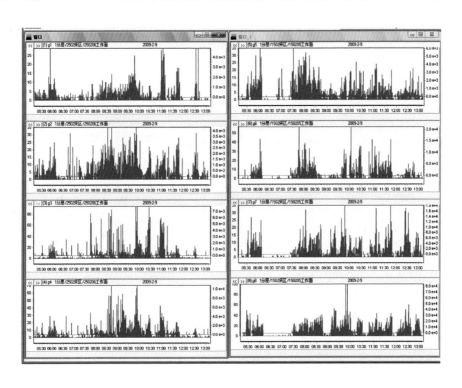

图 6 – 12　ARES – 5/E 地音事件数量与能量强度的实时监测曲线

在分析地音监测结果时，主要关注的参数包括地音事件数、班（小时）累计能量、平均能量、地音事件的频率、各通道之间信号的时差等。地音参数异常往往预示着冲击危险性增加，其中地音能量和频次异常是冲击地压发生前的两个重要短期特征。

在一段时间数据统计的基础上，可通过分析地音事件的发生规律对相应监测区域下一时间段内的危险等级进行评价，根据地音事件的事件数量及能量偏差值设定以下评定标准：

a——监测区域无冲击危险；

b——监测区域有一定的矿压显现，但是不影响正常生产；

c——监测区域矿压现象强烈，需要采取防冲措施；

d——监测区域有冲击危险，需要停止施工，撤离人员。

图6-13所示中，右侧区域为系统对不同监测区域危险等级的评价结果。地音活动频次和能量的变化趋势能够反映工作面的危险程度，当其值稳定在某一个数值附近时，工作面处于安全状态；但当数值突然升高或降低时，预示着大量弹性能的释放。

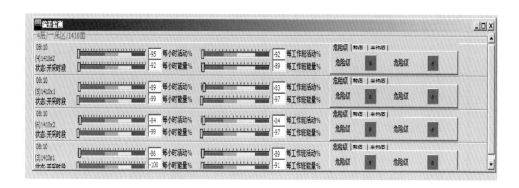

图6-13　ARES-5/E地音监测系统危险等级预测界面

6.2.4　技术参数

ARES-5/E地音监测系统技术参数见表6-2。

表6-2　ARES-5/E地音监测系统技术参数

监测通道	8个（最多可扩容至8个地面中心站，64个通道）
信号传输距离	通信电缆电容≤0.6 μF、电阻≤700 Ω，传输距离可达10 km
监测频率范围	28～1500 Hz
传感器	SP-5.28/E探头

表 6 - 2（续）

信号传输形式	数字式、二进制
信号的最大采样频率	10 kHz
信号传输信噪比	54 dB
井下设备安全类型	地面以下为本质安全型
传输线电压	直流 32 V ± 1 V
传输线电流	40 mA
系统井下部分安全等级	IP 54
系统井下部分防爆等级	EExia I（可用于任何瓦斯条件下）

6.3　井上下微震联合监测系统研究及应用

6.3.1　井上下微震联合监测系统架构

为克服近水平煤层和单一煤层群传感器在垂直方向布置在同一平面的问题，研究在地面布置监测台站，可以加大台站之间的高差，优化微震台网的空间立体结构，大幅提高震源的垂直定位精度，有效解决微震事件垂直定位误差较大的问题，尤其适用于顶板活动和断裂规律的监测，图 6 - 14 所示为井上下联合监测系统架构示意图，图 6 - 15 所示为井上下联合监测站布置示意图。

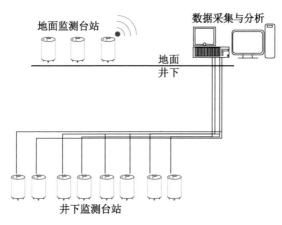

图 6 - 14　井上下联合监测系统架构示意图

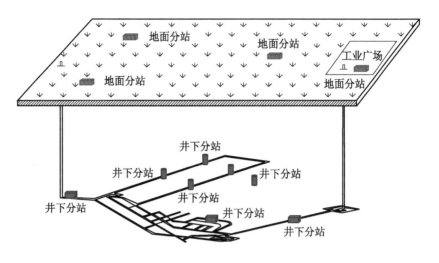

图 6 – 15   井上下联合监测站布置示意图

在地面布置监测台站,若井下震动信号传输至地面,就会激发地面微震监测台站,地面台站接收数据并通过移动网络(联通或者移动)传输至办公室分析主机,利用时间临近原则,将井下微震事件与地面监测台站地波形进行链接,并合并成一个微震事件,从而得到井下所有台站的微震波形。每个地面监测台站均配置一台 GPS 时钟同步模块,与办公室监控主机之间实现绝对的时钟同步,保证监测数据的同步性。

通过安装在地面的拾震传感器,监测井下开采活动诱发的煤岩体破断产生的振动波,与井下微震监测系统联合使用,依据振动波的到时时差等进行震源定位。

图 6 – 16 所示为地面监测台站示意图和现场布置图,为避免地面表土层对波形能量衰减,需进行地面打孔,然后将传感器布置在孔内。在地面构建一个小型建筑物,用以安放监测分站,该分站采用太阳能电池板供电,GPS 放置在外墙与卫星保持实时沟通,为波形数据授时。

6.3.2   井上(地面)微震系统参数及功能

井上(地面)微震系统的模块结构便于产生网状分布式监测。监测数据是通过无线的全球移动通信网络传输的。该系统建立在两种传感器的基础之上:一种是具有 1～3 个组成部件的加速探测器;另一种是电子地震检波器(煤矿使用的是加速探测器)。人造卫星上的 GPS 时钟确保数据分站实现非常精确的时间同步。监测软件在 Windows 操作系统下运行。它能够从数据分站中远程进行数据采集、数据储存和频率分析。特定的软件能够自动评估可能发生的不同等级震动带来的影响。

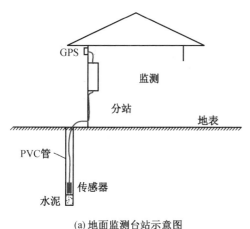

(a) 地面监测台站示意图

(b) 地面监测台站现场布置图

图 6-16   地面监测台站

井上（地面）微震系统（ARP）由检测站和监测分站两部分组成。检测站位于震动可能发生地的地表的监控中心，它是一台装有全球移动通信的双向调制解调器，可与监测分站进行无线数字传输的计算机。计算机中的软件可以储存、显示和处理所记录的数据。检测站可以存储许多监测分站的数据。每个监测分站装有 GSM 调制解调器和 GPS 接收器。也可通过笔记本电脑从监测分站导出监测数据。图 6-17 所示为具有 3 个加速探测器的 ARP 系统硬件结构图，系统组成部件如下。

（1）全球移动通信调制解调器（双波段的全球移动通信调制解调器 900/1800）。

（2）GPS 接收器（精度达 1 ms）。

（3）地震检波传感器 SN/ARP 或加速传感器 CZP3X。

（4）本地数据监测分站 LKP - ARP。

本地监测集中器 LKP - ARP 如图 6-18 所示，SN/ARP 数据发射台站如图 6-19 所示。

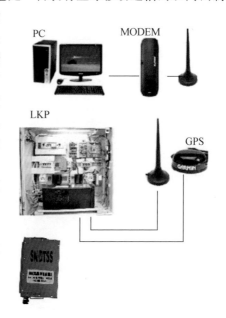

图 6-17   具有 3 个加速探测器的 ARP 系统硬件结构图

125

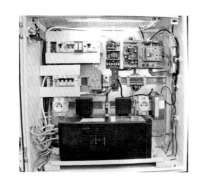  

图 6 – 18　本地监测集中器 LKP – ARP　　　图 6 – 19　SN/ARP 数据发射台站

　　该系统能够通过 1 ~ 3 台传感器的信号探测矿震或交通引起的震动。记录的数据可以通过无线数字式传输方式传输至进行数据存档和处理的监测中心。数据处理的结果将评估出震动对监测地表的影响程度，同时监测结果也可传输至 ARAMIS M/E 微震监测系统。ARP 监测台站技术参数见表 6 – 3。

表 6 – 3　ARP 监 测 台 站 技 术 参 数

传感器类型	CZP3X/DTSS，SVf/DTSS，SS3f/DTSS
记录震动部件数量	1 或 3
数据记录和处理动态	最大为 130 dB
记录数据的频率范围	0.1 ~ 200 Hz
测量范围	15 mm/s
取样频率	500 Hz
从传感器传输信号到本地集中器	数字
传感器到本地集中器的最大距离	≤2000 m（用传感器传送的电缆）
传感器的数字数据传输	1 对传输线
传感器的工作温度	0 ~ 40 ℃
集中器的类型	LKP – ARP
集中器的时间同步	全球定位系统卫星时钟

表 6 - 3（续）

区域内的集中器数量	不限制
与本地集中器 LKP - ARP 协作的传感器数量	1 或 4
本地集中器至处理中心网络的最大距离	在 GSM 范围内不受限制
传输类型	无线传输
传输方式	GSM 互联网系统中的数据传输
传输速度	依赖于用过的 GSM 网络
本地数据集中器的电源	缓冲, 远程遥控
本地集中器 LKP 的工作温度	正常范围：0 ~ 25 ℃

6.3.3 井上（地面）微震系统定位精度及验证

在常规井下微震监测的基础上，通过在地面布置 ARP 微震监测台站，实现井下和地面微震的联合监测，提高微震台网垂直方向上对待测区域的包络效果，优化台网的立体结构，可大幅提高震源垂直定位的精确性。井上下联合监测台网定位计算原理示意图如图 6 - 20 所示，图 6 - 21 所示为 ARP 井上微震监测系统。

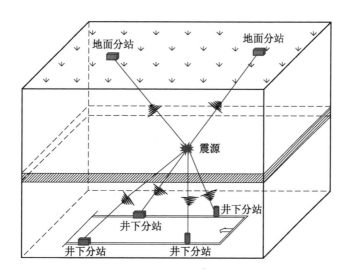

图 6 - 20　井上下联合监测台网定位计算原理示意图

图 6 - 21 ARP 井上微震监测系统

红庆河煤矿在地面上共安装了 5 个 ARP 地面微震监测系统台站，其中 A1 台站位于 $3^{-1}301$ 工作面附近，A2 台站位于 $3^{-1}105$ 工作面开切眼附近，A3 台站位于 $3^{-1}105$ 工作面中部附近，A4 台站位于 $3^{-1}403$ 工作面中部，A5 台站位于工业广场，联合已安装的 ARAMIS M/E 井下微震监测系统，构建了井上下一体化微震监测台网，井上下微震联合监测台站布置图如图 6 - 22 所示。

通过对 2923 个微震事件进行投影分析，垂直层位上主要分布在煤层上方 110 m 范围内，最大达到 210 m，110 ~ 210 m 内微震事件呈零星分布。10^2 J 及以下的微

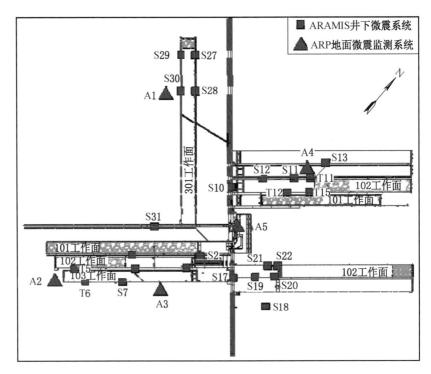

图 6 - 22 井上下微震联合监测台站布置图

震事件主要分布在煤层顶板上方 23 m 范围内，10^4 J 及以上事件主要发生在煤层上方 23 ~ 84 m 的厚层中粒砂岩层内，而更上层的砂质泥岩内仅有少量零散分布的 10^2 J 微震事件。井上下微震联合监测所得的微震垂直分布特征与红庆河煤矿"三带"中导水裂隙带发育高度为 110 m 左右的结果相吻合。

图 6-23 所示中，有地面监测台站震源垂直定位误差较大，当地面监测台站加入之后，震源定位精度大幅提升，更符合覆岩运动规律和矿山井下实际情况，表明地面监测台站对提高震源定位精度的效果较好。

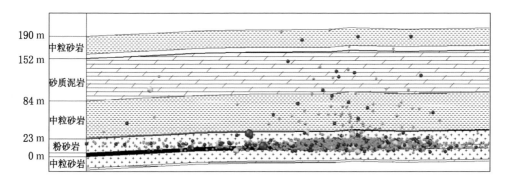

(a) 无地面监测台站

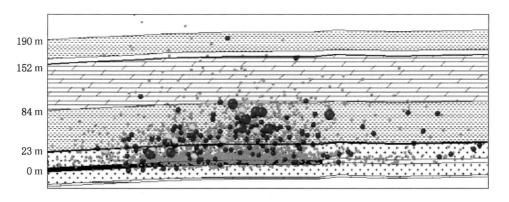

(b) 有地面监测台站

图 6-23　地面监测台站安装前后监测效果对比

为量化井上下微震联合监测对微震事件垂直定位精度的优化程度,采用顶板爆破的方法检验微震联合监测的定位效果,通过爆破震源与微震监测系统定位震源之间的距离大小衡量微震定位精度,两者距离越远,定位误差越大,反之则越小。2019 年 8 月 22 日至 9 月 2 日,在红庆河煤矿 402 工作面辅助运输巷煤柱帮侧共实施 10 次顶板爆破。

图 6 - 24 所示为 10 次爆破的定位点倾向剖面图,其中红色圆球为井上下联合监测的定位点,黄色圆球为单纯利用井下台站计算得到的定位点。仅采用井下微震监测系统对爆破事件进行定位,微震事件大部分位于煤层上方约 23 m 厚的粉砂岩层内,其分布区域处于爆破孔封口长度范围内;同时采用井上下微震联合监测系统对爆破事件进行定位分析,微震事件全部位于煤层上方约 60 m 厚的中粒砂岩层内,其分布区域处于爆破孔装药长度范围内。

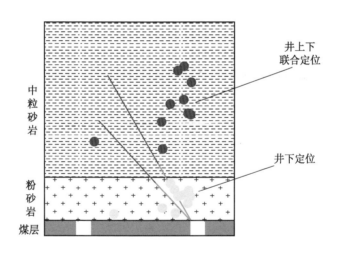

图 6 - 24 10 次爆破的定位点倾向剖面图

因为两个炮孔同时起爆,因此无法确定哪个炮孔的孔底为真实震源,但是可以通过计算定位点与两个炮孔孔底点距离之和的平均值反映定位误差。图 6 - 25 所示中统计了爆破事件震源定位误差的趋势图,可知对于 10 个爆破事件,井上下联合监测台网的定位效果均明显优于单纯井下台站的定位结果。

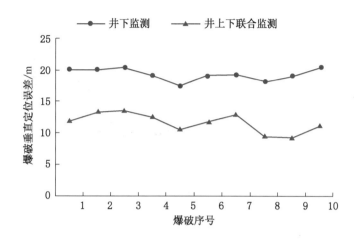

图6-25 爆破事件震源定位误差的趋势图

6.4 国产 KJ1160 井下微震监测系统开发及应用

当今贸易保护主义愈演愈烈，不掌握核心科技，就易被"卡脖子"，自主创新成为企业发展的终极法宝。中煤科工开采研究院有限公司自代理波兰 EMAG 公司的产品以来，由于进口产品不受我方控制、软件功能无法做到与时俱进等因素，决定开启微震系统的国产化之路，决心掌握核心技术和自主知识产权。经过不懈的努力攻关，成功研发出具有自主知识产权的 KJ1160 矿用高精度微震监测系统。

KJ1160 矿用高精度微震监测系统适用于煤矿和金属矿山的矿震（强矿压）、冲击地压（岩爆）、煤与瓦斯突出、底板突水、顶板溃水、矿柱破裂和违法盗采等矿山灾害的监测和预警。系统特点为高灵敏宽频采集、高保真抗干扰数据传输和高精度震源定位等。KJ1160 微震监测系统架构如图6-26所示。

KJ1160 微震监测系统的检波器选用高灵敏度、宽频带的震动检波器，可以监测包含低频、中频、高频等各频段的各种岩层震动信息，再由具有多功能的微震事件后处理软件展示和解释，为工程技术人员提供有效的信息。在信号传输方面，该系统采用了先进的"电缆＋光纤"传输技术，电缆传输距离不小于10 km，光缆传输可达60 km，满足大型矿井的信号传输要求，监测范围也大大增加。此外，井下震动信号实时传输到地面监控主机后，经过自动和手动定位，平面、剖面展示，可以清楚地了解井下微震事件的发生位置和释放能量，提供科

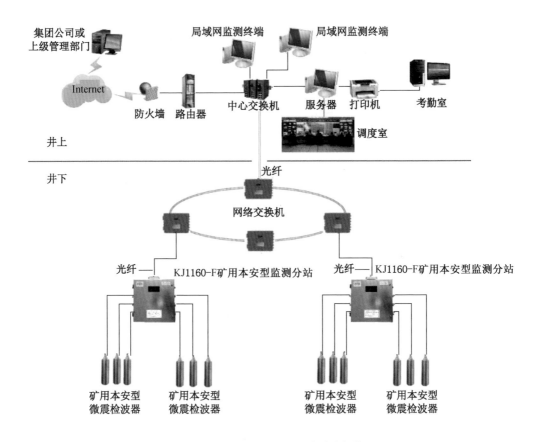

图 6-26　KJ1160 微震监测系统架构

学可靠的有用信息。

　　在数据传输方面，KJ1160 微震监测系统安装在测区内的微震检波器接收震动信号，将其传输至微震监测分站，微震分站再将电信号转换为光信号，经光纤/环网传输至微震主机，再经由交换机将信号传输至数据采集主机，之后再传输至数据存储及处理主机，进行微震事件的定位分析与可视化多方位展示。

　　在数据监测方面，KJ1160 微震监测系统选用高灵敏度、宽频带的震动检波器，主要监测全矿范围内中低频、大能量的岩层震动信号。现场测点主要以区域分布式布置为主，区内集中布置为辅，监测范围可覆盖全矿井及重点工作面等所有采掘空间。KJ1160 微震监测系统具备接收大范围、大能量、低频振动事件的能力，定位精度高，且能够与高精度微震连成一个监测网络，实现"覆盖大范围、聚焦工作面"的双重监测目标。

系统具有完备的软件体系、丰富的数据处理方法，融入了中煤科工开采研究院冲击地压研究团队对多年的煤矿底板水防治经验和预警算法，可有效提高煤矿冲击地压的预警成功率。

6.4.1 矿用本安型拾震传感器

矿用本安型拾震传感器通过电缆与采集分站相连，内部为磁电式结构。当震动波传播至检波器（其组件如图 6 - 27 所示）时，震荡效应导致检波器内的弹簧振子与磁铁产生相对运动，弹簧振子上的线圈切割磁感线，从而在线圈内产生电流。相对运动速度越快，产生电流的电压值越大，表明震动越强烈。

图 6 - 27　检波器组件

（1）测量方向：垂直单向分量和三分量振动传感器。

（2）频带：0.1 ~ 1500 Hz（-3 ~ 1 dB）。

（3）灵敏度：120 V/（m·s^{-1}）（根据监测要求可选）。

（4）灵敏度校准不确定度：2%。

（5）防水等级：IP68。

（6）线性/重复性：2%。

（7）灵敏度年变化率：95% 以上的传感器在 3% 以内。

（8）附加功能：自校准。

（9）安装方式：倒立或正立安装。

线性度和一致性是评价拾震传感器性能和质量的黄金标准，项目组自主研发的振动检波器具有线性度高且一致性好的特点，保证了信号采集的高保真和良好的抗干扰性能，尤其是在低频段，具有良好的整体表现。不同探头之间在时程曲线和幅频特性上基本保持一致，确保了探头之间的高度一致性和可重复性，使多个检波器保持同样的性能表现，避免了因检波器自身特性差异而导致监测数据之间无可对比性。

6.4.2 矿用本安型微震监测分站

KJ1160 – F 矿用本安型微震监测分站采用先进的 4 阶 Delta – Sigma 型 32 位 AD 采集，具有采集精度高、基线稳定等特点，可用于精确测量极其微弱的信号。KJ1160 – F 型矿用本安型微震监测分站设计了 FPGA、DSP、ARM 3 个 CPU 协同工作模式，保证高性能和多功能的特点，具有若干 32 位 4 阶 Delta – Sigma 高精度 AD 采集通道，具有以太网口和 Wi – Fi 接口，可自由选择有线或无线方式进行网络连接，内置嵌入式计算机系统，具有 16 GB 存储，可脱机独立自动工作采集分站如图 6 – 28 所示，时钟同步模块如图 6 – 29 所示，采集分站技术参数见表 6 – 4。

图 6 – 28　采集分站

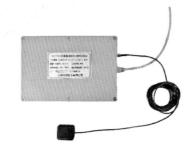

图 6 – 29　时钟同步模块

表 6 – 4　采集分站技术参数

序号	参　数	数　值
1	供电	DC12 V
2	A/D 精度	32
3	时钟同步方式	1588 + GPS/北斗
4	外时钟输入	10 MHz
5	外部输入	USB 接口 3/4 G 设备

表6-4（续）

序号	参　数	数　值
6	内置存储	256 G
7	自检方式	ICP 传感器开路、短路、接入状态自动检测
8	采样频率	1 kHz，最大 10 kHz
9	总谐波失真	– 70 dB
10	内置存储	16 GB

　　KJ1160 – F 型矿用本安型微震监测分站还具有网络分布式采集和云智慧采集等功能，采用以太网接口，不仅可以通过局域网连接到计算机，还可以直接通过互联网连接到云智慧测试系统中。采用局域网连接方式，一台计算机可以控制多台 KJ1160 – F 型微震采集分站进行在线或离线测量。采用互联网连接方式，各台 KJ1160 – F 型矿用本安型微震监测分站自动接入云智慧服务中心（也可以是互联网中的一台服务器），各种可接入互联网的终端设备均可在任何地点通过云智慧中心对 KJ1160 – F 型矿用本安型微震监测分站进行操控，实现基于云计算的远程测量和监测。

　　多台 KJ1160 – F 型矿用本安型微震监测分站之间可以方便地进行级联和同步，同时支持同步线同步（近距离）和 GPS 同步。KJ1160 – F 型矿用本安型微震监测分站还具有 10 MHz 外时钟输入和外触发接口，此功能可以实现 KJ1160 – F 型矿用本安型微震监测分站与其他具有 10 MHz 时钟输入的仪器进行同步采集和测量。

　　GZC150 本安型拾震传感器的安装方式共有以下三种。

　　（1）顶锚杆安装（图6 – 30a）：探头直接装在顶板全锚锚杆上。

　　（2）底锚杆安装（图6 – 30b）：在煤层底板建设水泥基础，并施工地锚。在水泥基础之内施工底板锚杆，将探头装在底板锚杆上。

　　（3）顶板深孔安装（图6 – 30c）：对于近水平煤层，探头若按照图6 – 30a 或者图6 – 30b 所示的方式安装，会导致传感器位于同一水平面，从而导致震源高度的定位误差较大。为解决这个问题，必须使传感器拉开高差，形成空间立体台网。可以在顶板施工深孔，利用特殊工艺将传感器安装在垂直孔的顶部（图6 – 30c）。实践证明，顶板深孔安装传感器可解决近水平煤层垂直定位误差较大的问题。

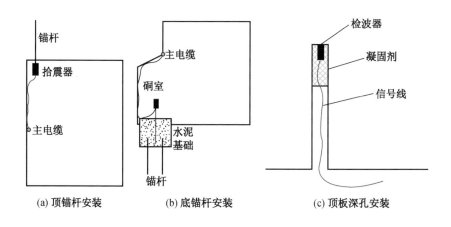

(a) 顶锚杆安装　　　　(b) 底锚杆安装　　　　(c) 顶板深孔安装

图 6 - 30　GZC150 本安型拾震传感器的安装方式

6.4.3　KJ1160 微震监测系统配套软件

1. 信号采集与事件拾取软件（MSP）

信号采集与事件拾取软件主界面如图 6 - 31 所示，其主要功能如下：实时记录并显示震动波形；微震事件自动拾取与保存；实时显示通道传输状态；在线检波器测试。

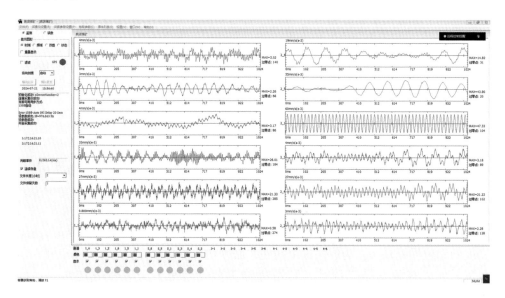

图 6 - 31　信号采集与事件拾取软件主界面

该系统具体功能如下。

（1）同时或单独显示时域和频域的波形曲线，可将所有波形叠加显示，也可将其单独显示。系统部分界面显示如图 6 – 32 所示。

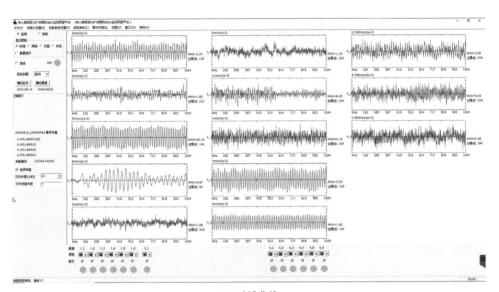

(a) 时域曲线

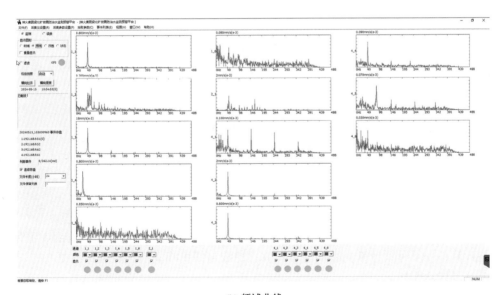

(b) 频域曲线

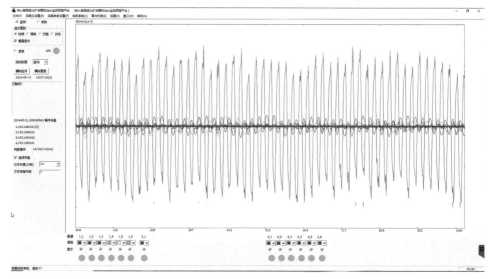

(c) 波形重叠显示

图 6 – 32　系统部分界面显示

（2）通道信号实时强度显示柱状图，实时显示所有通道的信号强度。

（3）进行采集分站 IP 地址与灵敏度、放大倍数的实时设置。

（4）进行微震事件拾取参数的设置。

（5）进行微震事件列表的实时显示与更新。

（6）GPS 时钟状态指示，当 GPS 时钟同步时指示灯为绿色，当 GPS 无法同步时，状态灯显示红色。

（7）波形任意拉长和缩短显示。

（8）实时显示 STA 与 LTA 具体数值和事件触发状态。

（9）实时显示采集分站的连接状态，并显示采集分站的 IP 地址。

（10）软件下部状态灯实时显示通道连接状态，当通道正常时显示为绿色，当通道停止传输时显示红色。

2. 震源定位软件（MSL）

震源定位软件主界面如图 6 – 33 所示，其主要功能如下：微震震源定位与残差计算；发震时刻计算；震动能量计算；滤波与傅里叶变换；数据保存等。

具体功能如下。

（1）拾取参数与工作面参数设置。

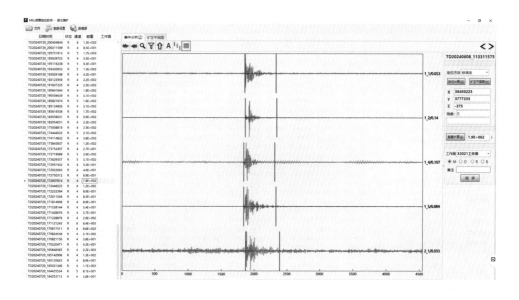

图6-33 震源定位软件主界面

（2）事件实时列表显示，显示微震事件的日期、时间、状态、能量和工作面信息。红色R代表未处理，黑色代表已处理，M代表有效事件。

（3）波形实时显示，放大和缩小，局部放大和单个波形放大等功能。

（4）傅里叶变换、频谱分析与低通滤波功能。

（5）到时自动排序与到时拾取的自动二次AIC优化。

（6）波形数据点导出到Excel，便于对波形进行二次分析。

（7）震源定位与误差估计，能量计算与数据保存。

（8）震源位置可以实时显示，可以对底图进行放大、缩小等基本操作，移动鼠标可以测量震源坐标基于震源与工作面距离。

3. 数据后处理与三维可视化软件（MSA）

KJ1160微震监测系统数据后处理与三维可视化软件基于GIS地理大数据技术，采用多种表现形式，对微震数据进行深入分析与挖掘。

主要功能如下：基于SQL数据库对数据进行查看编辑导出；平面和剖面投影；曲线绘制；b值预警；被动CT反演层析成像；综合预警等。

（1）微震事件查看与按照日期能量和工作面进行筛选，进行频次与能量统计，自动标红能量最大值，自动显示各能量级别的微震事件数量占比饼图，数据分析主界面如图6-34所示。

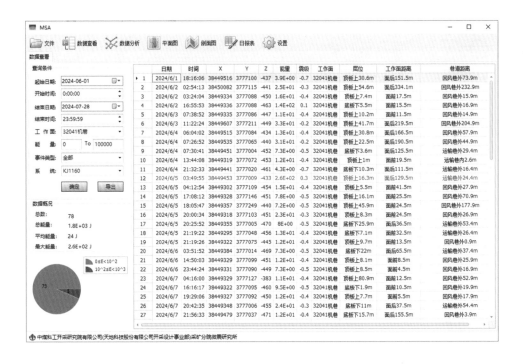

图 6 - 34　数据分析主界面

（2）微震事件的平面与剖面投影图，可以任意划定统计范围，并对此范围内的微震事件进行频次和能量的初步统计。单击单个微震事件点，即可显示此微震事件的详细信息。

（3）曲线分析：自动生成每日频次和能量曲线图、能量饼图、能量序列图、平均能量图、走向频次能量图、倾向频次能量图等。

（4）利用微震事件进行被动 CT 反演与层析成像，做出波速云图，通过分析波速云图得到工作面应力分布情况，对应力水平和底板水害危险性进行评价。图 6 - 35 所示为 CT 反演与微震事件对比图。

（5）能量分布云图，对事件分布密度和能量大小进行综合分析，得出能量分布密度图，对能量释放强度的分布情况进行显示。图 6 - 36 所示为微震事件能量分布云图。

（6）自动生成微震监测日报表并进行自动预警。

（7）微震事件多维可视化呈现与空间分布分析，包括平面、剖面和三维可视化（图 6 - 37、图 6 - 38）。

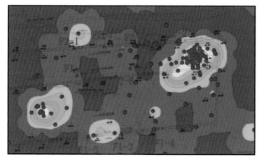

图 6-35　CT 反演与微震事件对比图

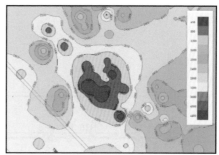

图 6-36　微震事件能量分布云图

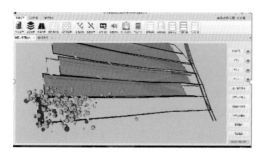

图 6-37　微震三维可视化

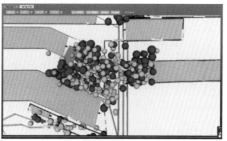

图 6-38　微震事件三维可视化

6.4.4　KJ1160 微震监测系统现场试验

　　KJ1160 微震监测系统现场试验选在黄陵二矿进行，微震检波器安装位置如图 6-39 所示。在 211 工作面的 209 辅运巷和 211 辅运巷分别布置一台采集分站，共安装 10 台检波器。209 辅运巷内的 2 号采集分站位于 6 联巷，连接 3 台顶锚杆检波器（S7、S8 和 S9）和 1 台孔内检波器（G10）。211 辅运巷内的 1 号采集分站位于 3 联巷，连接 3 台顶锚杆检波器（S1、S2 和 S3）和 3 台孔内检波器（G4、G5 和 G6）。随着工作面的回采，检波器逐渐向后撤。变电所配置光纤交换机，将光纤拉至工作面两条巷道内的采集分站处。变电所与采集分站之间为光纤连接，采集分站与检波器之间为电缆连接。通过 KJ1160 微震监测定位系统对综采工作面的微震事件进行实时监测、分析，并根据微震事件频次、能量及事件发出的震动信号及时准确定位震源位置，明确工作面区域微震事件分布情况，及时为矿山顶板灾害危险的发生进行预警。

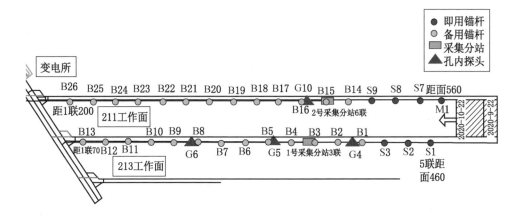

图6-39 微震检波器安装位置

1. 微震事件分析

2021年4月1日至2021年4月30日共发生微震事件2874次，其中能量级为$0 \sim 10^2$ J 的微震事件共1613次，占总事件数的56.12%；能量级为$10^2 \sim 10^3$ J 的微震事件共1189次，占总事件数的41.37%；能量级为$10^3 \sim 10^4$ J 的微震事件共72次，占总事件数的2.51%。微震事件明显集中分布在211工作面附近沿空侧和回风巷超前沿空侧，工作面整体微震震源分布如图6-40所示，该区域受采掘扰动影响明显，载荷积聚、调整及能量释放更为剧烈，是顶板灾害危险的主要影响因素。

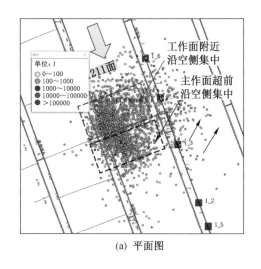

(a) 平面图

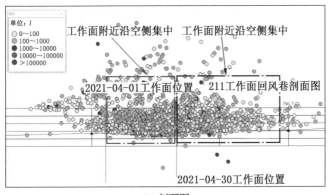

(b) 剖面图

图 6-40 工作面整体微震震源分布

2. 定位精度分析

分别在带式输送机巷 5 号联络巷内以 12 m 的位置和 211 工作面下隅角进行切顶爆破定位试验，孔深 15 m（装药段 10.5 m），单孔装药量 9.8 kg。每段用一发雷管，同时起爆。垂直于顶板，共 3 个炮眼，间距 1.6 m。工作面下隅角切顶爆破定位结果如图 6-41 所示。

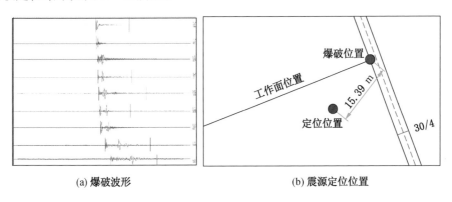

(a) 爆破波形   (b) 震源定位位置

图 6-41 工作面下隅角切顶爆破定位结果

利用顶板爆破验证了爆破校验微震定位精度试验，震源定位的平面误差为 15.39 m，垂直误差为 9.6 m，总误差为 18.14 m。由以上爆破事件的分析可知，

KJ1160 微震监测系统的震源定位精度较高，满足现场监测的要求。

6.5 高精度传感器及 KJ21 煤体应力系统的研制

煤体应力与常规矿压监测是实现冲击地压监测预警的重要手段，主要包括井下采掘活动形成的近场围岩变形、位移、应力环境、支护体受力，以及远场的覆岩运移、破断能量和断裂位置等。对于回采工作面而言，主要采用矿压监测系统监测近场支架工作阻力、顶板下沉量、煤体应力等。目前，我国已有各种类型的冲击地压煤体应力计矿压监测系统，但存在以下问题。

1. 无法自动分析支架的循环起止时间、初撑力、末阻力

分析支架动作循环、支架初撑力、末阻力是分析工作面顶板来压强度、预测工作面来压最基础的工作。因此，分析支架循环是分析工作面顶板灾害的基础，但目前矿压监测系统无法实现。

2. 遗漏关键数据（如初撑力、末阻力等）

由于矿压监测系统巡检时间较长，最长的达到 5 min，而支架动作过程（降、移、升）为 10~40 s，遗漏了初撑力，造成无法识别或识别的错误，支架初撑力遗漏原理示意图如图 6-42 所示。

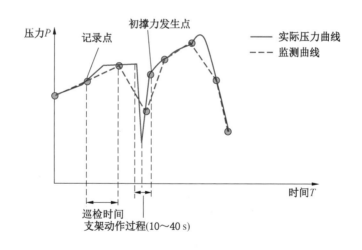

图 6-42 支架初撑力遗漏原理示意图

3. 无分析功能或不完善

顶板灾害监测系统与其他安全监测系统有很大区别，如瓦斯监测系统，无论

任何地质条件的工作面，只要瓦斯浓度超过1%，就要设备闭锁及人员撤离。而矿压监测系统监测到某个压力时，不同地质条件下的表现则不同，需要根据具体的地质条件进行具体分析，而大多数监测系统只具备数据展示和初步分析功能，无法实现矿压数据的自动分析和预警。

4. 顶板灾害预测预警技术研究尚不深入，数据类型或监测手段单一

井下开采条件的复杂性及预测预警指标选取和算法不合理等原因造成预测准确性较差，无法实现矿压监和微震监测对顶板灾害发生的应力场、位移场及能量场等多场融合监测和分析，在一定程度上降低了顶板灾害预测预警结果的可靠性。

5. 数据规模偏小

海量的矿压监测大数据库是实现数据挖掘和深度学习的基础，目前对于顶板灾害预测预警技术的研究多为基于单一矿井、单一条件甚至单一手段下的有限矿压信息，数据规模偏小，尚不具备监测系统之间信息资源融合共享的条件。

根据目前矿压监测系统存在的问题，本项目进行了针对性的开发，主要包括以下几个方面：①采用"定时定值"数据采样模式，减少数据冗余，同时准确反映顶板压力变化，且不遗漏关键数据；②研究各种识别算法模型，如初撑力、末阻力识别、安全阀开启识别、立柱不保压识别、支架不平衡算法、来压步距算法等，以实现矿压数据关键数据的自动快速计算，并以此为基础研究工作面来压预警和支架工况评价模型；③软件系统为模块化设计，采用"煤矿－集团－云平台"三级架构，根据不同需求和系统容量采用不同的模块；④系统软件能够自动分析初撑力、末阻力，自动生成矿压报表及报告，数据可通过网络实时传输至集团公司远程监控平台，进行显示、存储、报警及分析。

6.5.1 系统总体架构

针对煤矿井下矿压监测数据来源分散、种类繁多、数据量庞大的特点，工作面矿压监测预警平台集成各类传感器采集数据或电液控制系统压力数据，构建矿压多源异构数据库，实现了矿压数据的统一存储和管理。并借助物联网技术、大数据云计算、数据挖掘、模糊数学及矿压理论研究等先进技术手段，对海量的矿压数据进行深入分析、挖掘，开发了工作面顶板来压、支架工况自动分析及预测预警算法，充分发挥矿压大数据的内在价值，实现了采煤工作面矿压及设备工况的实时监测。KJ21监测系统总体架构如图6－43所示。

6.5.2 核心传感器及各子系统开发

监测系统的节点是指系统设备层的测量单元，主要包括监测分站和传感器。

1. 高可靠性溅射薄膜支架压力传感器

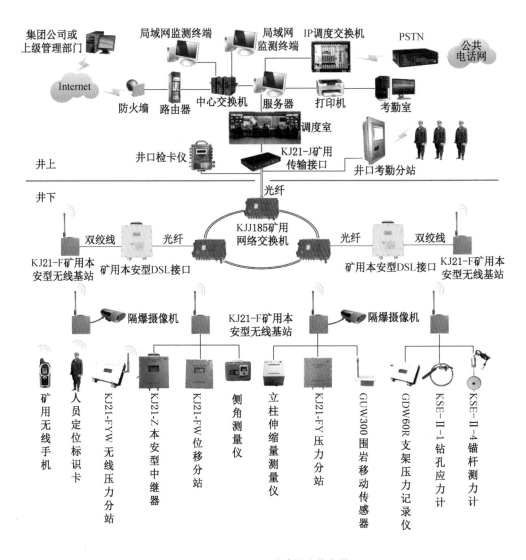

图 6-43　KJ21 监测系统总体架构

　　系统中的应力（压力）传感器采用薄膜应变式原理，工作性能稳定，长期测量不漂移、不失真，适合煤矿井下恶劣环境使用。在综合比较钢弦式压力传感器、传统应变片式传感器及溅射薄膜压力传感器的优缺点基础之上，最终选择了溅射薄膜压力传感器。该传感器是在 10 级超洁净空间（高真空度）中，利用离子束溅射技术，将绝缘材料、电阻材料、焊接材料以分子形式淀积在弹性不锈钢膜片上，形成分子键合的绝缘薄膜、电阻材料薄膜及焊接金属薄膜，并与弹性不锈钢膜片熔合为一体。再经过光刻、调阻、温度补偿等工序，在弹性不锈钢膜片表面形成牢固而稳定的惠斯顿电桥。

这种传感器制作工艺区别于传统的贴片式工艺流程，溅射薄膜压力传感器制作工艺流程和传统应变式压力传感器制作工艺流程如图 6-44 和图 6-45 所示，具有以下显著特点。

图 6-44　溅射薄膜压力传感器制作工艺流程

图 6-45　传统应变片式压力传感器制作工艺流程

（1）薄膜技术代替粘贴传感器中的粘贴工艺，消除胶的影响，无蠕变、抗老化。

（2）寿命长，可靠性高、稳定性强，每年的精度变化量低于满量程的 0.1%。

（3）抗振动、抗冲击、耐腐蚀，全不锈钢结构。

（4）体积小，功耗低，响应速度快。

（5）温度漂移小，取消了测量元件中的中介液，因而传感器不仅测量精度很高，而且受温度影响小。

2. 巷道顶板离层监测子系统

GUW300 型矿用围岩移动传感器（以下简称传感器）是位移传感器，主要用于煤矿巷道或工作面顶板下沉量等的监测和报警。也可用于涵洞或其他地下工程的顶板下沉监测。传感器采用本质安全电路设计，可用于井下含有瓦斯等爆炸性气体的危险场所。

传感器采用直线位移测量方法测量煤矿顶板下沉量。煤矿顶板下沉是一个比较缓慢的变化过程，单位时间位移量较小，测量仪器需要有较高的分辨率。传感器采用一个位移—电压转换装置，当物体发生位移变化时，带动钢丝绳拉长或缩短，位移传感器内部一个通有恒定电流的电位器，当电阻值发生变化时，将其转换为电信号，由单片机组成的数据处理电路完成数据转换、显示和报警功能。

传感器由传感器主体、钢丝绳、测量电缆接头、安装固定底板4个部分组成。

每个离层传感器配置了两个基点（深基点A和浅基点B），基点的安装深度根据顶板地质条件和选择的支护方式确定。

（1）供电电压：DC12 V；工作电流：≤40 mA。

（2）传感器设有指示灯，当位移量超过设定值时，指示灯颜色变化。预警值：100 mm——黄色，报警值：200 mm——红色（预警值和报警值可根据矿方要求进行设置，出厂时默认设置为上述数值）。

（3）测量量程：0~300 mm。

（4）测量精度：±2 mm。

（5）分辨率：1 mm。

（6）外形尺寸：240 mm×200 mm×354 mm（长×宽×高）。

3. 巷道锚杆、锚索支护应力监测子系统

KSE-Ⅱ-4型锚杆（索）测力计（以下简称传感器）在KJ21煤矿顶板灾害监测预警系统中与矿用本安型监测分站连接，用于测量煤矿井下巷道支护锚杆（索）张拉力。

锚杆或锚索（单束）的轴向张拉力通过锚具作用于压力枕刚性外传力板上，进而转变为压力枕的液体压力，该压力信号经过单片机处理后，换算被测锚杆或锚索的张拉力值。

传感器由传力板、压力枕、导压管、控制电路和电缆等组成。

矿用本安型监测分站连接，用于煤矿井下巷道支护锚杆（索）张拉力的测量。

（1）测量精度：2% F·S。

（2）与分站传输距离≤100 m。

（3）量程：0~100 kN。

4. 冲击地压煤体应力在线监测子系统

目前用于监测煤岩体应力位移变化的传感器频率为分钟级，最小为30秒，无法满足冲击能量爆发前需要毫秒级响应的要求，基于此提出采用KSE-Ⅱ-1毫秒级煤体应力传感器实现冲击地压过程监测的新理念。

KSE-Ⅱ-1型钻孔应力计（以下简称传感器）在KJ21煤矿监测系统内，可与KJ21-FW矿用本安型压力监测分站连接，测量煤矿井下煤岩体内相对应力、监测采动应力场的变化，传感器的压力枕采用充油膨胀的特殊结构。

（1）测量精度：2% F·S。

（2）与分站传输距离≤100 m。

（3）量程：0～30 MPa。

（4）采样频率：≤5 ms。

（5）钻孔直径：φ48～50 mm。

针对毫秒级采样无效数据多、占用存储空间的问题，利用分析处理单元对传感元件数据进行阈值限定。同时设计了高速无线与有线相结合的 MESH 数据网络传输系统，满足了传感器数据传输速率高、误码率低、可靠性高的超强要求，相对于其他数据网络系统具有可靠性高、维护量小、应用灵活等特点。同时，该网络系统可兼容当前主流的网络通信制式，便于融入矿井后期的智能化建设，满足矿井信息化升级换代的需要。通过设计的高精度、高灵敏度、毫秒级采集速率保证了系统能够捕捉冲击地压启动过程中极其微小的应力参数的变化。

6.5.3　数据采集模块开发

除了通过自主研发的近场矿压监测仪器采集顶板灾害监测数据外，KJ21 系统还开发了多源异构数据转换和采集程序，实现了对天地玛珂、郑煤机、德国 EEP、德国玛珂、天津华宁电子 5 家主流电液控制系统压力数据，以及尤洛卡、科大中天、三恒、思科赛德 4 家主流矿压监测系统压力数据的高效采集和稳定传输，并预留扩展接口，支持其他矿压监测系统的接入。

以上湾煤矿 12401 工作面为例，该工作面安装的是德国玛珂的支架压力传感器，每个支架安装两个传感器，分别监测支架的左柱和右柱压力，直接采集的压力数据单位为 Bar，实际读入综采工作面矿压监测预警系统时，需要除以 10，转换为 MPa。

研究通过 OPC 服务器读取电液控制系统数据，12401 工作面共 131 个支架安装了支架压力传感器，需要读取的 OPC 节点共 262 个，其中 1～131 号支架左压力值的节点编号为 CZB1[0]～CZB1[130]，1～131 号支架右压力值的节点编号为 CZB1[600]～CZB1[730]。由于采用的是 RSLinx OPC 服务器，需先行在矿压监测服务器主机上安装 RSLinx Classic Gateway 客户端程序，再配置 DDE/OPC Topic Configuration，对上湾煤矿 OPC 服务器 IP 192.168.4.235 进行登记，服务器登录界面如图 6 - 46 所示。

然后运行开发的"德国玛珂/OPC 服务器"数据采集程序，配置工程名称为"RSLinx OPC Server"，标签格式设置为"[OPCGroup]CZB1[{0}]"，柱数设置为 2，勾选启用后，每次运行矿压监测系统 KJ21Data 数据采集程序时，同时读取支架压力数据。KJ21 矿压监测数据采集系统界面如图 6 - 47 所示。

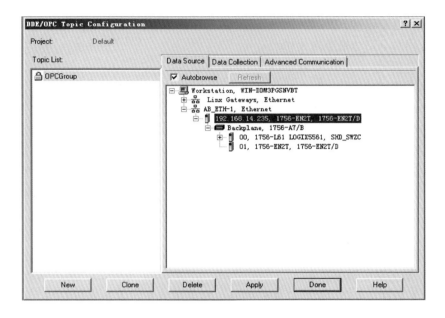

图 6 - 46　服务器登录界面

图 6 - 47　KJ21 矿压监测数据采集系统界面

7

冲击地压前兆信息的可识别性研究

对于一个具体的矿山开采环境，冲击地压（矿震）的发生具有独特性，其事件序列特征和危险性震动前兆现象需要在大量监测料分析基础上才可能被发现，这与天然地震监测是类似的，但冲击地压（矿震）表现得更复杂。因此，对监测获得的冲击地压与矿震资料进行分析，研究其发生的前兆现象，是冲击地压监测的重要研究内容。本章介绍冲击地压前兆信息规律及可识别性，及基于前兆信息识别建立的冲击地压预警指标体系。

7.1 应力信息

7.1.1 煤体应力信息的可识别性

冲击地压总是与采动应力和原岩应力形成的采场围岩应力环境密切相关，在高应力作用下，具有冲击倾向性的煤岩层发生突然破坏，是冲击地压发生的根本原因。高应力的产生可分为采动支承压力形成的静载荷和采动围岩运动引发的动载荷两类。采动应力场形成后，静载荷以采动围岩中的压缩弹性能、顶底板（岩层）弯曲断裂前产生的弯曲弹性能为主；动载荷以采场大面积直接坚硬顶板断裂或上覆高位坚硬顶板断裂、底板断裂、煤柱失稳产生的瞬间压缩弹性能为主。动载形成的动应力场一般具有突然性、短暂性和难以预知性，因此通过动应力的识别进行前兆识别和危险预测更为困难。但静载形成的静应力场是自重应力、构造应力和采动支承压力综合作用的结果，是自然因素、开采历史和开采过程的综合反映，煤体应力集中程度越高，所需的动载扰动越小，也就越容易发生冲击地压。因此，静应力场的变化可以作为冲击地压的前兆信息，对煤体应力值及其变化进行识别，就可实现对冲击地压的预测。

对冲击地压预测来说，虽然煤体应力是最可靠的物理信息，但是，目前应用于实际工程的应力确定方法普遍是相对应力值，难以获得真实的三维应力值。无论是经验公式计算，还是"点"状式应力测量技术，都难以较准确地给出煤岩体的整体应力场信息。目前主要采用相对应力及其变化趋势的指标来实现对冲击危险的预测预报。即便如此，煤体应力监测仍是冲击地压的主要监测手段之一，且相对于微震、地音、电磁辐射等地球物理监测手段，煤体应力监测具有物理意义更明确、对操作人员要求更低、预警信息更直观、投入成本更少等优势（图 7-1）。

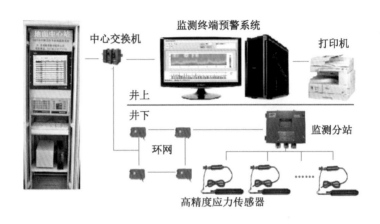

图 7-1　KJ21 冲击地压应力在线监测系统结构图

根据冲击危险性评价结果，将煤体应力计布置在具有冲击危险的区域，其中掘进巷道后方监测范围一般不小于 150 m，采煤工作面超前监测范围不小于 300 m。应力传感器需要深入巷道帮部侧向应力集中区（图 7-2），监测测点一般以两个为一组，为短孔和长孔，分别位于巷道侧向支承压力峰值前与峰值后，用于监测巷道浅部和深部的应力变化情况。浅部测点深度一般为 $1.5h \sim 3h$（h 为巷道高度），深部测点深度一般大于 $3h$。同一监测组内相邻测点沿巷道走向间距一般为 $2 \sim 3$ m，相邻监测组沿巷道走向间距为 $20 \sim 30$ m。通过对若干应力计进行差值处理，可以生成更直观的应力分布云图，使应力预警区域和等级的确定更便捷。

7.1.2　应力预警指标

1. 应力增速

对于某测点，t_2 时刻的应力增速 v_σ 由式（7-1）计算：

$$v_\sigma = \frac{\sigma_2 - \sigma_1}{\Delta t} \qquad (7-1)$$

式中　σ_1——t_1 时刻测点应力大小；

　　　σ_2——t_2 时刻测点应力大小；

　　　Δt——时间间隔（$t_2 - t_1$，一般取 1 d），d；

　　　v_σ——应力增速单位，MPa/d。

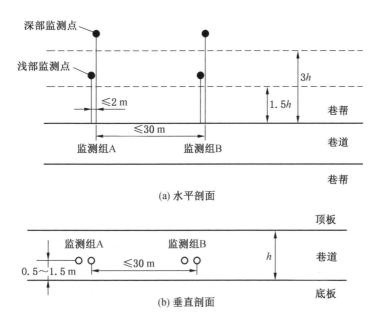

图 7-2　巷道帮部应力传感器布置示意图

2. 应力指数

测点垂直应力与煤的单轴抗压强度的比值：

$$S = \frac{\overline{\sigma}}{R_c} \qquad (7-2)$$

测点垂直应力可通过式（7-2）计算，单轴抗压强度按《煤和岩石物理力学性质测定方法　第 7 部分：单轴抗压强度测定及软化系数计算方法》（GB/T 23561.7—2009）中的规定测定。

目前应力传感器监测数据为相对应力，应给出实测应力与真实应力的转换关系式：

$$\bar{\sigma} = f(\sigma) \qquad\qquad (7-3)$$

式中　σ——实测应力值；

　　　$\bar{\sigma}$——真实应力值；

　　　f——实测应力与真实应力的转换关系。不同类型传感器对应的f不同，
　　　　　应通过实验室或现场试验确定。

3. 冲击危险性判别

表7-1为基于煤体应力监测进行煤岩冲击危险性分类的国家标准《冲击地压测定、监测与防治方法　第7部分：采动应力监测方法》（GB/T 25217.7—2019），冲击危险性分为无、弱、中等和强4类，分别以应力指数 S 和应力增速 v_σ 进行判定，取冲击危险等级较高者为最终结果。

表7-1　测点危险性分类指标

危险等级		a（无）		b（弱）		c（中等）		d（强）	
		$h<2b$	$h\geqslant2b$	$h<2b$	$h\geqslant2b$	$h<2b$	$h\geqslant2b$	$h<2b$	$h\geqslant2b$
应力指数	S	$S<0.4$	$S<0.8$	$0.7>$ $S\geqslant0.4$	$1.4>$ $S\geqslant0.8$	$1.0>$ $S\geqslant0.7$	$2.0>$ $S\geqslant1.4$	$S\geqslant1.0$	$S\geqslant2.0$
应力增速	$V_\sigma/$ （MPa·d^{-1}）	$V_\sigma<0.04$	$V_\sigma<0.08$	$0.07>$ $V_\sigma\geqslant0.04$	$0.14>$ $V_\sigma\geqslant0.08$	$0.10>$ $V_\sigma\geqslant0.07$	$0.20>$ $V_\sigma\geqslant0.14$	$V_\sigma\geqslant0.10$	$V_\sigma\geqslant0.20$

注：h—测点深度，b—巷道宽度。

图7-3所示为吉林某矿煤体应力监测预警的一个案例，该矿安装在409工作面运输巷的6号和9号探头于2015年3月12日开始出现应力急剧上升，并于3月16日早班出现红色预警。3月16至3月25日预警区域附近共发生8起6次方事件和3起7次方事件，其中"3·25事件"对411回风巷约200 m范围造成严重破坏，巷道瞬间底鼓量达到1.0 m以上，应力预测的危险区域和冲击地压实际发生区域具有较高的重合度。

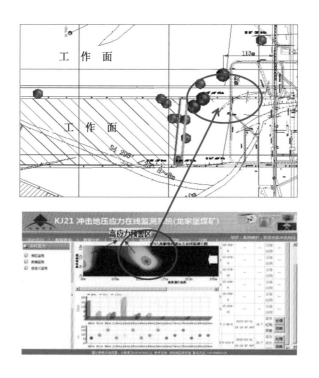

图 7-3　吉林煤矿煤体应力监测预警的一个案例

7.2　微震信息

7.2.1　微震信息的可识别性

微震产生的原因很多，从广义上可以分为两种，即自然界产生的微地震和工程领域内产生的微震。矿山开采必然伴随顶板断裂、煤体失稳等运动过程，这期间将伴随大量的微震现象，而微震的强度、频度等指标又与煤岩体的应力状态、变形速率、产状、物理强度等密切相关。如前所述，矿山开采引发的微震一般指能量较大、频率较低的震动事件，能量一般大于 100 J，频率小于 150 Hz，这种震动信息是煤岩损坏发展到最终的破坏阶段，如顶板断裂、煤柱失稳、煤体冲击等。

从能量角度讲，每次微震事件都是煤岩系统能量的一次集中释放，从而使系统达到新平衡的过程。然而，这一平衡很快又不断地被开采活动破坏，导致系统内局部区域出现新的能量聚集，直至重新释放。因此，井下不断的采矿作业活动使煤岩系统形成"微震－平衡－再微震－再平衡"的循环过程。这一过程本身已表明，发生的微震事件之间必然存在某种直接或间接的联系。通过微震监测系统可以记录这一不断发生变化的过程，而冲击地压发生前的微震活动乃是地质条件、工程结构与作业活动等诸因素的综合反映。从微震事件产生的条件和机理上看，不同条件下微震活动的规律可能有所不同，发生冲击地压的微震信息也不应该是唯一的。但冲击地压是微震活动表现的宏观形式之一，通过微震事件的时空演化特征可以为特定区域今后一段时间内的冲击危险趋势评估提供依据。

7.2.2 微震与煤岩破裂的关系

1. 微震事件的时空迁移

微震监测系统自 2009 年 9 月 23 日正常运行以来，获取了大量监测数据。单个拾振器能接受到能量为 5～10 J 的震动事件，但要确定一个微震事件发生的空间坐标，需要至少 4 个拾振器同时记录到该事件。一般来说，震动能量越大，接收到信号的拾振器数量越多，震动波形越清晰完整，系统也越容易识别 P 波初动时刻，定位效果越好。监测结果表明，要使至少 4 个拾振器同时接收到同一微震信号，微震能量一般不会小于 300 J。截至 2010 年 10 月 30 日，系统共监测到有定位结果的微震事件 2036 个，释放能量 1.62×10^7 J。

从监测结果的空间分布来看，微震事件主要分布在受采动影响的 2304、2306、3302 和 4305 工作面及部分掘进巷道。图 7－4 所示为唐口煤矿 2306 工作面微震事件随工作面推进的动态分布规律，由图中可见，微震事件具有明显的时空迁移性，即微震事件随工作面的推进有规律地向前移动，表明微震事件与开采活动存在密切联系。在工作面前方 0～50 m，微震事件最为密集，表明该区段煤岩体活动剧烈，是开采过程中重点关注的区域。

2. 微震活动反映煤岩破裂的周期性

众所周知，在采动作用下，开采工作面煤岩活动具有周期性特征，而微震事件是煤岩活动释放的物理现象之一，从图 7－5 中可以看出，微震事件的发生具有明显的周期性，这与支架压力记录仪监测到的工作面来压有一定的对应关系，即微震事件的能量和频次在工作面来压前后一般都会出现明显增长的现象，反映了顶板的周期性运动。同时，通过对微震事件的定位（图 7－6）发现，事件主要集中在顶板和煤层中，来压期间微震事件往往从下巷开始，逐步向上巷发展，说明顶板断裂从工作面下巷开始，并向工作面上巷方向发展，表现为工作面下部来压先于上部。

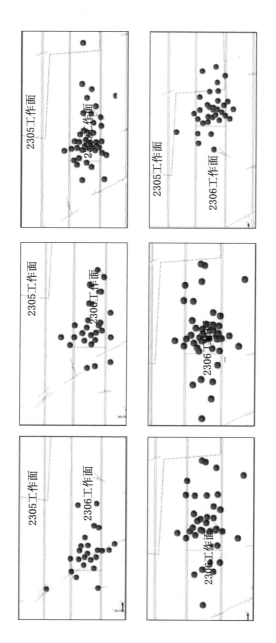

图 7-4 唐口煤矿 2306 工作面微震事件随工作面推进的动态分布规律

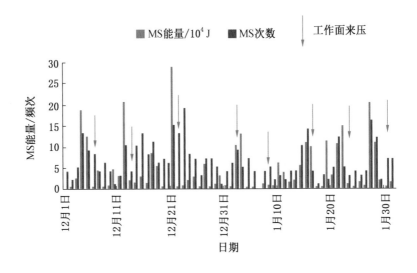

图 7-5　微震活动与来压的关系

　　图 7-7 所示为微震活动与工作面来压的关系。从图中可以看出，微震监测事件频次及其能量与工作面周期来压有较好的对应关系，周期来压期间，微震频次和能量一般都有明显的增长，结合支架压力变化情况可知，微震活动的增加先于支架压力的增大，因此，可根据微震监测结果对工作面周期来压进行分析和预测。

　　根据现场矿压观测和微震监测结果可知，8105 工作面来压分为大周期来压和小周期来压。图 7-8 所示为 8105 综放工作面大小周期来压期间微震监测到的两次高能事件定位结果及顶板破裂形态示意图。

　　大周期来压期间，高位基本顶和低位基本顶运动加剧，高位基本顶出现高能微震事件；而在小周期来压期间，低位基本顶断裂频繁，此时，低位基本顶中会发生高能微震事件。基本顶的破裂和运动诱发直接顶断裂破坏，而支架并不直接承受基本顶的作用力。8105 工作面低位基本顶和高位基本顶运动规律见表 7-2 和表 7-3。

　　3. 微震活动解释岩层破裂范围

　　图 7-9 所示为微震事件的倾向投影图，由图可知，微震事件主要集中在下位顶板中。2308 工作面倾向长度为 190 m，微震揭示顶板破裂高度达 245 m，2306 工作面面长 110 m，两边均为 110 m 煤柱，应力较大，因此微震事件活动

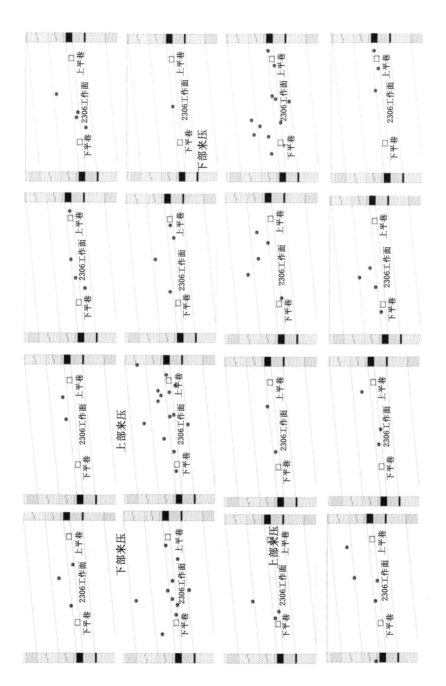

图 7-6 对微震事件的定位（2010 年 4 月 5 日至 4 月 20 日）

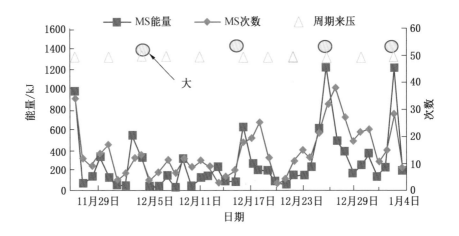

图 7-7 微震活动与工作面来压的关系

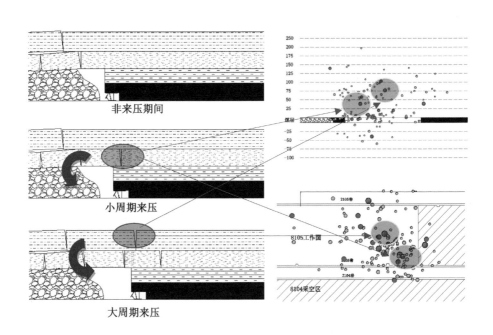

图 7-8 8105 综放工作面大小周期来压期间微震监测到的
两次高能事件定位结果及顶板破裂形态示意图

表 7 - 2 8105 工作面低位基本顶运动规律

序号	日 期	断裂高度/m	断裂步距/m
1	2010 - 11 - 26	73.4	36.4
2	2010 - 11 - 30	65.2	26.3
3	2010 - 12 - 04	50.1	27.5
4	2010 - 12 - 07	75.3	26.8
5	2010 - 12 - 11	79.2	24.5
6	2010 - 12 - 16	75.1	34.2
7	2010 - 12 - 19	63.2	19.1
8	2010 - 12 - 22	96.4	28.3
9	2010 - 12 - 26	57.7	18.4
10	2010 - 12 - 30	97.0	38.2
11	2011 - 01 - 03	63.3	22.4
平均		72.4	27.5

表 7 - 3 8105 工作面高位基本顶运动规律

序号	日 期	断裂高度/m	断裂步距/m
1	2010 - 12 - 04	97.5	58.6
2	2010 - 12 - 16	114.3	69.8
3	2010 - 12 - 26	155.7	53.6
4	2011 - 01 - 03	132.7	50.3
平均		104.1	58.1

更频繁，能量也更大，但顶板破裂高度相对较小，约为 172 m。从微震监测结果看，开采并未影响到距离煤层上方约 350 m 的 J_{2-3s} 岩层，该岩层厚度达 200～350 m，完整性较好、强度较大，若出现整体运动，将对冲击地压防治带来很大影响。

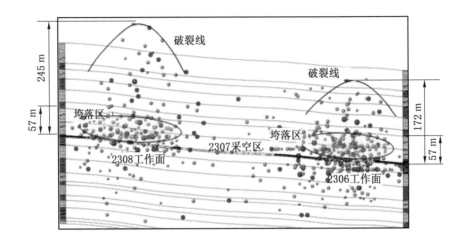

图 7 - 9　微震事件的倾向投影图

4. 微震活动揭示冲击危险区域

图 7 - 10 所示为某一时期微震事件监测揭示的 3 个冲击危险区域，Ⅰ 区微震事件分布最密集，释放能量最大，主要是因为该区域处于已开采的 4305 工作面停采线附近，本身具有很高的应力，4304 工作面开采形成的超前支承压力也开始影响该区域，造成应力进一步增加，致使煤岩体破裂加剧。Ⅱ 区为 4304 工作面带式输送机巷接近 DF129 断层，采动造成断层活化，冲击危险性增加。Ⅲ 区为 CF52 断层与 330 胶带大巷相交位置附近，该处处于构造应力与巷道侧向支承压力叠加区，应力较为集中，危险性较大。矿防冲队对这 3 个区域实施了多种解危手段，保证了矿井的安全生产。

7.2.3　微震与应力的关系

大量研究表明，煤岩体破裂发生在应力差大的区域，因此，煤岩体破裂区总是与高应力差重合，并与高应力集中区域接近，由此可见，只要监测到煤岩破裂区域，即可找到高应力区域和高应力差区域。煤岩体每次破裂都会产生一次微震事件和声波，而震动能量、频次等又反映了煤岩体的受力破坏程度，微震事件能量越高，震动越频繁，则煤岩体应力集中程度越大，破坏越严重。因此，可通过微震监测开采过程中微震事件能量、频次及发生位置等参数，分析开采导致区域应力场的分布特征。

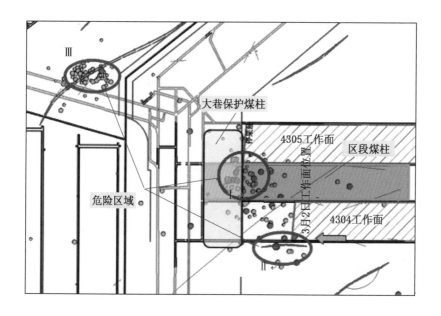

图 7 – 10 某一时期微震事件监测揭示的 3 个冲击危险区域

　　微震事件的定位结果具有绝对位置和相对位置的概念，对于某一开采完毕的工作面，微震事件总是相对均匀地分布在工作面的各个区域，这是微震事件的绝对位置，而相对于移动的工作面，微震事件多密集发生在工作面前方某一区域范围，这是微震事件的相对位置。微震事件的密集区域随工作面的推进有规律地前移，因此，微震事件与开采活动存在必然联系，通过研究微震事件的相对位置关系可以获知采动对煤岩体的影响范围与剧烈程度，用于指导巷道支护、煤柱留设及灾害防治等工程实践。

　　对于某一段时间的微震监测数据，可将定位结果投影到工作面走向剖面图上，固定工作面前微震事件的走向剖面投影效果如图 7 – 11 所示。如果假定工作面的位置是固定不动的，根据定位结果及工作面推进度，可以计算出每个微震事件相对于固定工作面的坐标。由图 7 – 12 可知，假设第 i 天第 j 个微震事件 P_{ij} 的定位坐标为 (x, y, z)，且第 1 天至第 i 天工作面的推进距离为 L_i，则选取第 1 天作为固定工作面，可求得该微震事件的相对坐标 (X, Y, Z)。

$$X = x - L_i \cos\alpha\cos\beta ; Y = y - L_i \cos\alpha\sin\beta ; Z = z - L_i \tan\beta \qquad (7-4)$$

式中 α——工作面推进角度；

β——工作面推进方向在水平面上的投影与 x 轴的夹角。

在很多情况下，工作面走向方向是近似水平的，即 $\alpha = 0$，则 $X = x - L_i\cos\beta$；$Y = y - L_i\sin\beta$；$Z = z$。

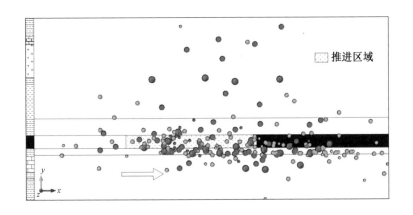

图 7-11 固定工作面前微震事件的走向剖面投影效果

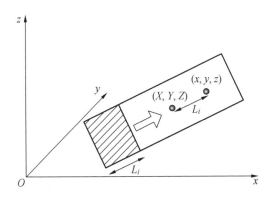

图 7-12 微震事件绝对位置与相对位置的关系

对于该监测时间内的所有微震事件均进行这样的处理，再将其投影到工作面走向剖面图上，固定工作面向微震事件的走向剖面投影效果如图 7-13 所示，可见微震事件密集分布在工作面前方某一区域范围内，表明该范围内超前应力集中程度高，煤岩体活动剧烈，微震活动与应力的关系如图 7－14 所示。通过固定工作面可使超前支承压力对微震事件分布的影响表现得更为明显。

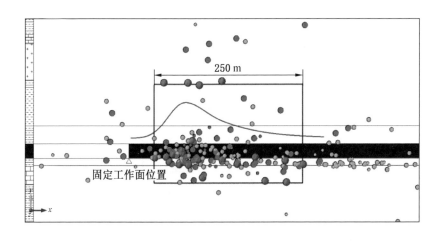

图 7－13　固定工作面后微震事件的走向剖面投影效果

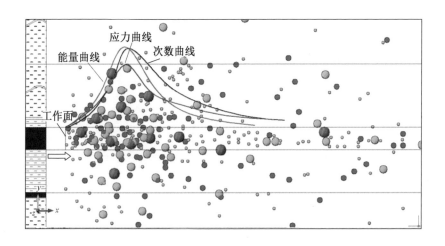

图 7－14　微震活动与超前应力的关系

图 7－15 所示中给出了开采工作面上微震事件分布的另一种图示结果，图中横坐标为距工作面距离，纵坐标是以 10 m 为一个移动窗的震动次数和能量的累积值。其中图 7－15a 和图 7－15b 分别为河南义马千秋煤矿 21141 工作面 ARAMIS 和

ESG 微震监测结果，该面煤厚为 16.81～25.6 m，平均煤厚为 21 m，普氏系数为 1.5，采用综放开采。这些微震事件发生于 2010 年 4 月 7 日至 2010 年 9 月 16 日，图中表示微震频次的曲线更平滑，在煤壁前方 120 m 附近达到最高值，而微

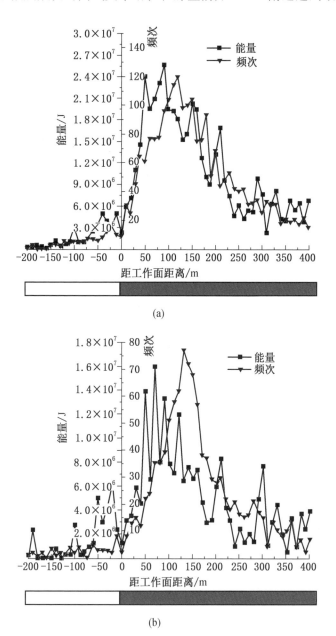

(a)

(b)

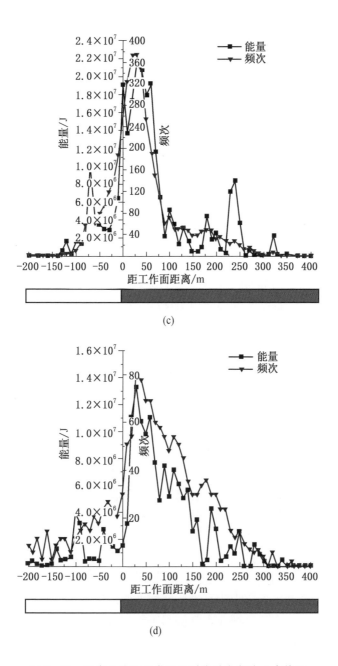

图 7-15　固定工作面后微震监测能量和频次分布特征

震释放能量曲线出现剧烈跳跃，其峰值位于煤壁前方 90 m 左右。图 7 - 15c 所示为山东新汶华丰煤矿 1410 工作面 ARAMIS 微震监测结果，该面煤厚为 5.6 ~ 6.9 m，平均煤厚为 6.2 m，普氏系数为 1.1，采用综放开采。2007 年 5 月 1 日至 2009 年 5 月 1 日，工作面共监测到微震事件 4028 个，微震频次曲线与能量曲线峰值均位于煤壁前方 30 m 附近。而图 7 - 15d 所示为抚顺老虎台煤矿 88002 工作面 ARAMIS 微震监测结果，该面所采煤层厚度达 70 ~ 80 m，平均厚度为 75 m，普氏系数为 1.5 ~ 3，采用分层综放开采，分层厚度为 11.6 m。微震事件频次和能量曲线的峰值均位于煤壁前方 40 m 附近。

这些曲线能够显示出不同开采条件下工作面推进位置与微震事件空间分布特征的关系，且它们都有相似的形状，即在工作面前方形成微震事件频次与能量的高峰。根据矿压理论，工作面前方也将形成单峰值结构的应力分布，因此，微震监测结果与超前应力存在必然联系，工作面超前支承压力分布可以从微震监测结果中得到反映。

根据超前支承压力分布特征，回采工作面前方形成 3 个区域：原岩应力区、应力升高区和应力降低区。在原岩应力区内，煤样体受采动影响小，微震事件发生的频次很低，能量很低，处于微震事件的萌芽期；随着载荷的不断增大，煤岩体内裂纹扩张和宏观裂隙的产生急剧增加，并伴随一定范围内局部煤岩体的断裂破坏，导致微震频次和能量急剧增加，在这个过程中微震事件将依次经历发展期和高潮期；过渡到应力降低区后，由于前期煤岩裂隙扩张和断裂消耗了大量能量，使裂纹的扩张和宏观裂纹的增长明显放缓，微震事件的频次和强度迅速降低，微震事件逐步进入平静期。

上面微震事件的频次和能量虽然能够反映超前支承压力分布的一些特征，但由于无法将频次和能量有效地结合起来，从而无法定量地描述超前支承压力的分布规律，这对精细化研究显然是不够的，也不能很好地指导实践。在弹性力学的框架下，由微震资料得到绝对应力的大小，原则上是不可能的，但是在进行一些合理假设的前提下，由微震资料可以得到关于应力大小的某种有物理意义的估计，其中一个常用的估计是视应力，这一概念被广泛应用于地震研究，将视应力与引起地震滑动的平均应力水平之间通过地震波辐射效率联系在一起，对一个区域中引起地震滑动的平均应力水平进行区域平均，从而作为对该区域绝对应力水平的一个间接估计。因此，视应力常被用于研究震源区的应力水平，即视应力越高，震源区的应力水平就越高；反之，震源区的应力水平就越低。截至目前，人们发现的有关地震机制的绝大多数机理均可用于矿山地震，天然地震和矿山诱发的地震之间有意义的区别在于它们的观测范围不同，矿区距震源的距离短，或者测点就在震源区内，据此形成的研究基础远比天然地震的情况要好，因此根据采矿诱发的地震数据进行视应力估计，其结果也会比天然地震可靠得多。

1. 用视应力研究震源区应力水平

在地震学中，用视应力研究震源区应力水平的公式为

$$\delta_{app} = \mu E_S / M_0 \qquad (7-5)$$

式中　δ_{app}——震源区视应力；

μ——震源区介质的剪切模量；

E_S——地震波辐射能量；

M_0——地震矩。

式（7-5）中，关键是要计算 E_S 和 M_0，然而，在传统地震学研究中，这两个物理量只能从震级出发，通过理论或经验公式换算得到，因此既不可靠，也不是相互独立的，由此计算视应力，既不具备可靠性，也无法体现其应有的物理意义。由于微震监测系统能够提供数字微震资料，因此这两个参数均可通过微震波波形分析和反演获得，这样可大大提高计算结果的可靠性。

在波形时间序列处理过程中，首先分别对各拾震器记录挑选出整个 P 波和 S 波的数据段，按震级大小和远近不同选取时窗，窗长以 P 波或 S 波开始到衰减至大于 2 倍噪声为准，然后采用带通滤波除去低频成分，对经过处理后的波段进行快速傅氏变换到频率域，在频率域内进行积分，即得到地动速度和地动位移的功率谱积分 S_V 和 S_D。

$$S_D = 2\int D(f)^2 \mathrm{d}f \qquad (7-6)$$

$$S_V = 2\int V(f)^2 \mathrm{d}f \qquad (7-7)$$

式中　f——震波频率。

由于煤矿震源到接收点一般很近，可视为近震源观测，因此可采用 Brune 圆盘模型（Brune，1970）计算震源参数。此时的地动位移和地动速度的频谱可以写为

$$D(f) = \frac{\Omega_0}{1 + (f/f_0)^2} \qquad (7-8)$$

$$V(f) = D(f)2\pi f \qquad (7-9)$$

式中　f_0——拐角频率，$f_0 = \frac{1}{2\pi}\sqrt{S_V/S_D}$；

Ω_0——震波零频极限值。

通过震源距的归一化处理，可以求得地震距和地震辐射能量：

$$M_0 = 4\pi\rho\beta^3\Omega_0 / \sqrt{2/5} \qquad\qquad (7-10)$$

$$E_S = 4\pi\rho\beta S_V \qquad\qquad (7-11)$$

式中 　　β——S波的波速；

　　　　ρ——介质密度；

　　　　Ω_0——震波零频极限值，$\Omega_0^2 = 4S_D^{3/2}S_V^{-1/2}$。

根据千秋煤矿21141工作面微震监测数据进行地震距和地震辐射能量的反演，获得工作面前方视应力分布结果如图7-16所示。

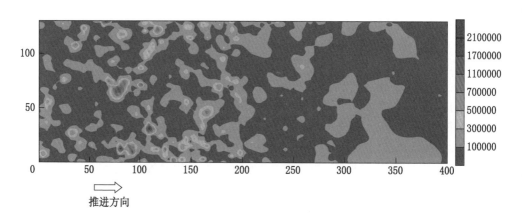

图7-16　工作面前方视应力分布结果

2. 视应力揭示超前支承压力分布规律

通过固定工作面可以获得工作面前方视应力分布曲线。图7-17所示为千秋煤矿21141工作面视应力与实测超前支承压力曲线，从图中可见，与实测超前支承压力曲线一样，视应力曲线同样具有明显的单峰值结构，即在工作面前方形成3个区域：原岩应力区、应力升高区和应力降低区。在原岩应力区内，煤样体受采动影响小，微震事件发生的频次很低，能量很低，处于微震事件的萌芽期；随着载荷的不断增大，煤岩体内裂纹扩张和宏观裂隙的产生急剧增加，并伴随着一定范围内局部煤岩体的断裂破坏，导致微震频次和能量急剧增加，在这个过程中微震事件将依次经历发展期和高潮期；过渡到应力降低区后，由于前期煤岩裂隙扩张和断裂消耗了大量能量，使裂纹的扩张和宏观裂纹的增长明显放缓，微震事件的频次和强度迅速降低，微震事件逐步进入平静期。

由图7-17可以获得描述工作面超前支承压力分布特征的所有参数，超前支承压力分布规律见表7-4，表中f_0可近似为原始视应力值，因此$K = f_{max}/f_0$可视为视应力集中系数，用于衡量超前应力的集中程度。可见，视应力能够很好地反映超前支承压力的分布规律。

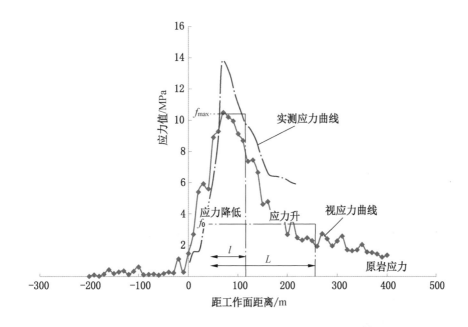

图7-17　千秋煤矿21141工作面视应力与实测超前支承压力曲线

表7-4　超前支承压力分布规律

指标值	l/m	f_{max}/MPa	L/m	f_0/MPa	K
视应力	70	10.3	190	3.5	2.94
实测应力	70	13.9	210	6.2	2.24

7.2.4　开采速度与微震活动

由于开采活动是导致微震事件发生的必要条件，因此从理论上讲，岩体破坏的速度可由工作面开采速度来限制，通常在岩体破坏速度与采掘工作面推进速度之间有一个平衡状态，该平衡状态的特点是接近一个稳定的危险程度和每吨煤或每平方米出露顶板的声发射值接近一个稳定值。

图7-18所示揭示了工作面推进速度对微震活动性的影响，工作面推进速度

越快，或者掘进头进尺越快，煤岩震动越频繁，发生高能震动事件的概率就越大，冲击危险性也就越高，尤其是在开采速度突然加快的情况下。因此，单从冲击地压防治角度看，控制工作面（或掘进头）慢速均速推进是有利的。工作面恢复生产初期及开采期间推进速度突然加快等均可能引发强烈震动。

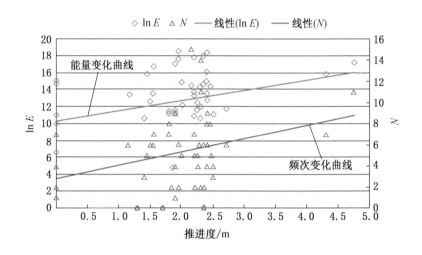

图7-18　工作面推进速度对微震活动性的影响

7.2.5　爆破作业对微震活动

爆破卸压是目前冲击地压防治手段中最常用，也最有效的手段之一。根据爆破对象可以分为煤层卸压爆破、断顶爆破和断底爆破。爆破方法的作用主要包括两个方面：一是改变冲击地压发生的强度条件和能量条件；二是释放一部分弹性能，减轻能量积聚程度。

在很多矿区，爆破作业会对微震活动性能产生显著影响。图7-19所示为煤层卸压爆破的时效性，统计了某矿485起煤层卸压爆破后24小时内微震活动曲线。在爆破后7小时内，微震事件频次较低，但能量释放较高，这一阶段主要受卸压爆破的影响，煤岩处于不稳定阶段，存在爆破诱发冲击地压的可能，危险性较高；在爆破后7~18小时内，微震频次和能量释放较为稳定，能量处于持续积聚时期，这一阶段发生冲击地压的概率相对较小；在爆破后18~24小时内，微震频次和能量均出现明显增长，此时爆破卸压的作用开始逐步消失，前期煤岩积聚能量开始集中释放，这一阶段发生的高能冲击事件占总数的40%以上。

在该案例中，煤层卸压爆破的效果随时间而变化，卸压爆破后7~18小时内是解危措施发挥作用的主要时段，通过合理地安排爆破时间和巷道其他作业之间的关系，将巷道支护、扩修等作业安排在该时间段内进行，可有效减小冲击地压造成的人身伤害。

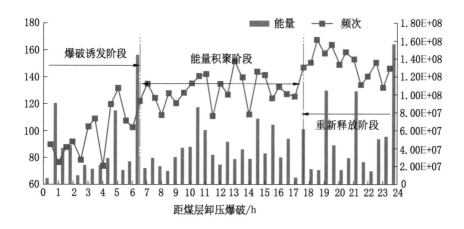

图 7 - 19　煤层卸压爆破的时效性

图 7 - 20 所示表明煤层卸压爆破释放能量（含诱发震动）与冲击地压发生概率的关系，未卸压时，24 小时内发生冲击地压（不含放炮瞬间诱发）的概率最高，达 18.4%，卸压爆破时能量释放越高，24 小时内发生冲击地压的概率越低，卸压效果越明显。在这种条件下，可以根据煤层卸压爆破释放能量的多少对卸压效果进行评价，若爆破释放能量较小，则可以认为卸压措施未起到预期效果。

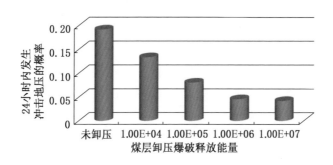

图 7 - 20　煤层卸压爆破释放能量（含诱发震动）与冲击地压发生概率的关系

7.2.6 周期来压与微震活动

在某些矿区，微震活动性与顶板周期性活动存在较密切的关系。图 7-21 所示中给出了支架压力与微震活动的关系，这是一种较普遍的现象，即周期来压前，微震频次和能量一般会明显增加，周期来压过后，频次和能量又会迅速下降。微震监测结果反映了顶板的周期性运动规律，即随着工作面的推进，基本顶悬露面积不断增加，其重力作用点一般位于煤壁前方的煤岩体内，当顶板压力达到煤岩体的极限破坏强度时，煤岩体破坏活动加剧，微震事件迅速增加，此时煤体变形量加大，直接顶出现离层垮落，从而加剧基本顶的弯曲变形，直至基本顶断裂、回转，这一过程中顶板压力作用点向支架上方转移，导致支架压力迅速增长。基本顶垮落后，煤岩体受力减小，微震活动趋于平静，煤岩体将进入下一个能量聚集期。在该情况下，由于周期来压时，微震活动具有超前于支架压力变化的特性，因此可以将微震活动性加强作为来压预报的重要参考信息。

7.2.7 巷道扩修与微震活动

巷道开挖后，在高应力作用下会出现缓慢变形，巷道变形情况与围岩受力、支护状况和巷道服务时间有密切关系。当巷道断面收缩变形到一定程度时，正常生产将受到严重影响，甚至无法开展，此时需要对巷道进行二次开挖和支护，即扩修。巷道扩修破坏了巷道原有应力场的分布，导致应力出现转移，巷道围岩由原有的相对稳定变为不稳定，在一定开采条件下可能诱发破坏性冲击地压，巷道扩修诱发冲击地压案例较为普遍。

图 7-22 所示为河南某矿 21141 工作面运输巷扩修前后的微震活动性对比示意图，扩修时间段为 2010 年 10 月至 2011 年 6 月，在此时间段内，微震频次和能量均出现明显增长，发生破坏性冲击事件 28 次，占近 3 年来该面发生冲击地压总数的一半以上。由于开采条件、工艺及推进度均无明显变化，因此可以认为微震活动性的显著变化主要由巷道扩修所致。

7.2.8 断层区域的微震活动性

当采掘推进到断层附近时，煤（岩）体很容易在断层附近发生冲击地压，这已被大量的现场事实证实。断层附近易发生冲击地压的原因主要包括三个方面：其一，断层附近本身存在较高的残余构造应力，在工作面向断层推进过程中，超前支承压力峰值不断向断层接近，当工作面推进至距断层一定距离时，断层本身构造应力与工作面超前支承压力叠加，使断层附近的支承压力增高，当满足冲击条件时，会诱发煤层或顶底板型的冲击地压；其二，由于断层的存在，导致围岩不连续，在采动支承压力的持续作用下，造成断层上、下盘的不稳定摩擦滑动，这种不稳定性滑动将释放大量能量，从而诱发冲击地压；其三，断层破坏

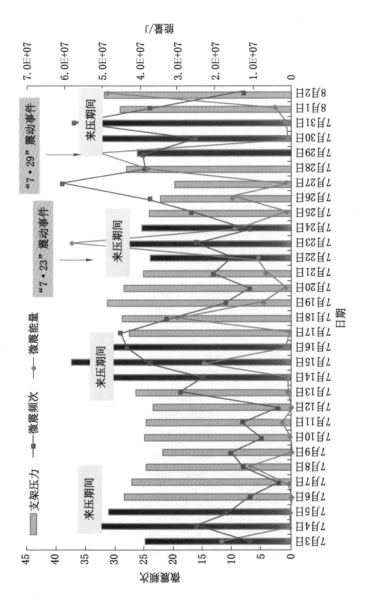

图 7 - 21 支架压力与微震活动的关系

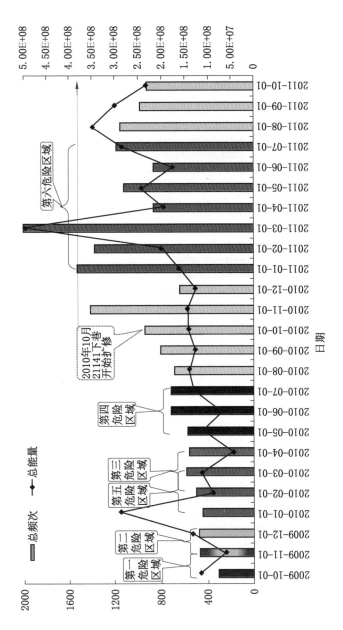

图 7-22 河南某矿 21141 工作面运输巷道扩修前后的微震活动性对比示意图

带为低应力区，其旁侧存在高应力区。当工作面开采到断层高应力集中区时，支承压力增大，开采到断层带内低应力区时，支承压力反而减小。断层低应力区阻止顶板岩体载荷向前方煤体中转移，导致采动应力在局部区域持续升高，也易引起冲击地压。

断层活化诱发的冲击事件通常比其他类型事件释放的能量更大，这类高能微震事件大都集中在断层附近，其震动时间长、震荡次数多、频率低、应力波携带的能量大，传到地表后能激起很强的面波，引起矿震，也给井下安全生产带来极大威胁。

图7-23所示为典型断层活化诱发的冲击现象，图中蓝色球体为6次方事件，红色球体为7次方及以上事件。图中高能微震事件的分布分为三个区域：第一个区域主要由307工作面开采接近F13断层引起，事件与断层延伸方向呈现较好的一致性；第二个区域为410开切眼后方，此时410工作面处于回采初期，事件主要集中在开切眼后方DF47断层影响范围内；第三个区域位于-880水平井底车场，轨道下山掘进至F12断层附近时诱发高能震动。毫无疑问，这些事件都是由采掘活动触发的，但是由于断层的存在，其能量释放比其他区域强烈得多，甚至波及地表，断层附近高能微震事件的丛集现象是断层活化的典型特征之一。由于断层具有摩擦和黏滑特性，只要断层附近发生过冲击地压，就有再次甚至多次发生冲击地压的可能，因此需要特别重视。

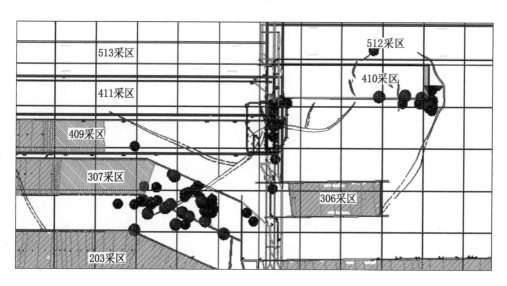

图7-23　典型断层活化诱发的冲击现象

当然并不是所有断层都会诱发冲击地压，断层的行为依赖于它相对于工作面推进的取向、延伸和均匀性等多种因素。如果采矿活动引起应力重新分布，使岩层沿着断层面发生错动，就能够产生强烈震动事件。特别是当回采工作面趋向断层的下盘并平行于断层平面时，就容易发生断层活化。断层活化诱发的强烈冲击震动在序列模式、震源参数和地表运动参数上与天然地震有相似之处。与天然地震一样，断层冲击地压具有前震－主震型和主震－余震型是比较普遍的现象。有的矿区主震能量可达甚至超过 10^8 J，前震和余震则达到 $10^6 \sim 10^7$ J。由于震动机理类似，主震和前震（余震）大都具有相似的波形特征。

除此之外，很多矿区记录到大的微震事件发生在断层上盘的次数远远多于下盘，其原因主要包括两方面：其一，工作面是由上盘向下盘推进的，因此，工作面在接近断层过程中，断层低应力区阻碍了应力的向前传递，造成上盘应力集中程度更高；其二，该现象符合地震学中的上盘效应。上盘效应是指发生在倾斜断层上的地震产生的震动，上盘往往比下盘强烈。发生在倾斜断层上的破坏性大地震，比如 1994 年的北岭地震、1999 年台湾集集地震，处于断层上盘地区的地震损失和人员伤亡比下盘更加惨重。老虎台煤矿冲击地压发生在断层上盘与下盘时的表现不一样。如 704 采区，断层上盘发生 28 次冲击地压，而下盘发生 14 次冲击地压。即上盘与下盘相比，上盘发生冲击地压的概率更大。因为上盘为主动盘，上盘的滑动力被断层软弱带物质吸收，因此下盘受到的力比上盘小很多，故上盘活化程度明显大于下盘。

1. 空间上的可识别性

微震是高应力作用下煤岩体宏观破坏的产物，每次微震事件的发生代表能量的集中释放，因此微震事件频发的区域往往与高应力区重合或与高应力集中区接近。利用微震事件发生的时间、位置、能量等基本参数可以获得围岩破裂的时空分布状态，基于微震频度和强度的集中区域，可以大致划定具有潜在冲击危险的区域及危险程度。

图 7-24 所示为山东某煤矿一段时期内的微震监测结果，通过微震监测揭示了 3 个高冲击危险区域：Ⅰ区微震事件分布最密集，释放能量最大，主要是因为该区域受 4305 采空区固定支承压力和 4304 工作面超前移动支承压力叠加影响，应力集中程度很高，围岩破裂伴随着大量能量释放；Ⅱ区临近 DF129 断层，此时采动应力造成断层活化或煤岩破坏，微震活动加剧；Ⅲ区位于 330 胶带大巷与 CF52 断层相交区域附近，由于断层构造应力和巷道侧向应力叠加，应力不断集中，形成微震集中活动区，冲击危险性较大。通过对上述 3 个区域实施卸压，有效降低了冲击危险，确保了矿井的安全生产。

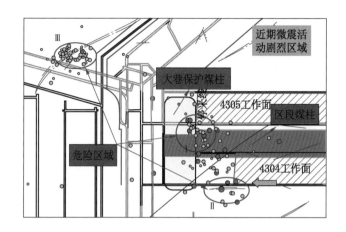

图 7 - 24 山东某煤矿一段时期内的微震监测结果

2. 时间上的可识别性

从中长期来看，微震活动越频繁，或释放能量越高，表明该时间段或当前开采区域煤岩破坏越剧烈，是冲击危险性增加的信号，反之则相反。

图 7 - 25 所示为吉林某矿开采布局调整前后微震活动性对比。开采布局调整前，矿井两个回采工作面均位于 - 880 水平，采掘作业集中，开采扰动强度大，冲击显现频繁，危险程度高。为降低冲击灾害，矿井进行了采掘布局调整，调整后的两个回采工作面一个位于 - 880 水平，一个位于 - 630 水平，实现了采掘分离、分区防治，冲击显现明显降低。由图 7 - 25 可见，布局调整后，微震频次和能量都相较之前有显著降低。可见，微震活动能直观反映区域煤岩活动强度和能量释放水平，可用于采矿方法与开采布局调整等导致的长期性冲击危险性的评估。

在微震监测用于冲击地压规律预测的另一种典型应用中，高能微震事件的时间分布特征如图 7 - 26 所示，图中统计了某矿 3 个多月的微震监测结果，表明该矿生产时间高能冲击事件发生的概率和强度均明显大于检修时间段，50 次 6 方事件中仅有 3 次位于检修时间段，25 个 7 次方事件及以上事件均发生在工作面生产期间。可见，工作面开采作业，尤其是割煤、放煤等工序对冲击危险性影响显著，根据高能事件的时间分布特点，可以为合理劳动组织提供重要依据，比如危险区域的作业活动、防冲解危施工等应尽可能安排在非生产期间进行，可以有效减少冲击致灾隐患。

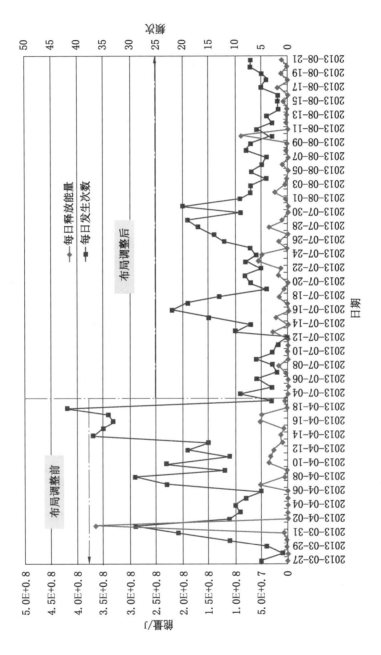

图 7-25　吉林某矿开采布局调整前后微震活动性对比

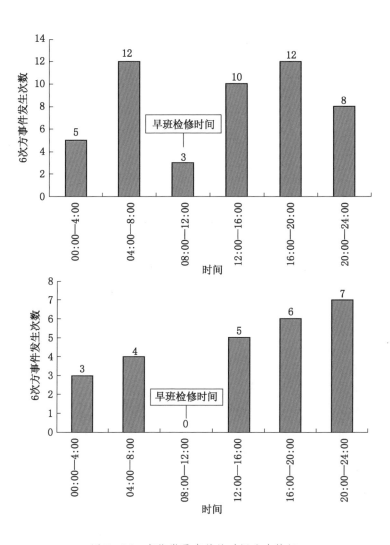

图 7-26　高能微震事件的时间分布特征

3. 强度上的可识别性

对于特定矿井，发生冲击地压的震级越大，破坏得越严重，事故危害也越大。但大量现场观测表明，对于不同的矿井（区），相同震级冲击地压（矿震）造成的灾害程度存在很大的差异。例如，义马千秋煤矿存在高位巨厚坚硬岩层，发生冲击地压的震级很高，但只要震级小于 2.5 级，就不会对井下造成严重破坏。内蒙古鄂尔多斯深部矿区许多煤矿煤层上方存在多层厚层坚硬顶板，完整性较好，冲击地压震级小于 2.0 级时一般是安全的。山东龙郓煤矿埋深接近 1000 m，煤层较软，发生 1.0 级以上的冲击地压就可能给井下造成严重破坏。因此，对特定矿井（区）未来一段时间内可能发生的最大震级冲击地压（矿震）进行估计，对现场冲击地压的防控具有指导意义。

G－R 关系是古登堡和李克特在研究美国加州地震活动的基础上提出的，该关系可表示为

$$\lg N(\geq M) = a - bM \qquad (7-12)$$

该关系反映震级 $\geq M$ 的地震事件的次数 N 与 M 成近似的线性关系，其中 a、b 为与区域有关的经验常数。

G－R 关系目前已成为地震学的基本定律之一，在地震活动性及地震预测研究中应用广泛。实践表明，矿山开采引发的地震，如矿震、冲击地压等，同样遵循 G－R 关系（图 7－27）。

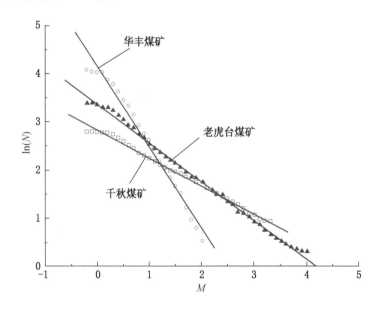

图 7－27　微震事件震级－频率分布图

根据 G－R 关系，频次和震级存在线性关系。根据这一关系，可以预测未来一段时间内某一区域范围可能发生冲击地压的最大震级。若 G－R 关系中的 N 取 1，即未来只发生一次冲击地压，也就是能量一次释放出来，此时的震级就是可能发生冲击地压的最大震级，该震级为

$$M = a/b \qquad\qquad (7-13)$$

实际上该最大震级就是图 7 - 27 所示中频次 - 震级拟合直线在震级 M 轴上的截距。

7.2.9 微震预警指标

当前微震预测指标与方法主要包括两个方面：一是借助地震领域的丰富成果，采用一些适用的地震学指标，如震级、应力降、视体积、震源半径等。二是从冲击地压活动规律及矿山开采响应方面进行了研究，如探寻井下爆破、巷道维修、开采强度及其变化、井下工程结构和岩体结构变化等对冲击地压的影响规律，建立与开采活动密切相关的扰动响应指标，以实现对冲击地压更准确的预测预报。

1. b 值

古登堡和李克特 1941 年起通过研究美国加州地震活动特点，提出著名的地震震级 - 频度关系，简称为 G - R 关系，其反映区域性的震级 $\geqslant M$ 地震的累计次数 $N(\geqslant M)$ 的对数与震级 M 成线性关系：

$$\lg N(\geqslant M) = a - bM \qquad\qquad (7-14)$$

式中　a、b——与区域有关的经验常数。

G - R 关系是地震学的基本定律之一，已广泛应用于地震活动性、地震区域及地震预测研究中。式中描述的 G - R 关系已成为地震学最基本的经验关系，在地震活动性分析、危险趋势预测中得到了广泛应用。关于 b 值物理意义的描述比较多，比如 Scholz 认为，b 值可以反映区域应力水平的高低，b 值越低，介质应力水平越高，高应力水平的占比也越大，大的破裂面更容易形成。Gibowicz 则认为，b 值依赖于材料的物理性质及结构特征，尤其是材料缺陷的存在对其影响很大，b 值越低，介质释放能量的能力越强，发生大的震动事件的可能性就越大。除地震领域外，大量的实验室声发射试验同样表明，b 值与试样加载过程密切相关，加载初期 b 值通常是上升的，在裂纹扩展和成核阶段 b 值下降，在成核阶段 b 值下降得更明显。

同时，也有很多观测表明，G - R 关系并非严格意义上的对数线性关系，中等震级事件的线性关系明显，但高等震级和低等震级事件则往往出现很大的偏离性。部分研究结果表明，这可能是 G - R 关系与一个干扰分布叠加的结果，这种干扰也可能来自资料的不完整（尤其是低震级端），这种偏离度可用于判断对震动事件的监测能力。对华丰煤矿、千秋煤矿和老虎台煤矿多年来的微震监测资料进行统计，获得的微震事件震级 - 频次关系如图 7 - 28 所示，研究结果表明，人类开采活动诱发的地震（矿震、岩爆、冲击地压）等与天然地震在震级和频度的关系方面，共同遵循 G - R 关系，G - R 关系具有普适性，G - R 关系及 b 值可作为研究岩石破裂、诱发地震活动性的重要指标。

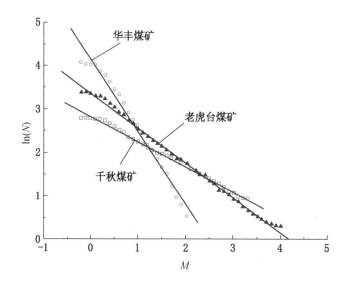

图 7 - 28　微震事件震级 - 频次关系

大量研究表明，矿山开采诱发的地震活动在震级和频度方面同样遵循 G - R 关系，在矿山地震预测中得到了部分应用。常用的 b 值计算方法有最小二乘法和最大似然法。

最小二乘法的计算公式为

$$b = \frac{\sum\limits_{i=1}^{m} M_i \sum\limits_{i=1}^{m} \lg N_i - m \sum\limits_{i=1}^{m} M_i \lg N_i}{m \sum\limits_{i=1}^{m} M_i^2 - \left(\sum\limits_{i=1}^{m} M_i \right)^2} \qquad (7-15)$$

最大似然法的计算公式为

$$b = \frac{0.4343N}{\sum\limits_{i=1}^{m} (M_i - M)}$$

$$M = M_0 - 0.05 \qquad (7-16)$$

式中　m——微震震级的总分档数；

　　　M_i——第 i 档的震级大小；

　　　N_i——位于第 i 档震级的累计事件数。

　　一般来说，空间扫描一般采用极大似然法，时间扫描一般采用最小二乘法，对于冲击地压预测，由于矿山空间小，且冲击危险区域总是与开采活动影响区域相联系，空间扫描在一定程度上并非完全必要的，因此一般采用最小二乘法进行 b 值计算。图 7 - 29 所示为某矿 b 值预测冲击地压效果图，从图中可以看出低 b 值期间高能微震事件发生的频度明显高于高 b 值期间，因此 b 值较低或 b 值由高值向低值过渡时预示冲击危险性增加。

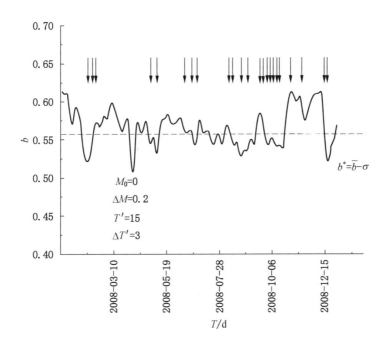

图 7 - 29　某矿 b 值预测冲击地压效果图

2. η 值

　　在震级 – 频度关系中，震级与频度的对数为线性关系，许多观测资料能近似拟合为直线，相关性较好；但有些情况拟合直线并不理想，呈现明显偏离下弯的曲线形态。宇津德治提出了 G – R 修正式，并定义了 η 值：

$$\eta = \frac{\overline{x^2}}{(\overline{x})^2} \tag{7 - 17}$$

$$\overline{x^2} = \left(\sum X_i^2 \right) \Big/ N_i \quad \overline{x} = \left(\sum X_i^2 \right) \Big/ N_i, \ X_i = M_i - M_0 \tag{7 - 18}$$

式中　M_0——初始震级值，根据实际资料和经验确定；

　　　M_i——第 i 个微震事件的震级值；

　　　N_i——微震事件的数量。

η 值可以反映震级 – 能量关系曲线的偏离程度，理论上 η 曲线表现为上凸，表明发生高能冲击事件的概率越大，危险性越高。图 7 – 30 所示为 η 值预测冲击地压的应用效果图，图中显示低 b 值异常预示冲击危险。

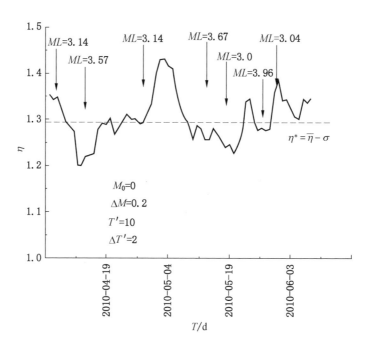

图 7 – 30　η 值预测冲击地压的应用效果图

3. M_m 值

M_m 值定义为缺震，缺震顾名思义就是缺失震级的现象，也就是说，按微震序列分布规律应该有的微震事件实际却没有发生。如果该区域长时间微震事件的平均能量偏低，那么未来一段时间内必然会发生较大的震级事件，弥补这一空缺。井下煤岩体能量总是存在输入和输出的过程，在回采工作面，可将工作面推进看作一个对前方煤体进行能量输入的过程，而将该区域的微震现象看作一个能量输出的过程，在能量输入速率不变的情况下，微震事件越少、能量越低，说明煤岩体内存储的能量越高，冲击危险性也越大。

采用缺震法成功预测了 2010 年 5 月 27 日发生在千秋煤矿 21141 工作面应力异常带的一次冲击地压事件，缺震法预测冲击地压效果图如图 7 – 31 所示。研究表明，缺震这一概念同样适用于地下开采引起的微震活动，即缺震意味着将要发生缺失震级的微震活动。

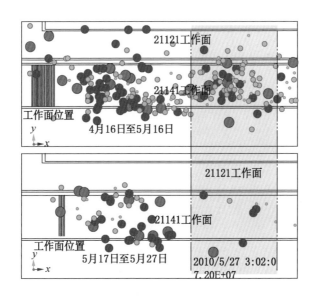

图 7 – 31 缺震法预测冲击地压效果图

在 G – R 关系中，将线性段向下延伸，与横坐标相交时对应的 x 值就是未来可能发生的最大能量微震事件的震级。其表达式为

$$M_m = a/b \tag{7 – 19}$$

当 $N = 1$ 时，这一最大微震事件尚未发生时的缺震性具有明显的预测意义，追踪 M_m 或其他震级档次的缺震随时间的变化是具有重要预报意义。理论上，M_m 处于高值时预示有冲击危险，M_m 值预测冲击地压效果如图 7 – 32 所示。

4. $A_{(b)}$ 值和 $P_{(b)}$ 值

在冲击地压的各类征兆中，微震活动的"增强"和"平静"是最重要的中期和中短期指标，而微震活动的增强往往引起微震在空间和时间上的丛集等现象，是强矿震孕震中期阶段的主要特征；而微震活动的平静则是中短期阶段的重要特征。通常微震活动"增强"或"平静"的描述应包括震级（能量）和频度

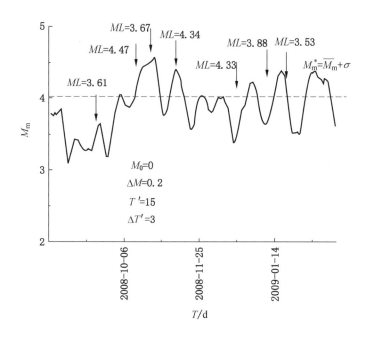

图 7 – 32　M_m 值预测冲击地压效果

两方面因素。如果某一区域的震级明显升高、频次明显增加，则表明微震活动"增强"，反之为"平静"。但是震级相差 1 级，相同震级微震的频次则相差多倍，因此在研究微震活动"增强"或"平静"时如何合理地将震级和频度两个因素结合起来十分重要。

在以往的地震研究中，一些学者往往仅对频次、震级（能量）分别进行研究。一些学者则通过分析 G – R 关系中的 b 值、a 值研究"增强"和"平静"特征。通常认为，b 值减小、a 值增大，地震活动"增强"；反之则"平静"。但是 b 值反映了一组事件样本中大小事件的比例，它不能代表活动的总量，a 值表示 0 级以上事件的频次，a 值高可能是小事件增多引起的，并不代表事件活动增强。为了对震级和频次进行合理的综合分析，吴佳翼（1983）等提出将 $A_{(b)}$ 值作为描述各区域地震活动性的定量参数，该参数考虑了一个区域的地震活动性、震级和频次各方面的因素，可以直接定量地反映地震活动的"增强"或"平静"。

根据吴佳翼（1983）的定义：

$$A_{(b)} = \frac{1}{b}\lg\sum_{i=1}^{N}10^{bM_i} \qquad (7-20)$$

式中　　b——该区域的 b 值;

　　　　M_i——震动事件的震级。

由上式知,$A_{(b)}$ 值的本质是一个震动事件集合的折合震级,它的主要成分是该集合中的较大震级。同时它与该集合的 b 值有关,b 值越小,$A_{(b)}$ 值越大,反之亦然。

定义 $P_{(b)}$ 值为小震动态参数,它可表示频度 N 与平均震级的综合效应,计算公式为

$$P_{(b)} = \frac{N}{b}\left(\lg\sum_{i=1}^{N}10^{bM_i} - \lg N\right) \qquad (7-21)$$

理论上,高 $A_{(b)}$ 值和低 $P_{(b)}$ 值预示着冲击危险。$A_{(b)}$ 值和 $P_{(b)}$ 值预测冲击地压效果如图 7-33 和图 7-34 所示。

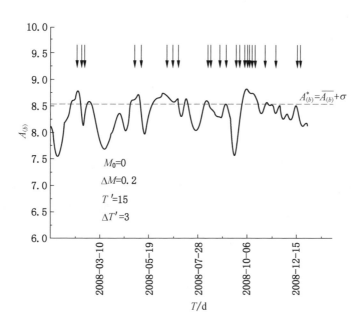

图 7-33　$A_{(b)}$ 值预测冲击地压效果

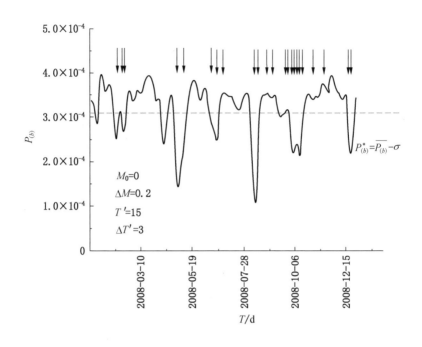

图 7 – 34　$P_{(b)}$ 值预测冲击地压效果

5. 微震强度因子 M_f 值

王炜等（1984）在研究华北地区震级的资料后认为，采用 Weibull 分布可以更好地拟合 G – R 曲线中高等级和低等级端下偏的现象，可将 G – R 关系看作 Weibull 分布的一个特例。由此定义地震强度因子 M_f 值：

$$M_f(M_t) = P(M \geqslant M_t) = \exp\left(-\frac{\mu}{\rho(M_t - M_0)^\rho}\right) \qquad (7-22)$$

式中　M_t——地震强度因子函数的门限震级；

M_0——起始震级，一般根据研究区域控制能力而定；

ρ——Weibull 分布的形状参数；

μ——Weibull 分布的尺度参数。

ρ、μ 可以在实际资料分析的基础上，采用非线性最小二乘法求得。

M_f 值在强能量释放前理论上存在异常上升过程，M_f 值预测冲击地压效果如图 7 – 35 所示。

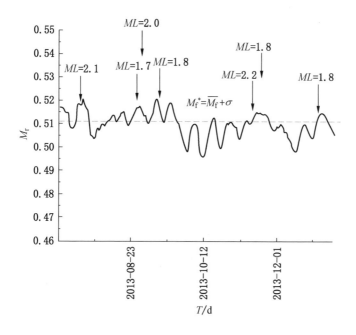

图 7 – 35 M_f 值预测冲击地压效果

6. 算法复杂性 AC 值

算法复杂性 AC 是一种新的描述时间序列复杂性的表征量。按照 Kolmogorow（1965）的原始定义，一个给定字符串的复杂性度量可由产生这一字符串的最短计算机程序的字节数来表征。A. lempel 和 T. Ziv（1976）从所有可能的程序中挑选出只允许"复制"和"插入"两种操作的一类程序，计算复制长为 n 的字符串的最短程序的字节数，表征算法的复杂性。

在地震研究领域，算法复杂性用于反映地震事件的发生到底是随机的，还是受某种物理规律支配的混沌过程，可以用近似熵、分维数和 Lyapunov 指数来定量描述。由于该方法对数据的要求比较低，且计算过程较为简单，因此在地震时间序列研究中被广泛使用，该方法或将成为一种研究微震活动演化及微震活动图像的有力工具。

其计算方法是将带小数的震级取整，把微震序列化为由 3、4、5、6、7 等组成的数字序列，再计算所形成数字序列的算法复杂性 AC 的值，之后再作归一化处理：

$$AC = \frac{AC'}{\log_M^N} \tag{7-23}$$

式中　AC'——由微震序列直接计算得到的算法复杂性；

　　　N——字符总数；

　　　M——每个字符的可取值数。

选取震级下限及合适的时间窗和滑动步长，就可求出归一化后的算法复杂性 AC 值随时间的变化。理论上，AC 值由高值向低值变化时，发生高能冲击事件的概率是增加的，AC 值预测冲击地压效果如图 7-36 所示。

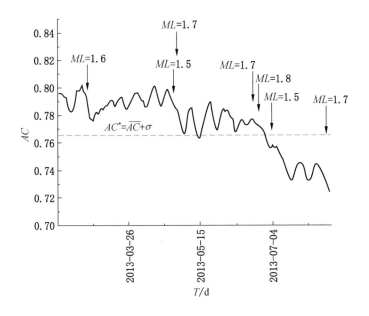

图 7-36　AC 值预测冲击地压效果

7. 微震活动度 S

微震活动度 S 反映微震活动性的一些重要指标（如微震能量、频次、震级等）在空间上的集中度与记忆效应。S 值的计算公式为

$$S = 0.117 \lg(N+1) + 0.029 \lg \frac{1}{N} \sum_{i=1}^{N} 10^{1.5M_i} + 0.015M \tag{7-24}$$

式中　N——微震事件总数；

　　　M_i——第 i 个微震事件的震级；

　　　M——事件序列中的最大震级。

强能量释放理论上发生在 S 值增强后，S 值预测冲击地压效果如图 7 – 37 所示。

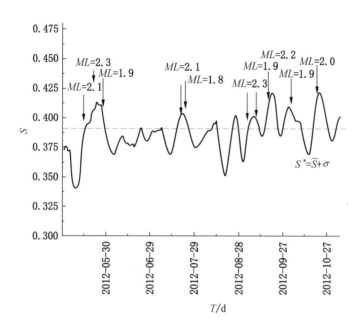

图 7 – 37 S 值预测冲击地压效果

8. 微震活动标度 ΔF

罗兰格（1987）定义微震活动标度 ΔF 为

$$\Delta F = \lg\left(\frac{\sum F_0}{T}\right) \tag{7 – 25}$$

$$F_0 = 10^{6.11 + 1.09M} \tag{7 – 26}$$

式中　T——天数；

　　　M——微震震级。

强能量释放理论上与微震活动标度 ΔF 成正比，预测冲击地压效果如图 7 – 38 所示。

9. $Z – Map$ 法

$Z – Map$ 法通过分析微震的平均震级样本 $\overline{m}_i$ 的变化获得该区域不同时期微震活动的变化情况：

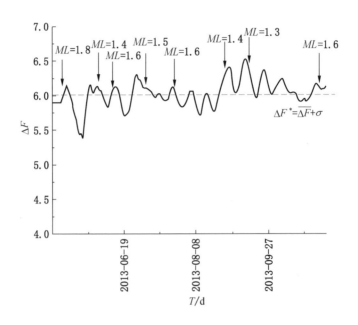

图 7 – 38　ΔF 预测冲击地压效果

$$\overline{m_i} = \frac{1}{n} \sum_{i=1}^{n} m_i \qquad (7-27)$$

$$Z = \frac{\overline{M} - \overline{m}}{\sqrt{\dfrac{\sigma_{\mathrm{M}}^2}{N} + \dfrac{\sigma_{\mathrm{m}}^2}{n}}} \qquad (7-28)$$

式中　$\overline{M}$——背景震级，与区域特征相关，是一个较稳定的量值；

　　　σ_{M}——均方差；

　　　$\overline{m}$——研究时间范围内在该区域监测到微震事件的平均震级；

　　　σ_{m}——均方差。

Z 值大致服从正态分布，该指标可以反映某一时间范围内微震活动性趋于"增加"或"平静"的显著水平。当 $Z>0$ 时，微震发生的概率在背景概率之上；$Z<0$ 时，微震发生的概率在背景概率之下。Z 为低值异常时预示冲击危险，Z 值预测冲击地压效果如图 7 – 39 所示。

10. 开采扰动强度系数

与天然地震不同，矿山发生的微震事件往往是人工开采产生或其引发的，开

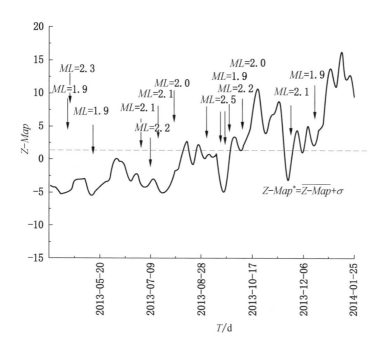

图 7 - 39 Z 值预测冲击地压效果

采强度越大，煤岩活动越剧烈，微震活动性越强。因此，在一定程度上，微震发生的强度和频度可由工作面推进速度来控制。充分考虑开采因素对微震活动的影响，定义开采扰动强度系数 K_E。

$$K_E = \frac{\overline{E_k}\,\overline{L_k}}{\overline{E}\,\overline{L}} \qquad (7-29)$$

式中　$\overline{E_k}$——k 时间段内每推进 1 m 释放能量的平均值；

　　　$\overline{L_k}$——k 时间段内的平均日推进度；

　　　$\overline{E}$——所有统计时间内每推进 1 m 释放能量的平均值；

　　　$\overline{L}$——所有统计时间内的日平均推进度。

K_E 越大，冲击危险性越高，K_E 值预测冲击地压效果如图 7 - 40 所示。

11. 爆破响应指标

在将煤层爆破作为常规卸压措施的煤层，可以将微震系统监测到日常实施煤层爆破时产生震动事件和诱发事件的能量与基准能量的比值，作为爆破区域附近

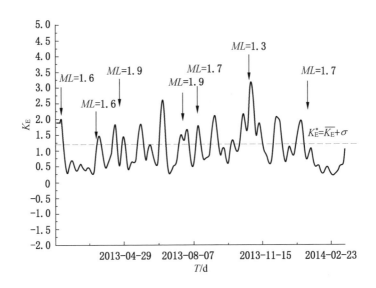

图 7 - 40 K_E 值预测冲击地压效果

冲击危险程度评价的指标：

$$P_k = \frac{1}{E_b m} \sum_{j=1}^{m} E_j = \frac{1}{E_b m} \sum_{j=1}^{m} \left(E_{jd} + \sum_{l=1}^{q} E_{jl} \right) \qquad (7-30)$$

式中　　m——煤层卸压爆破孔个数；

E_j——第 j 个爆破孔爆破释放的总能量，J；

E_{jd}——第 j 个爆破孔爆破瞬间释放的能量，J；

E_{jl}——第 j 个爆破孔第 l 个诱发事件的能量值，J；

E_b——煤层单孔爆破释放能量的标准值，可由爆破炸药量换算得到，J。

某矿将迎头爆破作为常规卸压措施，P_b 值预测冲击地压效果如图 7 - 41 所示，P_b 越大，表明卸压区域能量积聚程度高，爆破诱发震动能量大，冲击危险程度高。

12. 微震综合评价指标及其预警指数

冲击地压发生的类型和影响因素众多，因此任一种冲击前兆都不可能在每次冲击地压前出现，故采用单个指标进行冲击地压预报就不可能出现漏报。在单一指标研究中，如何提高预报成功率是其首要考虑的问题，减少漏报的目标可以通过发现其他有效的新指标实现。因此，在微震评价模型中，各指标所占权重应以

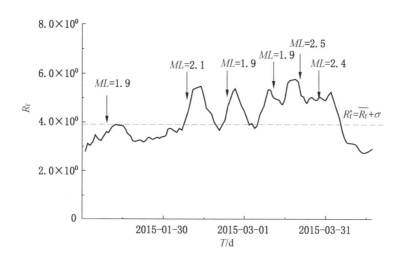

图 7-41 P_b 值预测冲击地压效果

指标的报准率为依据，而不是其预报效能。其计算依据如下：

$$\psi_i = \frac{\delta_i}{\delta_1 + \delta_2 + \cdots + \delta_n} \qquad (7-31)$$

式中 ψ_i——第 i 个微震指标所占权重；

δ_i——第 i 个微震指标的报准率。

依次计算出各微震指标的权重情况，则微震综合评价指标计算公式如下：

$$\psi = \sum_{i=1}^{n} \psi_i \times \xi_i \qquad (7-32)$$

式中 ψ——微震综合评价指标；

ξ_i——第 i 个指标的相对指标值。

当低值危险时：

$$\xi_i = (\lambda_{imax} - \lambda_i)/(\lambda_{imax} - \lambda_{imin}) \qquad (7-33)$$

当高值危险时：

$$\xi_i = 1 - (\lambda_{imax} - \lambda_i)/(\lambda_{imax} - \lambda_{imin}) \qquad (7-34)$$

式中 λ_i——第 i 个指标当前的计算值；

λ_{imax}、λ_{imin}——样本中第 i 个指标的最大值和最小值。

7.3 地音信息

7.3.1 不同类型冲击地压地音活动典型模式与案例分析

1. 顶板断裂型

由于顶板断裂具有突发性，因而断裂导致煤岩应力重新分布的持续时间也较为短暂，某矿周期来压期间顶板断裂的典型地音信号特征如图7-42所示，在这种模式下，煤岩系统冲击失稳前，地音的频次和能量一般没有明显变化，而一旦发生破坏，地音的频次和能量就会出现急剧增长，造成冲击灾害的可能性也较大。

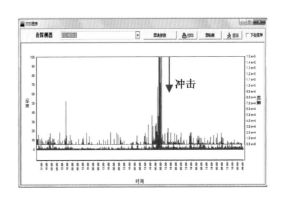

图7-42 某矿周期来压期间顶板断裂的典型地音信号特征

大量现场实测表明，周期来压前，地音频次和能量一般有明显的增加，这种变化与顶底板条件和煤层条件都密切相关。一般来说，顶板厚度越大、岩性越强，则地音事件的能率变化越明显，顶板断裂前地音突跳幅度也越大。在相同的顶底板条件下，煤体的均质度（或冲击倾向性）越高，地音事件能率越高，煤体破坏时，事件能率的突跳幅度也越大。顶板断裂诱发冲击地压的地音前兆时间一般较短，从数分钟到数小时不等。周期来压前后支架压力监测对比分析表明，地音活动的变化具有超前支架压力变化的特性，借助这一特性实现对工作面周期来压的预测预报是地音监测的工程应用方向之一。

2. 煤体压缩型

根据岩体破坏和冲击地压孕育规律，应力非均匀性和应变局部化是冲击地压形成的重要原因，该过程除受到岩体变形和应力重新分布过程的作用之外，还主要受开采活动的控制，采掘活动形成的移动支承压力与区域背景应力（残余构造应力、固定支承压力、煤柱应力等）叠加后造成的采动高应力区的存在是冲击地压发生的主要原因之一，图7-43所示为某矿下层遗留煤柱与工作超前支承压力叠加诱发冲击地压机理示意图。

通过分析表明，采动高应力引发的冲击地压与顶板断裂型冲击地压的作用机理是不一样的，顶板断裂型冲击地压是在坚硬顶板突然断裂形成的强烈动载的作用下，处于准静态平衡的煤岩体发生动力失稳的结果，该类型的煤岩冲击启动所需的能量是在动载的帮助下瞬间达到的。而采动高应力引发的冲击地压是在静载作用下缓慢达到，此时煤岩系统已处于极限平衡状态，任何一个轻微扰动都有可能导致突然失稳而诱发冲击。若不考虑巷道支护，采动高应力引发巷道煤岩冲击破坏的判据表示如下：

$$\frac{P^*}{\sigma_c} = -\frac{1}{q-1}\left(1+\frac{\lambda}{E}\right) + 0.5\frac{q+1}{q-1}\left(1+\frac{\lambda}{E}\right)\left(1+\frac{E}{\lambda}\right)^{\frac{q-1}{2}} - 0.5\frac{\lambda}{E}\left(1+\frac{E}{\lambda}\right)^{\frac{q+1}{2}}$$

$$(7-35)$$

冲击临界载荷 P^* 只与煤岩本身物理力学性质有关，当应力的缓慢增长达到至该值时，积聚在煤岩体深部处于弹性状态的高应力核区将会突然启动，此时若巷道浅部煤岩及支护体构成的阻力区不能全部消耗动力区释放的能量，剩余的部分将会以冲击波等形式显现出来，对巷道围岩和支护结构造成冲击破坏。

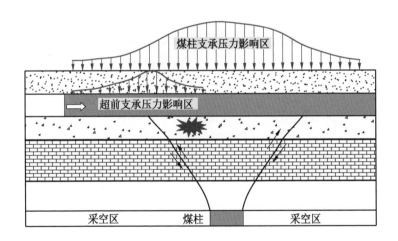

图7-43 某矿下层遗留煤柱与工作超前支承压力叠加诱发冲击地压机理示意图

实践表明，采掘活动常常产生临时性地音现象，采掘活动停止时，这种地音活动很快减弱甚至消失。当监测区域在采动超前支承压力影响范围之外时，地音事件很少，能率很低。随着工作面的推进，监测区域开始受到采动应力的影响，煤岩裂纹扩展和新裂隙逐渐增加，此时地音事件和能量也呈现不断增长的趋势。在超前支承压力显著影响区域（压力峰值区附近），地音活动出现高峰，在该区域可能伴随一定范围内局部煤岩体的断裂破坏，并可能诱发强烈冲击显现。此后由于前期煤岩裂隙发展和断裂消耗了大量能量，导致地音频度和强度迅速降低，地音活动逐步趋于平静。

与该类型冲击地压的形成机理一致，采动高应力引发冲击地压的地音活动一般具有较好的连续性，某矿采动超前支承压力引发冲击地压的典型地音信号特征如图7-44所示。该模式与采动应力的变化具有一致性，即随着应力的持续增长，煤岩系统逐渐由平衡态向非平衡态转变，此时地音能量和频次也呈现持续缓慢的增长，达到一定程度后将引发煤岩失稳，甚至冲击地压。

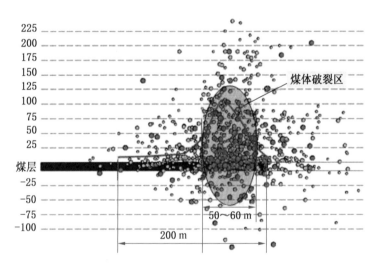

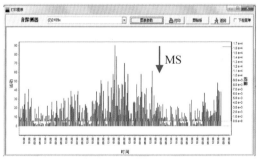

图7-44 某矿采动超前支承压力引发冲击地压的典型地音信号特征

3. 断层活化型

大量冲击地压发生的统计规律表明，断层等地质构造附近往往更容易发生冲击地压。断层对冲击地压的影响可表现在两个方面：其一，断层附近本身存在较大的残余构造应力，当采掘工作面向断层推进时，超前支承压力峰值不断向断层接近，当工作面推进至距断层一定距离时，断层本身构造应力与工作面超前支承压力叠加，使断层附近的支承压力增大，当满足冲击条件时，可以诱发煤层或顶底板型的冲击地压；其二，当采掘工作面推进至断层附近时，引起断层本身突然错动，也容易导致冲击地压的发生。第二种冲击地压也称断层活化型冲击地压，具有冲击范围广、释放能量大、发生突然而猛烈的特点，容易造成巨大破坏和严重后果。

断层活化诱发冲击地压的机理如图 7-45 所示，工作面推进引起煤岩垂直应力的增加，在采动影响较小时，附加应力也较小，断层上下盘处于稳定状态。随着工作面的不断推进，断层积聚的应力和应变能不断增加，断层活化前，支承压力与断层两盘之间的摩擦力恰好处于临界平衡状态，此时轻微的扰动将破坏这种平衡，造成煤体局部承载力的降低，进而使断层带的剪应力升高，当剪应力超过两盘的摩擦力时，断层出现不稳定滑移，断层的快速滑动对围岩产生冲击效应。此外，断层两盘的相对滑动是一个振荡过程，由此诱发的冲击地压往往具有间歇性，因此，断层附近只要发生一次冲击地压，就有发生第二次的可能。

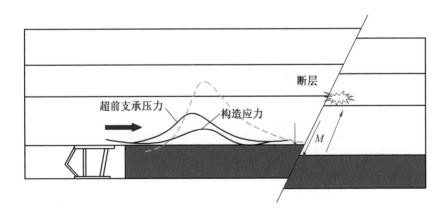

图 7-45　断层活化诱发冲击地压的机理

断层活化诱发冲击地压的地音活动特征最为复杂，主要有两种模式。第一种是地音活动在持续增加到一定程度后突然出现沉寂现象，之后很短的时间内又重新出现急剧增加现象，这个过程可能反复出现多次。这与地震的发生具有相似性，地震研究表明，在一些大地震发生之前，会观测到地震活动的沉寂现象。在这里，地音活动沉寂期间岩体发生冲击破坏，而过后在较低的应力作用下岩石又重新产生地音现象，但此时释放的能量较小，这种地音时间序列与主震 - 余震型地震序列相似。第二种是地音活动在很短的时间突然增加到很高的值，之后发生冲击破坏，随后地音活动出现较短的沉寂期，然后再次出现增长，随后发生更大的冲击，这种地音时间序列与前震 - 主震型地震序列相似。图 7 - 46 所示给出了某矿工作面过断层群期间诱发的高能事件分布图及典型地音信号特征。

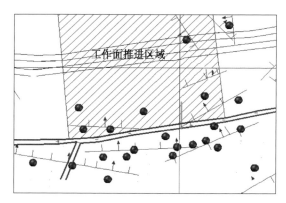

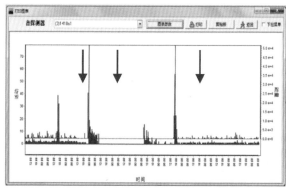

图 7 - 46　某矿工作面过断层群期间诱发的高能事件分布图及典型地音信号特征

7.3.2　地音前兆信息识别

冲击地压地音前兆信息是冲击煤岩体内部裂隙由稳定扩展向非稳定扩展演变过程的产物，这种裂纹扩展的非线性变化与冲击启动区煤岩体的应力环境改变密切相关。由于现场冲击前煤岩体的受力状态是复杂的，而实验室声发射活动特征及试件所处的应力环境均已知，本节将采用现场地音与实验室声发射活动对比分析的方法，识别冲击地压地音前兆模式。

采用实验室声发射与现场地音对比分析的方法识别冲击地压地音前兆模式，其依据在于：①实验室声发射与现场地音的监测对象均为煤岩材料微破裂到失稳破坏过程的低频高能震动波，具有相同的产生机理和损伤评价理论，两者具有较高的相似性；②煤岩的声发射（地音）活动与其所受的应力存在正相关关系，当应力达到一定水平后，实验室声发射与现场地音均会产生活动异常（前兆信息）；③实验室所取煤样取自现场潜在的冲击启动区，实验室的试验方案设计考虑了冲击地压发生的主要影响因素，一定程度上可以模拟冲击发生的应力环境。因此，选择地音与声发射对比分析的方法识别冲击地压地音前兆模式是可行的。

冲击危险区域的煤岩体自始至终都处于原岩应力场和采动应力场内，地音的产生是持续不间断的，而冲击地压的孕育时间是有限的，因此选择合适的地音活动时窗对定量研究冲击地压的地音前兆模式至关重要。冲击地压发生前后煤岩体必将经历一段较为连续的损伤发展阶段，地音作为煤岩体损伤破坏的产物，也必然出现一段连续异常变化的时期，这为冲击地音研究时窗的选择提供了可能。结合地音评价煤岩体冲击危险性的短期时效性，本文在选择地音研究时窗起点时，将其定位于冲击地压发生前的 5 d 内，时窗起点为地音活动整体高于冲击前 5 d 地音活动强度平均值之时，时窗终点为冲击附近地音活动整体低于冲击前 5 d 地音活动强度平均值之时，冲击地压地音研究时窗选择方法示意图如图 7 - 47 所示。

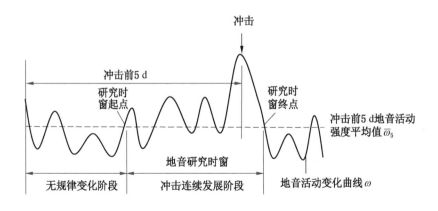

图 7 - 47   冲击地压地音研究时窗选择方法示意图

研究时窗起点和终点的具体判据分别如式（7-36）与式（7-37）所示：

$$\omega \geq \overline{\omega}_5 \tag{7-36}$$

$$\omega \leq \overline{\omega}_5 \tag{7-37}$$

式中　ω——当前地音活动强度（单位时间活动量）；

　　　$\overline{\omega}_5$——冲击前 5d 地音活动强度的平均值。

7.3.3　持续加载型冲击地压地音前兆模式

1. 持续加载型冲击地压地音活动特征

根据地音活动研究时窗确定的判据，提取冲击区域对应地音探头的监测数据，绘制了"3·24"和"8·7"两次持续加载型冲击地音活动曲线图，如图 7-48 所示。持续加载型冲击地压地音数据来源见表 7-5。

表 7-5　持续加载型冲击地压地音数据来源

冲击名称	所选地音探头	地音活动研究时窗
"3·24" 冲击	D3	3 月 22 日 0 时至 3 月 25 日 14 时
"8·7" 冲击	D3	8 月 3 日 0 时至 8 月 9 日 0 时

由图 7-48 可以看出，整个冲击过程中，地音能量与频次变化具有较好的一致性。该类冲击发生前，地音活动强度整体是增长的，其中地音活动强度的稳定增长持续时间较长，增幅较小；在临近冲击的一段时间内，地音活动强度表现为非线性增长趋势，波幅较大。冲击时地音一般处于峰值强度处，冲击后地音经过较长时间恢复至稳定状态。

2. 持续加载型冲击地压地音的阶段识别

以上定性分析了持续加载型冲击的地音活动特征，但还不能判断当前地音处于怎样的发展阶段，地音活动强度对应怎样的应力水平，地音的产生机制如何。通过地音与声发射活动特征的对比分析发现，持续加载型冲击的地音活动特征与单轴压缩试验煤样的声发射活动特征相似，"3·24"冲击地音与单轴压缩试验声发射的活动趋势等比例放缩处理和对比如图 7-49 所示，对比结果显示，两者对应阶段的活动强度变化具有较好的一致性。因此类比单轴压缩试验声发射的活动阶段，"3·24"和"8·7"两次冲击地音活动阶段划分结果如图 7-50 所示。

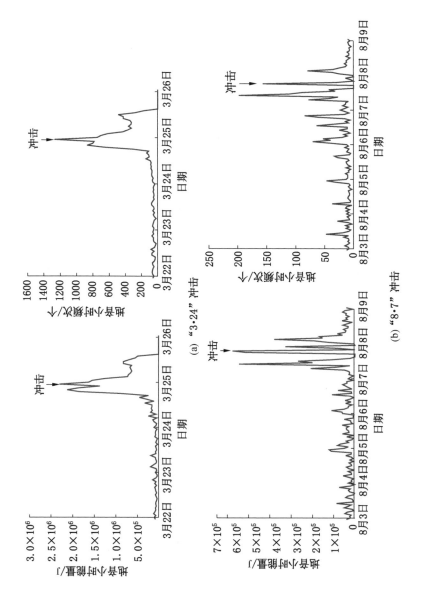

图7-48 "3·24"和"8·7"两次持续加载型冲击地压地音活动曲线

两次持续加载型冲击地音各阶段的活动统计表，见表 7 - 6。阶段平均活动强度由阶段活动量除以阶段持续时间所得，由于阶段平均活动强度消除了阶段持续时间的影响，更能反映整个冲击过程各阶段地音活动强度的变化情况，持续加载型冲击地音各阶段平均活动强度的变化如图 7 - 51 所示。

对两次持续加载型冲击地音与单轴压缩试验声发射对应阶段平均活动强度进行线性回归分析的拟合关系图如图 7 - 52 所示，拟合结果表明两者具有高度的线性相关性（最小判定系数 $R^2 > 0.91$）。由此可知，持续加载型冲击地音与单轴压缩试验声发射的活动在煤岩体与煤样的冲击（破坏）过程中具有较强的阶段相似性，可以借鉴实验室声发射各力学发展阶段的演化过程识别和解释该类冲击的地音前兆模式。

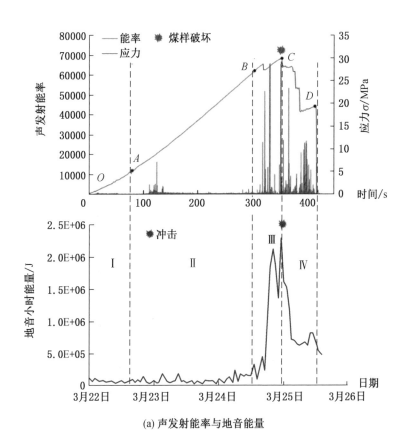

(a) 声发射能率与地音能量

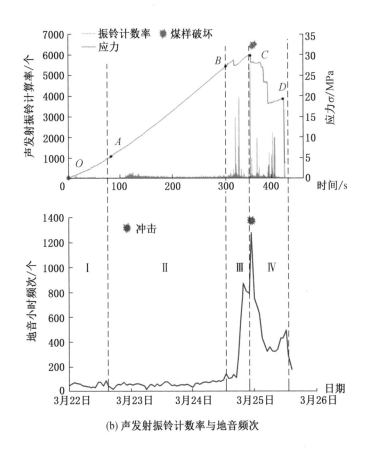

(b) 声发射振铃计数率与地音频次

图7-49 "3·24"冲击地音与单轴压缩试验声发射的
活动趋势等比例缩放处理和对比

表7-6 两次持续加载型冲击地音各阶段的活动统计表

阶段信息/冲击事件		"3·24"冲击	"8·7"冲击
I 阶段	能量/J	5860152	1514566
	频次/个	3672	456
	持续时间/h	72	38
	能量强度/J	81391	39857
	频次强度/个	51	12

表7-6（续）

阶段信息/冲击事件		"3·24" 冲击	"8·7" 冲击
Ⅱ阶段	能量/J	2716992	2197104
	频次/个	1408	912
	持续时间/h	16	48
	能量强度/J	169812	45773
	频次强度/个	88	19
Ⅲ阶段	能量/J	6284835	2746540
	频次/个	3515	1680
	持续时间/h	5	20
	能量强度/J	1256967	137327
	频次强度/个	703	84
Ⅳ阶段	能量/J	11796300	2278541
	频次/个	6870	1456
	持续时间/h	15	28
	能量强度/J	786420	99067
	频次强度/个	458	52

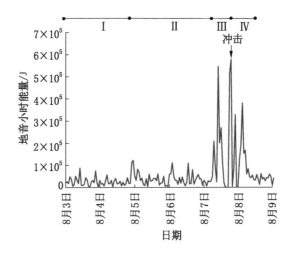

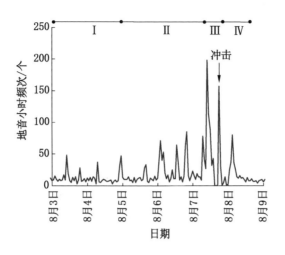

图 7-50 "3·24"和"8·7"两次冲击地音活动阶段划分结果

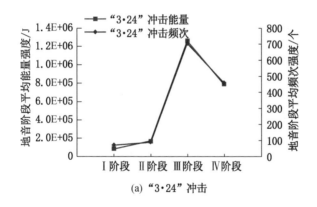

(a) "3·24" 冲击

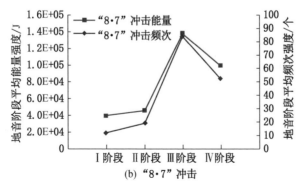

(b) "8·7" 冲击

图 7-51 持续加载型冲击地音各阶段平均活动强度的变化

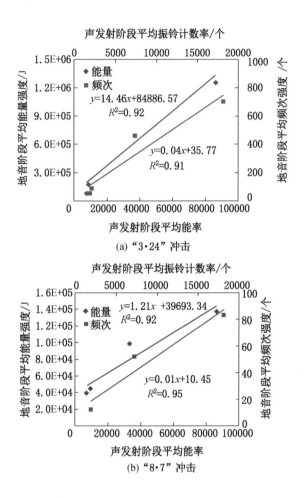

图 7-52 对两次持续加载型冲击地音与单轴压缩试验声发射对应阶段平均活动强度进行线性回归分析的拟合关系图

3. 持续加载型冲击地压地音产生机制及前兆模式

停产期间采空区顶板蠕变下沉使冲击启动区煤岩体应力缓慢增加，采用单轴压缩，煤样受力过程裂纹的发展依次经历压密、线弹性、裂纹非稳定扩展和峰后破坏4个阶段，可用于解释持续加载型冲击过程的地音产生机制：①Ⅰ阶段，煤岩体应力水平较低，煤岩体内部裂隙处于原生裂隙闭合和新生裂隙萌生状态，地音的活动强度较弱；②Ⅱ阶段，与前一阶段相比，当前阶段煤岩体应力水平有所增加，内部裂隙稳定扩展，地音活动强度开始增强，但仍维持在较低的缓慢增长状态；③Ⅲ阶段，煤岩体内应力较高，煤岩体内部裂隙非线性发展到一定程度后导致冲击启动，地音活动强度呈快速增长趋势，冲击发生时地音活动强度达到峰值；④Ⅳ阶段，冲击发生后，冲击区域煤岩体内主裂隙贯通完成，地音活动强度持续减弱，最后恢复到新的稳定状态。综上所述，持续加载型冲击地压地音活动具有"缓增－快增"的前兆模式。

7.3.4　循环扰动诱发型冲击地压地音前兆模式

1. 循环扰动诱发型冲击地压地音活动特征

依据表 7－7 中的循环扰动诱发型冲击地压地音数据来源绘制"6·10""6·14""8·26"及"11·27"4 次循环扰动诱发型冲击地压地音活动曲线图，如图 7－53 所示。

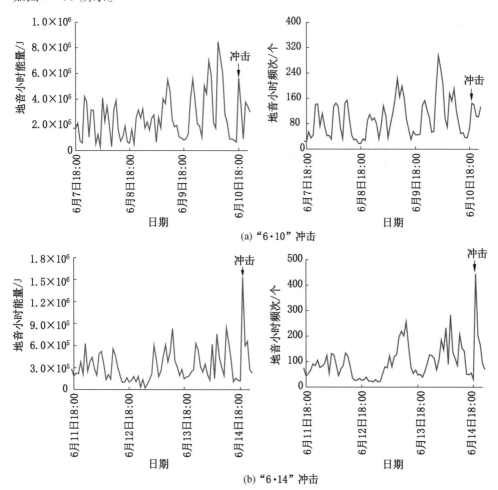

(a) "6·10" 冲击

(b) "6·14" 冲击

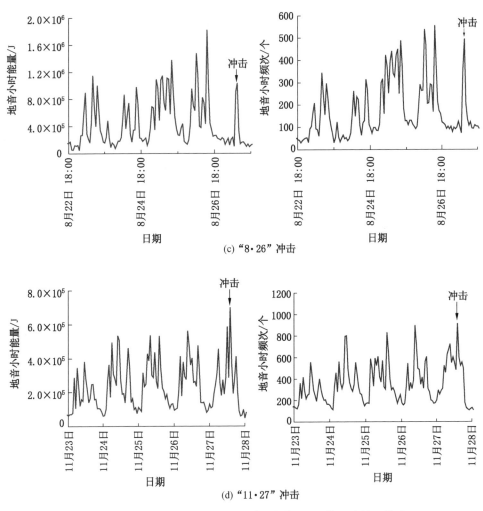

(c) "8·26" 冲击

(d) "11·27" 冲击

图 7-53 "6·10""6·14""8·26" 及 "11·27" 4 次循环扰动
诱发型冲击地压地音活动曲线图

表 7-7 循环扰动诱发型冲击地压地音数据来源

冲 击 名 称	所选地音探头	地音活动研究时窗
"6·10" 冲击	D3	6 月 7 日 18 时至 6 月 10 日 22 时
"6·14" 冲击	D3	6 月 11 日 18 时至 6 月 14 日 22 时
"8·26" 冲击	D4	8 月 22 日 18 时至 8 月 26 日 12 时
"11·27" 冲击	D4	11 月 23 日 0 时至 11 月 28 日 0 时

从图中可以看出，地音在冲击前呈现起伏增长的变化状态，其中采煤班的地音活动强度较高，检修班的地音活动较低，随着采煤的连续数日推进，单日地音峰值强度逐渐增大，冲击一般发生在两个连续采煤班的初期或末期，此时对应的地音活动强度较大。

2. 循环扰动诱发型冲击地压地音的阶段识别

循环扰动诱发型冲击地压的地音活动趋势与循环加卸载试验中煤样的声发射活动趋势相似。"11·27"冲击地音能量与循环加卸载试验声发射能率的阶段对照图，如图 7-54 所示。对比结果显示，两者对应阶段的活动强度变化具有较好的一致性。类比循环加卸载试验声发射的活动阶段，将"11·27"两次冲击的地音活动划分为 Ⅰ~Ⅴ 5 个阶段，将"6·10"和"6·14"两次冲击的地音活动划分为 Ⅰ~Ⅲ 3 个阶段，将"8·26"冲击的地音活动划分为 Ⅰ~Ⅳ 4 个阶段，"6·10""6·14"和"8·26"3 次循环扰动诱发型冲击地音活动阶段划分结果如图 7-55 所示。

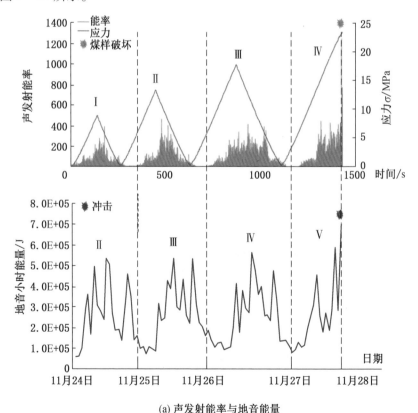

(a) 声发射能率与地音能量

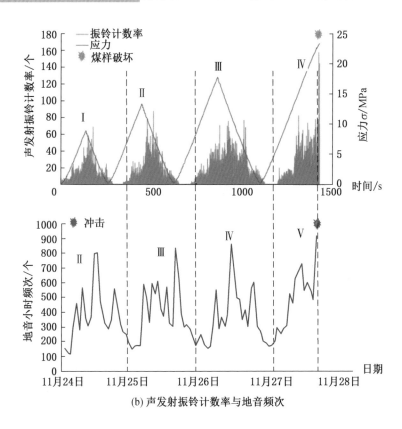

图 7－54 "11·27"冲击地音能量与循环加卸载试验声发射能率的阶段对照图

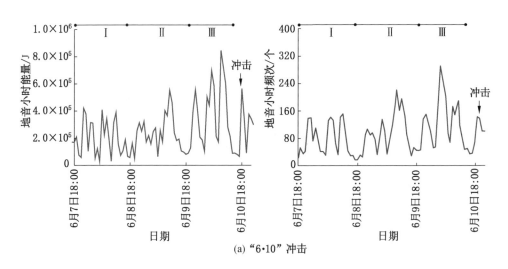

(a) "6·10"冲击

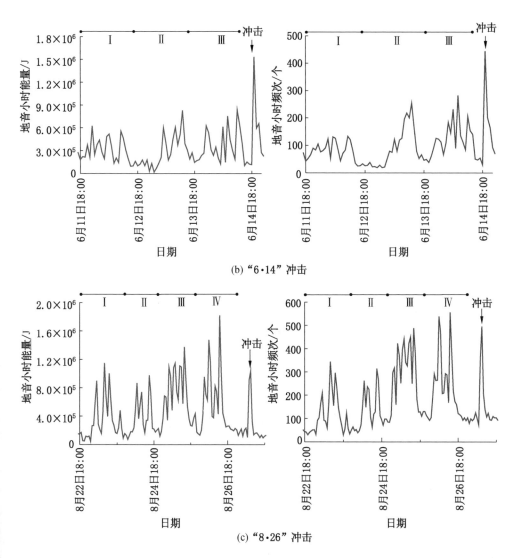

图 7-55 "6·10""6·14""8·26" 3 次循环扰动诱发型冲击地音活动阶段划分结果

　　统计以上 4 次循环扰动诱发型冲击地音在各阶段的活动量及其阶段平均活动强度（表 7-8、图 7-56）。对 4 次循环扰动诱发型冲击地音与循环加卸载试验声发射阶段平均活动强度进行线性回归分析的拟合关系图如图 7-57 所示，拟合结果表明，两者具有高度的线性相关性（最小判定系数 $R^2 > 0.80$）。这一结果表明，循环扰动加载型冲击地音与循环加卸载试验声发射的活动在煤岩体与煤样的冲击（破坏）过程中具有阶段相似性。

表7-8 循环扰动诱发型冲击地音各阶段活动统计表

阶段信息/冲击事件		"6·10"冲击	"6·14"冲击	"8·26"冲击	"11·27"冲击
Ⅰ阶段	能量/J	4566995	6860923	9016250	2413908
	频次/个	1748	1794	3025	6748
	持续时间/h	23	23	25	28
	能量强度/J	198565	298301	360650	86211
	频次强度/个	76	78	121	241
Ⅱ阶段	能量/J	5848500	8186808	8086754	2716324
	频次/个	2300	2736	2668	7930
	持续时间/h	25	24	23	26
	能量强度/J	233940	341117	351598	104474
	频次强度/个	92	114	116	305
Ⅲ阶段	能量/J	7707484	8696484	11997984	3498144
	频次/个	2714	3174	4680	9282
	持续时间/h	23	23	24	26
	能量强度/J	335108	378108	499916	134544
	频次强度/个	118	138	195	357
Ⅳ阶段	能量/J	—	—	14645575	3877475
	频次/个	—	—	5725	9600
	持续时间/h	—	—	25	25
	能量强度/J	—	—	585823	155099
	频次强度/个	—	—	229	384
Ⅴ阶段	能量/J	—	—	—	5462592
	频次/个	—	—	—	11408
	持续时间/h	—	—	—	23
	能量强度/J	—	—	—	237504
	频次强度/个	—	—	—	496

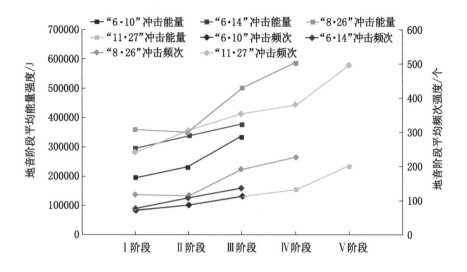

图7-56 循环扰动诱发型冲击地音各阶段平均活动强度变化

3. 循环扰动诱发型冲击地压地音产生机制及前兆模式

借助循环加卸载试验煤样受力过程裂纹的发展依次经历的循环阶段来解释该类冲击的地音产生机制：在采煤班期间，开采扰动、工作面前方支承压力与煤柱侧的侧向支承压力共同作用在煤壁前方，形成峰值更高、影响范围更大的叠加应力，此时煤岩体内部裂隙加速扩展，地音活动强度保持较高水平；在检修班期间，开采扰动消失，煤壁前方煤岩体的应力水平较生产班期间有所降低，地音活

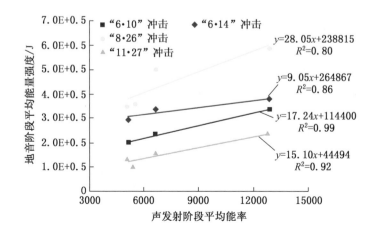

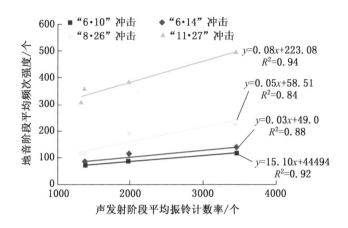

图 7-57　对 4 次循环扰动诱发型冲击地音与循环加卸载试验声
发射阶段平均活动强度进行线性回归分析的拟合关系图

动强度降低。随着采煤作业的持续扰动，煤岩体内的损伤裂纹发展不断加剧，冲击发生在地音平均活动强度的峰值处。据此可知，循环扰动诱发型冲击地压地音活动具有"波动增长"的前兆模式。

7.3.5　动静组合加载型冲击地压地音前兆模式

1. 动静组合加载型冲击地压地音活动特征

选取表 7-9 中动静组合加载型冲击地压地音数据来源绘制"5·15""6·25""11·30" 3 次动静组合加载型冲击地压地音活动曲线图，如图 7-58 所示。由图可知，该类冲击发生前地音处于较为平稳的状态；在冲击发生瞬间，地音瞬间增至较高水平，冲击过后地音活动强度迅速衰减到较低的稳定水平。

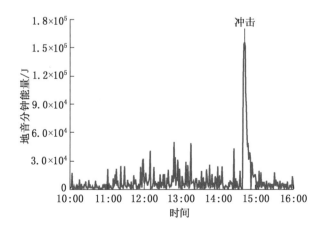

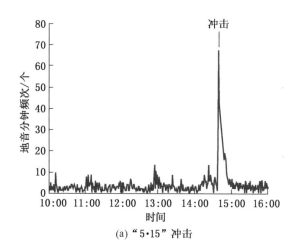

(a)"5·15"冲击

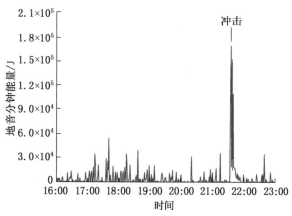

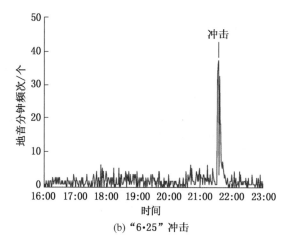

(b)"6·25"冲击

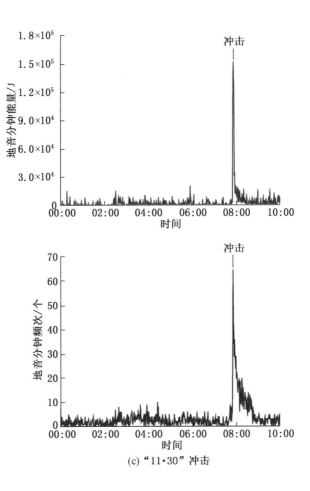

(c) "11·30" 冲击

图 7-58 "5·15""6·25""11·30" 3 次动静组合
加载型冲击地压地音活动曲线图

表 7-9 动静组合加载型冲击地压地音数据来源

冲 击 名 称	所选地音探头	地音活动研究时窗
"5·15" 冲击	D3	5 月 15 日 10 时至 5 月 15 日 16 时
"6·25" 冲击	D4	6 月 25 日 16 时至 6 月 25 日 23 时
"11·30" 冲击	D3	11 月 30 日 0 时至 11 月 30 日 10 时

2. 动静组合加载型冲击地压地音的阶段识别

动静组合加载型冲击地压的地音活动趋势与动静组合加载试验中煤样的声发射活动趋势相似，以"5·15"冲击为例，根据两者的活动趋势将两者（声发射选择（静载 18 MPa，动载 210 MPa）的试验组，对照阶段选择目标静载阶段、声发射突增阶段和声发射迅速衰减阶段）进行等比例放缩处理和对比，对比结果（图 7 –58）显示，两者对应阶段的活动强度变化具有较好的一致性。类比动静组合加载试验声发射的活动阶段，将"6·25""11·30"两次动静组合加载型冲击地音活动阶段划分结果如图 7 –59 所示。

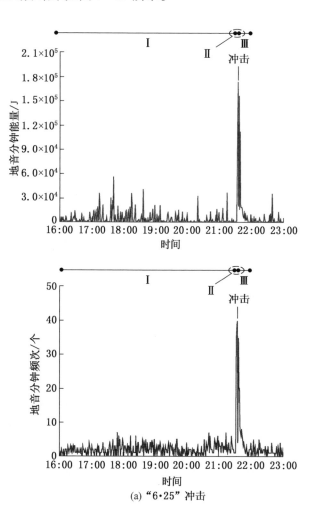

(a) "6·25" 冲击

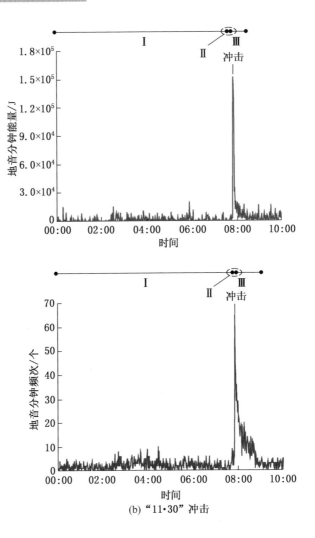

图 7 - 59 "6·25""11·30" 两次动静组合加载型冲击地音活动阶段划分结果

统计以上 3 次动静组合加载型冲击地音在各阶段的活动量及其阶段平均活动强度（表 7 - 10、图 7 - 60）。对 3 次动静组合加载型冲击地音与动静组合加载试验声发射阶段平均活动强度进行线性回归分析（其中"6·25"冲击、"11·30"冲击分别与（静载 18 MPa，动载 210 MPa）、（静载 24 MPa，动载 150 MPa）两组声发射进行对照）的拟合关系图如图 7 - 61 所示，拟合结果表明，两者具有高度的线性相关性（最小判定系数 $R^2 > 0.97$）。因此，动静组合加载型冲击地音与动静组合加载试验声发射的活动在煤岩体与煤样的冲击（破坏）过程中具有较高的阶段相似性。

表7-10　动静组合加载型冲击地音各阶段活动统计表

阶段信息/冲击事件		"5·15"冲击	"6·25"冲击	"11·30"冲击
Ⅰ阶段	能量/J	2328336	2511915	2964080
	频次/个	1656	1316	1876
	持续时间/min	276	329	469
	能量强度/J	8436	7635	6320
	频次强度/个	6	4	4
Ⅱ阶段	能量/J	88573	143817	56800
	频次/个	28	31.5	20
	持续时间/min	1	1.5	0.8
	能量强度/J	88573	95878	71000
	频次强度/个	28	21	25
Ⅱ阶段	能量/J	130125	111456	179561
	频次/个	175	108	370
	持续时间/min	25	18	37
	能量强度/J	5205	6192	4853
	频次强度/个	7	6	10

3. 动静组合加载型冲击地压地音产生机制及前兆模式

类比动静组合加载试验中煤样破坏前内部裂纹发展依次经历目标静载、声发射突增和迅速衰减3个阶段，以解释该类冲击的地音产生机制：①Ⅰ阶段，与近8个月的地音平均活动强度（2394 J/min，平均频次强度为2次/min）相比，该阶段地音处于活跃状态，煤岩体在高应力作用下微破裂活动较强；②Ⅱ阶段，煤岩体应力在顶板断裂提供的动载作用下发生突变，较短时间内产生了大量裂隙，地音活动强度瞬间增强了数倍；③Ⅲ阶段，冲击显现区域的煤岩体在冲击瞬间完成了主破坏，该阶段地音来源为残余强度下煤岩体破裂面之间的摩擦与滑移，地

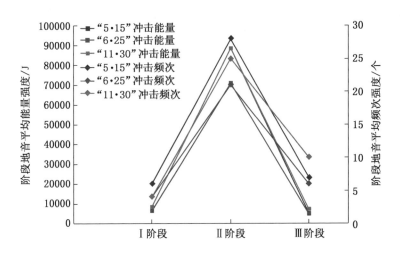

图 7-60 动静组合加载型冲击地音各阶段平均活动强度变化

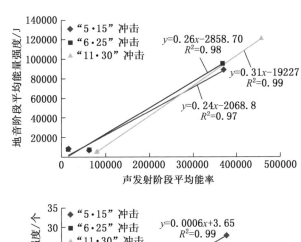

图 7-61 对 3 次动静组合加载型冲击地音与动静组合加载试验声发射阶段
平均活动强度进行线性回归分析的拟合关系图

音活动强度冲击后逐渐恢复至低水平的稳定状态。实验室动静组合加载试验表明，足够的静载是煤岩破坏的必要条件，动载仅是足够静载条件下诱发破坏的充分条件。由于动载施加的不确定性，需要更多关注冲击前煤岩体达到足够静载时的声发射活动情况，动静组合加载型冲击地压冲击前煤岩体应力水平较高，此时地音"平稳活跃"的状态是该类冲击的地音前兆模式。

7.3.6 冲击地压地音预警方法与指标

1. 地音能量的计算

对于非吸收性煤层中的各向同性的探头和信号源，第 i 个地音探头在时间段 T 内监测的地音累积能量，一般情况下可采用如下公式计算：

$$E_i^f(T) = \left(T_1 \sum V_i^2\right) \pi rh\rho V \tag{7-38}$$

式中 $\left(T_1 \sum V_i^2\right)$ ——运动速度振幅的平方，取整数；

$\qquad r$ ——近似距离；

$\qquad T_1$ ——取样时间；

$\qquad h$、ρ ——煤层厚度、密度；

$\qquad V$ ——波速。

在有些情况下（如受断层、采空区等影响），很难精确测量地音信号源产生的能量。此时取信号源 50 m 之外的测点能量强度作为参考值，该值称为弱化能量强度。

弱化能量 $E_i(T)$ 为

$$E_i(T) = \left(T_i \sum V_i^2\right)(k'_{500})^2 C_{AP}^e(i) \frac{d_i}{50k_1^2} \tag{7-39}$$

式中 $\qquad d_i$ ——第 i 个探头距工作面的距离；

$\qquad k'_{500}$ ——线路放大倍数；$k'_{500} = 2.5 \times 10^4$；

$\qquad C_{AP}^e$ ——系统能量放大倍数，在系统校准时测定；

$\qquad k_1$ ——一般来说，$k_1 = k'_{500}/10^4$。

$$E_i(T) = \left(T_i \sum V_i^2\right) C_{AP}^e(i) d \times 2 \times 10^6 \tag{7-40}$$

$$\left(T \sum V_i^2\right) C_{AP}^e(i) \frac{3.675d}{C_{AP}^e(i)} \times 2 \times 10^6 \approx \left(T \sum V_i^2\right) \pi rh\zeta V \tag{7-41}$$

每天更新公式的参数 d，$E_i(T)$ 则代表物理能量 $E_i^f(T)$。

2. 趋势评估法

1) 计算 DEV（DEV 为地音频次或能量的偏差）

若 DEV 为地音频次的偏差，则计算公式如下：

$$DEV = \frac{AZ - \overline{AZ}}{\overline{AZ}} \tag{7-42}$$

若 DEV 为地音能量的偏差，则计算公式如下：

$$DEV = \frac{EZ - \overline{EZ}}{\overline{EZ}} \tag{7-43}$$

式中　AZ——班地音监测频次；

$\overline{AZ}$——同一时间段前 10 个班地音频次的平均值，比如计算 10 月 10 日 0~8 点的 DEV，则 $\overline{AZ}$ 为 10 月 1 日至 10 月 10 日 0~8 点班地音频次的平均值；

EZ——班地音能量；

$\overline{EZ}$——同一时间段前 10 个班地音活动的平均值，意义同上。

最初 10 天 $\overline{AZ}$ 按如下计算：

$$\overline{AZ} = \frac{n \frac{1}{n} \sum_{i=0}^{n} (AZ)_i + (10 - n) p_0}{10} \tag{7-44}$$

式中　$\frac{1}{n} \sum_{i=0}^{n} (AZ)_i$——对应时间段前 n 个班地音频次的平均值，$n \leqslant 10$；

p_0——最大概率的指标值（班频次经验值），手动设定，软件可给定默认值。

最初 10 天班地音平均能量 $\overline{EZ}$ 算法同上。

2）计算初始危险指标值

采用趋势评估法时，先计算初始危险值 u_0，通过归一化处理表示为

$$u_0 = \begin{cases} 0 & (DEV < 0) \\ 0.25 DEV & (0 \leqslant DEV < 400\%) \\ 1 & (DEV \geqslant 400\%) \end{cases} \tag{7-45}$$

式中　DEV——地音活动或强度的偏差值。

u_0 值可根据表 7-11 确定。初始危险等级最高为 c 级。

表 7-11　初始危险等级对应的 u_0 值

危险等级	a	b	c
危险值 u_0	$0 \leqslant u_0 < 0.25$	$0.25 \leqslant u_0 < 0.5$	$0.5 \leqslant u_0 < 1$

3）评价冲击危险性（能量和频次分开计算与评价）

以 25% 、100% 、200% 为临界值将偏差值 DEV 分为 4 个区段，分别为 $DEV < 25\%$ 、$25\% \leqslant DEV < 100\%$ 、$100\% \leqslant DEV < 200\%$ 和 $DEV \geqslant 200\%$ ，各自命名为区段 Ⅰ 、Ⅱ 、Ⅲ 和 Ⅳ ，趋势评价法主要依据一定的 DEV 值在各区段间"上升"或"下降"的变化规则来评价当班危险等级，以下解释几个概念。

"上升"：从某一级区段上升到比自身高的区段，比如从 $DEV131\%$ 上升到 210% 。

"下降"：从某一级区段下降到比自身低的区段，比如从 $DEV131\%$ 下降到 70% 。

区间内变化：$DEV < 25\%$ 、$25\% \leqslant DEV < 100\%$ 等区间内 DEV 变化为非规律性变化，既不属于上升，也不属于下降，比如 $DEV29\%$ 变化到 $DEV89\%$ 。

由 2）可知，DEV 区段 Ⅰ 、Ⅱ 初始危险等级为 a ，Ⅲ 初始危险等级为 b ，Ⅳ 初始危险等级为 c 。

（1）危险等级上升的情况：①区段 Ⅱ 持续 3 班，危险等级 +1 ，最高危险等级为 b ；②区段 Ⅲ 持续 2 班，危险等级 +1 ，最高危险等级为 c ；③区段 Ⅳ 持续 2 班，危险等级 +1 ，最高危险等级为 d 。

其他危险等级上升情况见表 7 - 12 。

表 7 - 12 其他危险等级上升情况表

4 班前	3 班前	2 班前	上一班	当前班	危险状态
Ⅲ及以上	Ⅲ及以上	Ⅲ及以上	下降	上升	+1
	Ⅲ及以上	下降	下降	上升	+1
		Ⅲ及以上	下降	上升	+1
	Ⅲ及以上	下降	下降	上升	+1

（2）危险等级降低的情况：①区段 Ⅲ 持续 2 个班以内（包括 2 个班）后下降，危险等级 -1 ，接着每持续下降 1 个班，危险等级再 -1 ；②区段 Ⅲ 持续 3 个班以上（包括 3 个班）后，持续下降 2 个班，危险等级 -1 ，接着每持续下降 1 个班，危险等级再 -1 ；③区段 Ⅳ 持续 1 个班以上（包括 1 个班）后，持续下降 2 个班，危险等级 -1 ；接着每持续下降 1 个班，危险等级再 -1 ；④区段 Ⅰ 每持续 3 个班，当前危险等级 -1 。

（3）其他情况下危险等级不发生变化。

（4）每个地音探头的最终危险等级取能量和活动评价的最高值。

4）小时评价冲击危险性

小时评级过程：当前班初始小时危险等级均为上个班危险等级；根据表7-13划分当前某班的小时危险等级，当小时危险等级高于上个班危险等级时（当前班初始危险等级），取该算法下小时危险等级。

（1）小时偏差值 =（该小时的频次（能量）－前10个对应班频次（能量）的小时平均值）/前10个对应班频次（能量）的小时平均值。

（2）根据表7-13划分当前班的小时危险等级，并与前一班危险等级对比，取两者中危险等级高者作为当前班的小时危险等级。

表7-13 小时危险等级划分

危险等级	a	b	c	d
危险值 u_d	$0 \leqslant u_d < 0.25$	$0.25 \leqslant u_d < 0.5$	$0.5 \leqslant u_d < 0.75$	$0.75 \leqslant u_d \leqslant 1$

$$u_d = \begin{cases} \max\{[u_{d0} - 0.15(4-t)], 0\}, & t \leqslant 4h \\ u_{d0}, & t > 4h \end{cases} \quad (7-46)$$

$$u_{d0} = \begin{cases} 0, & DEV < 0 \\ 0.25DEV, & 0 \leqslant DEV < 400\% \\ 1, & DEV \geqslant 400\% \end{cases} \quad (7-47)$$

式中 t——偏差持续的小时数，根据表7-13及关系式可确定小时冲击危险性评价准则指标值分布和等级分布情况，见表7-14和表7-15。

表7-14 指标值分布

时间/h	<100%	100%~200%	200%~300%	>300%
1	0	0~0.05	0.05~0.30	>0.30
2	0	0~0.20	0.20~0.45	>0.45
3	<0.10	0.10~0.35	0.35~0.60	>0.60
4	<0.25	0.25~0.50	0.50~0.75	>0.75
5	<0.25	0.25~0.50	0.50~0.75	>0.75

表7-14（续）

时间/h	<100%	100%~200%	200%~300%	>300%
6	<0.25	0.25~0.50	0.50~0.75	>0.75
7	<0.25	0.25~0.50	0.50~0.75	>0.75
8	<0.25	0.25~0.50	0.50~0.75	>0.75

表7-15　等级分布情况

持续时间/h	<100%	100%~200%	200%~300%	>300%
1	a	a	a	b
2	a	a	a	c
3	a	a	b	c
4	a	a	c	d
5	a	b	c	d
6	a	b	c	d
7	a	b	c	d
8	a	b	c	d

3. 预警指数法

地音是冲击地压发生前煤岩裂隙产生、发展的动态信息，是冲击破坏的前兆信息之一，冲击地压发生在地音活动出现异常时，这种现象极具普遍性。在地音活动的各种异常中，地音活动的增强或平静是最重要的两个前兆特征。采用地音能量和频次异常系数能很好地表达地音活动的这两个异常特征，其计算过程如下：

$$k_a = \left| \frac{N - \overline{N}}{\overline{N}} \times 100\% \right| \qquad (7-48)$$

$$k_e = \left| \frac{E - \overline{E}}{E} \times 100\% \right| \qquad (7-49)$$

$$\overline{N} = \frac{(10-i)N_p + i\overline{N}_i}{10} \qquad (7-50)$$

$$\overline{E} = \frac{(10-i)E_{\mathrm{p}} + i\overline{E}_i}{10} \qquad (7-51)$$

式中　　E、N——统计时间段（以班为例）内的地音能量和频次值；

　　　　i——算法运算中的班次（$i \leqslant 10$）；

　　　　E_{p}、N_{p}——能量和频次的最大概率估计值；

　　　　$\overline{E}_i$、$\overline{N}_i$——最后 i 个班次能量、频次的平均指标值。

4. 应用案例

山东新汶矿业集团华丰煤矿是目前国内采深最大的矿井之一，自 1992 年首次发生冲击地压事故以来，已发生多次灾害性冲击地压事故，给矿井造成了巨大的人员伤亡和财产损失。该矿于 2008 年 8 月装备了地音监测系统，主要用于采掘重点区域的冲击地压预测预报。图 7-62 所示为 1410 工作面 2009 年 8 月数起破坏性冲击地压的震源分布图，受下层煤遗留煤柱的影响，煤柱上方煤岩层发生剪切破坏是冲击地压发生的重要原因。监测结果表明，冲击地压发生前，监测区域的地音频次或能量异常系数大都在 1.0 以上（图 7-63），前兆时间从几个小时到数班不等。

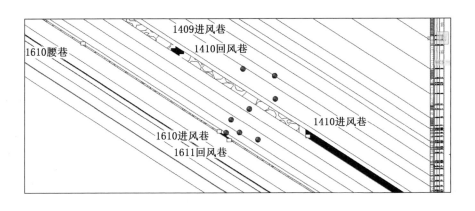

图 7-62　1410 工作面 2009 年 8 月数起破坏性冲击地压的震源分布图

冲击地压本身属于微震的范畴，是具有破坏性冲击显现的高能微震事件，如果能准确预测到高能微震事件，进而采取相应的防治对策，由此造成的冲击显现也能得到有效控制。微震监测和现场冲击显现情况的记录表明，山东某矿发生微震事件的震级达到 1.5 级时，井上下一般会有明显震感，当震级达到 1.9 级时极有可能诱发破坏性冲击显现。2008 年 5 月至 2010 年 8 月期间，矿区范围共发生

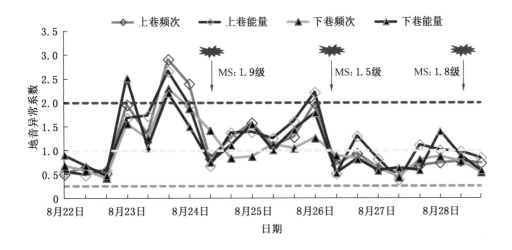

图 7-63　冲击地压发生时典型地音活动特征

$M_L \geqslant 1.5$ 冲击地压 67 次，依此可知其背景概率为 7.2%。若以概率增益大于 2.0 时做出危险预报（对应危险等级为 c 级），并以在短时间（24 h）内是否发生 $M_L \geqslant 1.5$ 级高能事件作为预测成败的依据，则部分预测结果见表 7-16。

表 7-16　某矿地音异常与冲击地压部分预测结果

预 报 日 期	预报班次	能量异常	频次异常	前兆时间/h	发 生 情 况
2008 - 10 - 02	晚	√	√	21	2008 - 10 - 04，M_L1.5
2008 - 10 - 06	中	√		8	2008 - 10 - 06，M_L1.8
2008 - 10 - 09	早	√			
2008 - 10 - 11	早		√	12	2008 - 10 - 11，M_L1.9
2008 - 10 - 13	中	√			
2008 - 10 - 15	晚	√			
2008 - 10 - 25	早		√		
2008 - 10 - 30	早	√		<1	
2008 - 11 - 04	早		√		2008 - 11 - 04，M_L1.5

表7-16（续）

预 报 日 期	预报班次	能量异常	频次异常	前兆时间/h	发 生 情 况
2008 - 11 - 09	晚	√	√	3	2008 - 11 - 09, M_L1.9
2008 - 11 - 12	晚	√	√		
2008 - 11 - 24	早	√	√	1	2008 - 11 - 24, M_L1.5
2008 - 11 - 28	晚	√			
2008 - 12 - 07	早		√	28	2008 - 12 - 08, M_L1.6
2008 - 12 - 14	晚	√			
2008 - 12 - 19	晚	√	√	2	2008 - 12 - 19, M_L1.9
2009 - 01 - 02	早	√			
2009 - 01 - 14	中		√		
2009 - 01 - 24	中	√	√	< 1	2009 - 01 - 24, M_L1.8
2009 - 02 - 04	晚	√			
2009 - 02 - 09	中	√			
2009 - 02 - 15	晚	√	√		
2009 - 02 - 27	晚	√		4	2009 - 02 - 28, M_L1.7
2009 - 02 - 28	晚		√		
2009 - 03 - 10	早	√			
2009 - 03 - 15	早		√		
2009 - 03 - 21	早	√	√		
2009 - 04 - 01	晚	√	√	18	2009 - 04 - 02, M_L1.6
2009 - 04 - 03	晚		√		
2009 - 04 - 06	晚		√		
2009 - 04 - 09	晚	√	√	3	2009 - 04 - 09, M_L2.1
2009 - 04 - 11	早	√			
2009 - 04 - 15	早	√			

表7-16（续）

预报日期	预报班次	能量异常	频次异常	前兆时间/h	发生情况
2009 - 04 - 18	晚	√	√	4	2009 - 04 - 18，M_L1.6
2009 - 04 - 24	晚	√	√		
2009 - 04 - 27	中	√		11	2009 - 04 - 27，M_L1.7

7.4 支架压力信息

支架压力监测预警的核心是实现数据准确、实时、快速分析以进行预警的算法，本系统开发了多种数据处理和分析算法，具体如下。

7.4.1 数据过滤算法

若采集本系统的数据，由于采用"定时定值"采样模式，数据质量较高，无须进行过滤。若采集电液控制数据，则数据冗余较多，影响分析效率，还可能丢失关键数据，影响分析效果。如上湾煤矿12401工作面共有131个支架，1个支架一天的数据为17280条，整个工作面的数据量为4527360条数据，不仅数据量巨大，而且冗余数据较多，不利于快速、高效地进行实时分析和预警。

为更好地提取监测数据中的有效数据，在解析到实时监测数据时，先对数据进行过滤算法处理，再将其写入数据库。具体的过滤算法如下：①当支架压力监测值变化不超过设定阈值时，30分钟写入一条最新数据；②当支架压力监测值变化超过设定阈值时，最短5秒写入一条最新数据。

国内各煤矿采煤工作面有天玛、德国EEP等众多型号的电液控制系统，针对不同的数据传输接口协议，系统开发了相应的数据采集协议。另外，为解决电液控数据量超大、冗余数据多的问题，采用数据挖掘预处理技术，开发了以"数据变化阈值"和"时间统一"为双标准的智能数据筛选方法，在保留原始数据曲线基本走势和关键节点的基础上减少冗余数据80%以上，显著提高了平台运行效率。电液控支架压力数据筛选前后支架压力曲线对比如图7-64所示。

7.4.2 初撑力识别算法

支架初撑力对抑制工作面控顶区范围内顶板早期下沉、维护顶板完整性、减少工作面矿压及冲击显现强度，以及避免顶板灾害具有重要的作用，识别支架初撑力是矿压分析的一切基础，若无初撑力，则无法判断割煤循环等信息，若人工

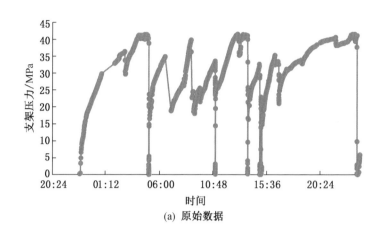

(a) 原始数据

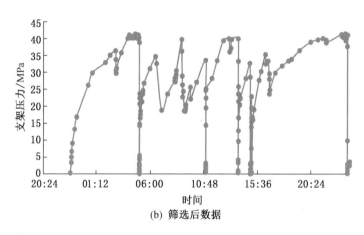

(b) 筛选后数据

图 7 - 64　电液控支架压力数据筛选前后支架压力曲线对比图

识别，则工作量大，费时费力，也无法实现实时预测预警。支架初撑力受泵站压力、管路损失、注液时间等影响，一般要求支架实际初撑力为泵站压力的 80% 以上，但由于受各种影响因素影响，很多工作面支架初撑力不能满足要求。支架初撑力是升架后立柱注液阀关闭瞬时产生的工作阻力，初撑力是特殊的支架工作阻力，每个支架每个割煤循环产生一个初撑力（图 7 - 65）。评价支架初撑力时需要从支架工作阻力数据中识别出初撑力，图 7 - 66 所示为支架初撑力系统自动识别示意图。

支架的工作阻力随时间而变化，主要受顶板压力和支架升、降、移等动作的

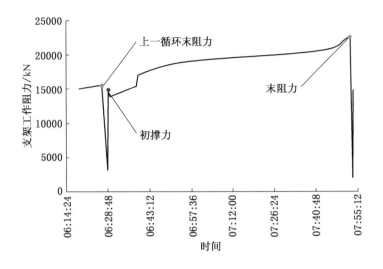

图 7-65 支架初撑力

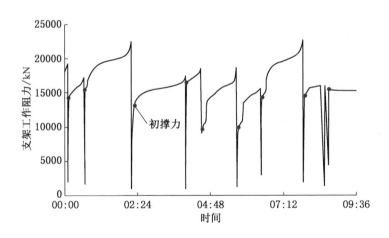

图 7-66 支架初撑力系统自动识别示意图

影响，因此，支架工作阻力具有变化性，无明显的规律性，系统自动判断初撑力和循环末阻力的难度较大，需要分析支架动作的规律并依靠多年总结的经验来判断初撑力，根据多年的研究确定了初撑力判断模型，其具体判断过程如下。

（1）设定判断支架相邻时间内的压力差为 ΔP。通过支架前后柱压力变化找到可能是循环末阻力点的数据点。

（2）确定循环末阻力点。一般情况下，在循环末阻力点的后面很短时间 T_0 内能找到一个最低点 P_0，再通过 P_0 点往回找，在设定时间 T_1 内找到一个最大压力值，可以将该压力点作为循环末阻力点。

（3）确定初撑力点。通过 P_0 点往前找，在设定时间 T_2 内找到一个最大压力值，可以将该压力点作为初撑力点。

（4）寻找下一个循环末阻力点和初撑力点。设定一个循环进尺相隔时间 T_c，即每个循环末阻力点的时间和下一个循环末阻力点的时间差必须大于 T_c。

7.4.3　安全阀开启识别算法

支架安全阀是支架结构件和立柱及千斤顶的保护装置，当顶板来压超过支架安全阀的设置值时，支架安全阀开启（图 7 – 67），当压力小于设定值时，安全阀关闭。工作面支架一定比例的支架开启一段时间是正常的，但工作面大多数支架或某个支架长时间开启对工作面顶板维护不利。

从安全阀角度评价支架工况包括两个方面。一方面，分析安全阀开启率，是指安全阀开启循环数占总循环数比例，开启率高表明支架超负荷工作，工作面矿压显现强烈或支架额定工作阻力偏小。另一方面，安全阀实际开启压力是否与设计值相匹配，要求实际开启压力误差小于设计值的 ±5%。若实际开启压力大于设计值，则可能损坏立柱或支架；反之，说明支架实际支护能力小于设计值，对顶板维护不利，由图 7 – 67 所示可知，该支架左柱安全阀开启压力为 30 MPa，远小于设计值 42 MPa。

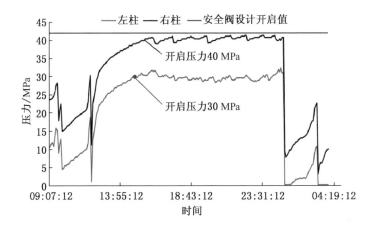

图 7 – 67　支架安全阀开启

基于安全阀开启规律进行算法研究，通过系统对安全阀开启压力、关闭压力、开启时长进行实时自动识别，从而对支架安全阀开启进行评价和预警。图 7 - 68 所示为支架安全阀开启自动识别示意图。

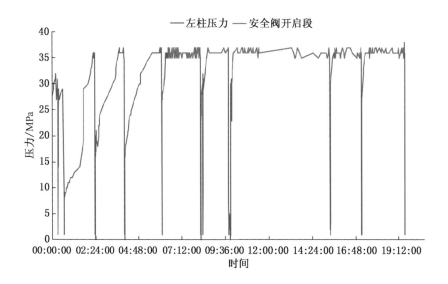

图 7 - 68　支架安全阀开启自动识别示意图

7.4.4　支架受力不均衡性算法

目前，回采工作面支架主要包括两种，两柱掩护式支架和四柱支撑掩护式支架。由于受顶板不平整、放煤、支架工操作等因素影响，支架前后（或左右）立柱受力不同，当两者相差较大时，支架支撑效率较低，影响对顶板的支撑效果，易发生顶板事故。支架支撑效率计算式为

$$\eta = 100 \times \frac{F_a - F_b}{F_a}\%　\qquad (7 - 52)$$

式中　　　η——支撑效率；

　　　　F_a、F_b——前柱、后柱（左柱、右柱）立柱 1 个循环内平均实际工作阻力（$F_a > F_b$），kN。

图 7 - 69 所示为某煤矿 $6^{上}$ 105 工作面 84 号支架工作阻力及支撑效率曲线，从图中可知，前后柱受力不均衡，前柱安全阀已开启，后柱压力较小，支架支撑效率较低，4 个循环支撑效率最低为 33%，最高仅为 58%。低支撑效率是该工作面发生顶板事故主要原因之一。

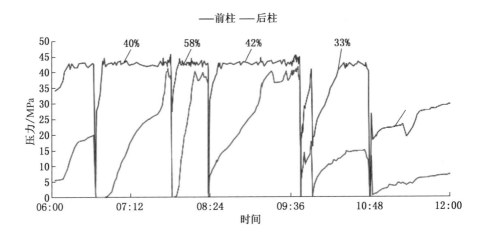

图 7 – 69　某煤矿 $6^{上}$ 105 工作面 84 号支架工作阻力及支撑效率曲线

7.4.5　支架立柱不保压算法

立柱不保压是指立柱的密封、安全阀、结构部件等损坏，在顶板压力作用下漏液，无法保压，影响支护效果。立柱不保压在工作阻力曲线上表现为压力持续下降，可根据不同支架架型分析漏液的下降梯度范围进行自动识别，从而实现立柱不保压的预警。支架不保压识别结果如图 7 – 70 所示，4 个循环立柱都不保压，压力下降梯度分别为 0.61 MPa/min、0.71 MPa/min、0.74 MPa/min、0.52 MPa/min。不同工作面不保压统计数据见表 7 – 17。

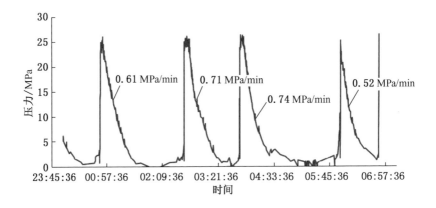

图 7 – 70　支架不保压识别结果

表7-17 不同工作面不保压统计数据

工作面	开始时间	结束时间	开启压力/MPa	结束压力/MPa	开启时长/min	压力差/MPa	下降梯度/(MPa·min⁻¹)
某矿22206 工作面	10:31:58	15:37:42	42.6	0.3	305.733	42.300	0.138
	2020-01-25 22:58	2020-01-26 00:17	27.6	2.1	79.000	25.500	0.323
	00:38:50	01:20:30	18.9	9.3	41.667	9.600	0.230
	01:39:30	02:31:11	28.5	12.3	51.683	16.200	0.313
	2020-02-27 11:49	2020-02-27 13:25	27.9	1.2	96.017	26.700	0.278
	2020-02-27 23:44	2020-02-28 01:37	34.2	7.8	112.467	26.400	0.235
某矿42202 工作面	2019-11-09 09:08	2019-11-09 10:56	29.4	5.7	108.033	23.700	0.219
	2019-11-11 02:26	2019-11-11 04:52	31.5	4.2	145.800	27.300	0.187
	2019-11-16 16:53	2019-11-16 13:25:03	18.9	3.9	208.383	15.000	0.072
	2019-11-25 13:24	2019-11-25 11:04:32	26.7	4.2	140.233	22.500	0.160
某矿13302 工作	2020-03-07 02:48	2020-03-07 01:26	21.37	0.86	82.283	20.510	0.249
平均							0.219

7.4.6 支架工作阻力分布

支架工作阻力分布分为支架工作阻力个数占比分布和时间加权工作阻力分布。前者为不同区间支架工作阻力占总数比例，后者考虑不同支架工作阻力时间的影响因素，其具体计算式为

$$F_t = \frac{\sum_{i=1}^{n}(F_{i-1}+F_i)(t_i-t_{i-1})}{2(t_n-t_1)} \qquad (7-53)$$

式中 F_t——加权工作阻力，kN；

F_i——某支架第 i 个工作阻力，kN；

t_i——第 i 个数据时刻，min。

支架工作阻力分布在较小工作阻力区间，可能是因为初撑力不足或顶板破坏，对顶板的支撑效果较差；若主要分布在较大范围内，表明支架额定工作阻力设计偏小、工作面来压强度较大或常受到动载冲击。支架工作阻力的理想分布为：在支架额定初撑力 80% 到额定工作阻力 90% 范围内达到 80% 以上。

7.4.7　周期来压判识算法

对于分析顶板来压，重要的是分析顶板初次来压和周期来压步距，而分析来压时主要通过来压判距确定，再结合井下实际情况综合分析顶板来压显现规律。

将支架的平均循环末阻力与其均方差之和作为判断顶板周期来压的主要指标，计算式为

$$\sigma_p = \sqrt{\frac{1}{n}\sum_{i=1}^{n}\left(P_{ti} - \overline{P}_t\right)^2} \qquad (7-54)$$

式中　σ_p——循环末阻力平均值的均方差；

n——实测循环数；

P_{ti}——各循环的实测循环末阻力；

$\overline{P}_t$——循环末阻力的平均值，$\overline{P}_t = \frac{1}{n}\sum_{i=1}^{n} P_{ti}$。

顶板来压依据为 $P_t' = \overline{P}_t + \sigma_p$。支架的循环末阻力大于来压判距为来压阶段，小于来压判距为非来压阶段。在分析来压步距时，需要设置或自动分析工作面推进距离，分析工作面推进距离主要是通过分析割煤循环次数再乘以循环进尺。软件通过自动计算来压判距并对比每个周期与判距的大小，确定是否为来压阶段。

当集中静载荷区聚集的弹性应变能加上顶板断裂传递来的动载荷能量大于煤岩体破坏所需的最小能量时，便达到了矿压显现发生的能量条件。黄陵二号煤矿覆岩破裂剧烈区距离 2 煤顶板 30 m，距离巷道较近，该区域覆岩破断时释放的动载荷能量传递过程中衰减较少；另外，覆岩破裂剧烈区与集中静载荷区距离较近，存在部分或全部重合的可能，集中静载荷区受覆岩破裂剧烈区的动载扰动较大，顶板断裂传递来的动载荷能量与集中静载荷区聚集的弹性应变能耦合后更易超过该区域煤岩体破坏所需的最小能量，进而诱发生强烈的矿压显现（图 7-71）。

2021 年 1 月 1 日至 2021 年 1 月 31 日共发生微震事件 1101 次，微震事件总能量为 1.2E+06J，平均能量为 1.1E+03J，最大能量为 5E+04J。微震能级占比图如图 7-72 所示，其中能量级为 $0\sim10^2$ J 的微震事件共 7 次，占微震事件总数的 0.64%；能量级为 $10^2\sim10^3$ J 的微震事件共 694 次，占微震事件总数的

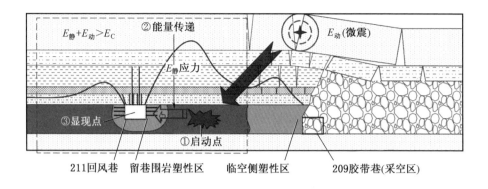

图 7-71 临空巷道动静载诱发矿压显现示意图

63.03%；能量级为 $10^3 \sim 10^4$ J 的微震事件共 399 次，占微震事件总数的 36.24%；能量级为 $10^4 \sim 10^5$ J 的微震事件共 1 次，占微震事件总数的 0.09%。

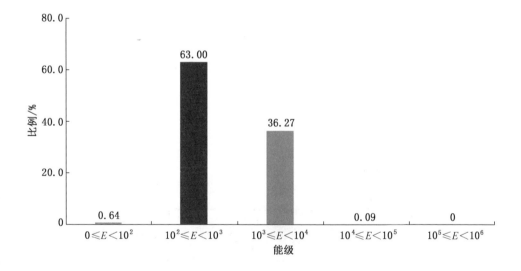

图 7-72 微震能级占比图

由图 7-73 所示可知，微震事件主要分布在煤层顶板 75 m 以下范围，尤其是 30 m 以下的低位顶板岩层内呈现密集分布，表明微震事件的能量主要来源是侧向采空区低位岩层垮断。在滞后工作面 50 m 的 211 采空区，50 ~ 75 m 高位岩层微震事件开始集聚，相较低位岩层微震事件较少。采场上覆岩层破断造成的能

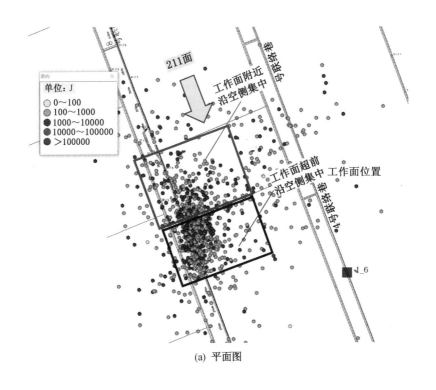

(a) 平面图

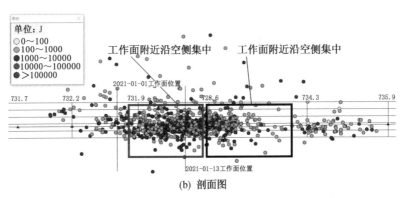

(b) 剖面图

图 7-73 工作面整体微震震源分布(2021 年 1 月)

量释放是造成采出空间矿山压力显现的根源所在,因此可以判断,对工作面矿压显现造成影响的主要是 30 m 范围内低位顶板岩层,黄陵煤矿强矿压主控岩层与微震大能量事件剖面分布特征如图 7 – 74 所示。

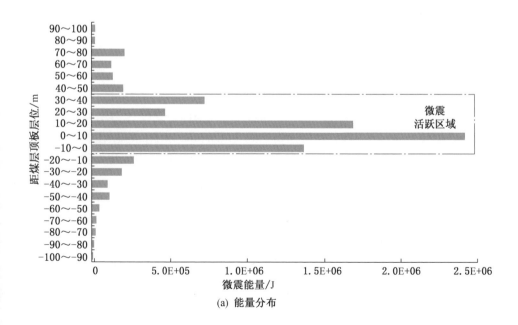

图 7 – 74　黄陵煤矿强矿压主控岩层与微震大能量事件剖面分布特征

　　工作面垂直方向微震事件频次和能量分布图如图 7 – 75 所示。微震事件发生的主要区域是煤层底板下 7 m 至顶板上 40 m，微震事件能量和频率集中在煤层顶板上 0 ~ 10 m。

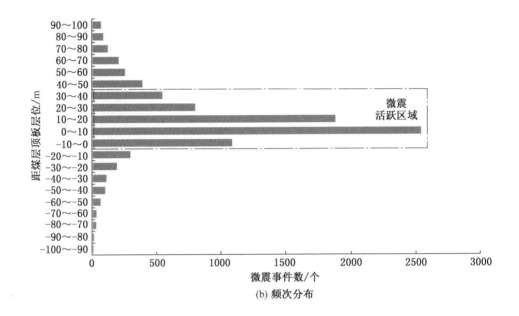

图 7-75　工作面垂直方向微震事件频次和能量分布图

　　煤层顶板上 20~30 m 微震事件区间能量为 4.81E+5J，频次为 797 个；煤层顶板上 30~40 m 微震事件区间能量为 7.40E+5J，频次为 542 个。虽然煤层顶板上 30~40 m 范围内微震频次较低，但是微震能量较高，表明该层位的煤岩体破裂强度较其他层位剧烈，易产生大能量微震事件。

　　由 211 工作面 2021 年 7 月 7 日矿压显现事件中支架压力数据可知，150~172 号支架增幅明显，支架工作阻力普遍达到 40 MPa，支架压力增幅最大达到 15 MPa，增幅均超过 3 MPa，增阻速率达到 2 MPa/min 以上；140~149 号支架增幅平均 1.8 MPa，增阻速率平均 0.72 MPa/min。支架工作阻力变化如图 7-76 和图 7-77 所示。

　　从矿压显现时工作面支架压力分布来看，靠近沿空侧区域压力高于实体煤侧，特别是 162~172 号支架区域应力值相对较高。受顶板砌体梁结构断裂冲击影响，工作面临空侧超过 45 m 范围出现了支架压力值的"台阶"式上升，由于沿空侧支架初始压力值普遍较低，因此来压时压力变化值也较大，最大增加 15.7 MPa，来压后支架压力又恢复至 40 MPa 以下。

　　结合倾向方向微震区间能量和频次分布规律可知，微震活动活跃区域集中在

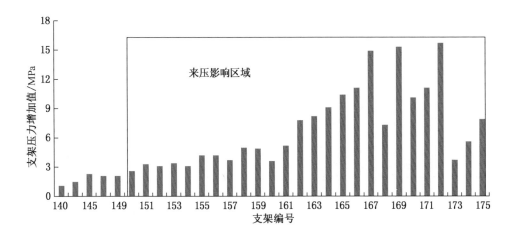

图 7 – 76 支架工作阻力变化

距离运输巷 240 ~ 320 m 范围，即工作面 137 号支架至回风区段煤柱内 16 m；而本次矿压显现主要集中在 150 号支架至临空侧回风巷道，微震事件倾向方向影响区域较为吻合。

综合微震事件和工作面矿压显现特征可知，矿压显现区域主要集中在工作面中下部，影响范围为 45 m，约 26 个支架，影响范围较大。

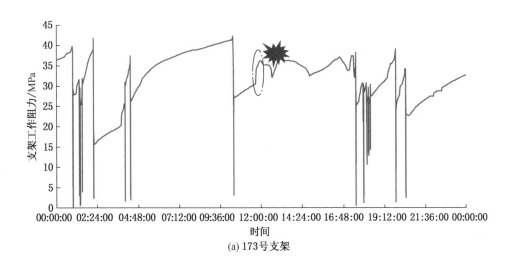

(a) 173 号支架

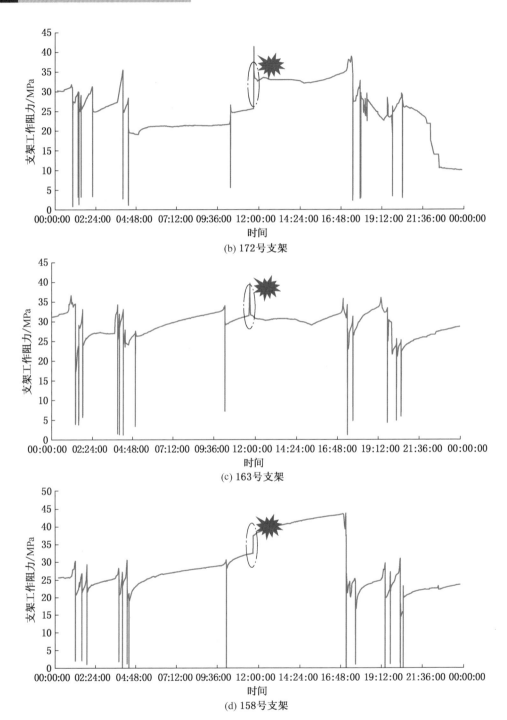

(b) 172号支架

(c) 163号支架

(d) 158号支架

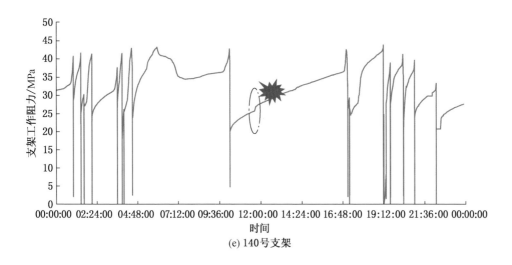

(e) 140号支架

图 7-77　支架工作阻力变化

7.5　钻屑信息

7.5.1　钻屑信息的可识别性

在煤层中施工钻孔，相当于在煤层中掘进了一条微型巷道，可将其视为煤层冲击地压发生的相似模拟试验。采用钻屑法监测，首先要获得的是钻屑量信息，它与静应力水平直接相关，如果钻孔周围的应力超过冲击临界条件，孔壁周围的煤体就会不断喷向钻孔中，钻孔周围煤体破碎带不断扩大，从而导致煤粉量异常增加，这就是钻屑法和煤层大直径钻孔卸压的依据。

其次是动力现象，根据文献，钻屑法监测原理如图 7-78 所示，在冲击危险区施工钻屑孔至一定深度后，钻孔周围煤体将逐渐达到极限应力状态，钻进过程呈现明显动力效应，通常表现为孔内微冲击、钻杆震动、声响等。此外，施工过程中还可能伴随吸钻、顶钻、卡钻等异常现象；同时，施工煤层钻孔过程中排出煤粉的粒度也可能增大。

7.5.2　钻屑检测指标

钻屑法监测是用于评价冲击危险性的最原始的方法，该方法在煤体中施工小直径钻孔，通过钻孔施工过程中不同深度煤体的煤粉量大小及钻孔效应鉴别冲击危险性。它是预测冲击地压的一种简单实用的手段，尤其是在特殊区域或时期进行危险性进一步确定时，得到了大量应用。

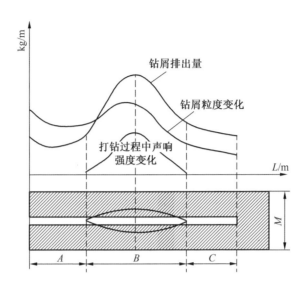

图 7-78 钻屑法监测原理图

根据钻屑煤粉量的判别公式为

$$K_p > a \times k_0 \qquad (7-55)$$

式中 K_p——实际每米钻屑量，kg/m；

    a——煤粉率指数，根据国家标准《冲击地压测定、监测与防治方法第 6 部分：钻屑监测方法》（GB/T 25217.6—2019），可参照表 7-18 取值；

    k_0——标准煤粉量，kg/m，是在支承压力影响带范围以外测得的煤粉量，测定测定 k_0 时，钻孔数不应少于 3 个，孔间距不小于 10 m，并取各孔煤粉量的平均值。

表 7-18 煤粉率指数取值标准

序号	1	2	3
孔深巷道比	<1.5	1.5~3	>3
粉煤率指数	≥1.5	≥2	≥3

此外，当钻孔过程中产生卡钻、吸钻、顶钻、孔内冲击、煤粉粒度变化等现

象时，也判断具有冲击危险性。

图 7-79 所示是某矿煤体卸压爆破前后的钻屑监测情况。卸压解危前，6 个钻孔有 4 个出现不同程度的超标，解危后所有钻屑孔的煤粉量都在临界指标值以下，很好地反映了冲击危险的降低。

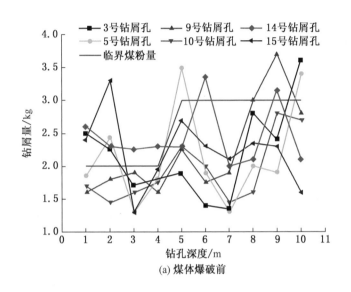

(a) 煤体爆破前

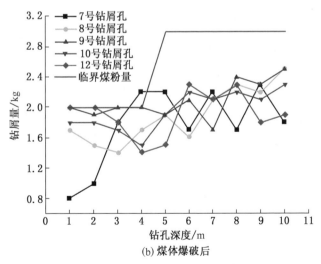

(b) 煤体爆破后

图 7-79　煤体卸压爆破前后的钻屑监测情况

8

冲击地压动－静态信息融合方法与联合预警模式

冲击地压前兆信息极为复杂，各种信息混杂，既可能重复又可能相互矛盾，且信息之间的变动存在一定的相关性，一种信息的变化往往会影响其他信息的变化。因此，面对冲击地压孕育过程中出现的各种信息及相互间的复杂关系，如何准确识别其前兆信息并进行恰当的融合处理，并最终建立冲击地压综合预警方法和模型，是提高冲击地压预测预报水平的关键。本章介绍冲击地压预测预报涉及的静态地质、动态监测、工况环境等多源异构信息的融合方法及综合预警模型。

8.1 监测数据融合方法

为了从特定的系统中抽象出问题的关键，确定切合实际的模型与方法，需要在对大量原始资料、监测数据进行系统分析的基础上，深入认识系统的构成要素与结构特征，掌握各要素的变化规律，才可能解决。因此，在确定冲击地压综合预警方法和模型时，必须针对不同的冲击灾害类型，进行深入、全面、系统的分析，明确其形成机理、主要影响因素及诱发因素，并在此基础上选择具有针对性的监测预警指标和判据，通过综合分析给出一个合理的危险预警等级。同理，只有输入高质量、可靠的能够反映冲击灾害体危险状态及其发展趋势的各项参数，才能获得令人信服的结果。

综上所述，关于冲击地压监测预警理论和技术的研究目前还处于探索阶段，但以单一参量预警冲击地压明显是不符合实际的。大量工程实践表明，综合监测预警方法是一个更可靠的方案，然而各项监测指标之间的相互作用机理及其对冲击地压的影响规律和程度等问题还不太明确，需要在长期监测的基础上，对监测数据进行详细分析后确定。事实上，冲击地压监测的数据中常常含有大量不确定的信息，各种不完整、不准确、模糊甚至相互矛盾的信息交织在一起，因此对监测获得的各种信息特征进行有效甄别尤为重要。同时，由于井下环境复杂，不同传感器只能从某一方面反映冲击地压的监测信息，难以完全反映监测区域的全貌或真实性。多源信息融合能将相同或者不同类型的多个传感器在系统中的冗余、互补甚至相互冲突的信息以某种规则进行恰当融合，以实现对观测区域真实情况的一致性描述，以更真实、更全面地反映事物本质，从而弥补单一监测手段或单一传感器的不足。多源信息融合技术在处理复杂系统时具有显著优势，能提高信息的可靠性、稳定性和可预测性。

8.1.1 传统 D–S 证据理论

Dempster 证据理论是美国哈佛大学著名数学家德姆斯特（A. P. Dempster）1967 年提出的，是处理不确定信息非常有效的方法之一。该理论由其学生莎弗（G. Shafer）进行了进一步完善，并在 1976 年出版了《证据的数学方法》，因此该方法又称 Dempster – Shafer 理论，简称 D–S 证据理论。该理论建立了基本概率赋值函数、信任函数和似真函数等，在处理不确定、不准确或不完整信息时具有很强的区分未知和不确定信息的能力，同时还具有无须先验概率、推理简单等优点，可通过不确定性推理，从复杂信息、模糊信息甚至矛盾信息中获得可能性最大的结论，不仅可以表达统计数据信息，而且可以表达文字记录或语言描述等其他形式的信息，因此该方法被广泛应用于专家系统、案件分析、信息融合、情报分析、多属性决策等各种复杂信息的处理。基于 D–S 证据理论的上述特点，本文将 D–S 证据理论应用到了冲击地压监测数据的融合预警研究中。

1. 证据理论的部分概念

为便于后续研究过程理解，需要定义 D–P 证据理论中需要用到的部分基本概念。

首先是识别框架 $\Theta = \{\theta_1, \theta_2, \cdots, \theta_n\}$，这是一个具有有限个元素的非空集合，元素之间是相互独立的，且所有问题的答案都包含在识别框架 Θ 内，θ_i 表示"假设 θ_i 成立"。将 Θ 看作一个可能性的集合，则信任函数表示对这种可能性的信任程度，2^Θ 或 Ω 为 Θ 子集的集合，即为 Θ 的幂集。

$$2^\Theta = \{\phi, \{\theta_1\}, \{\theta_2\}, \cdots, \{\theta_1, \theta_2\}, \{\theta_1, \theta_3\}, \{\theta_1, \theta_2, \theta_3\} \cdots, \Theta\} \quad (8-1)$$

定义 mass 函数，该函数是一个从集合 2^Θ 到 $[0, 1]$ 的基本概率分配（BPA），A 是识别框架 Θ 中的一个子集，$A \in \Omega$，$m(A)$ 为 A 的基本概率赋值，若 $m(A) > 0$，则称 A 为证据的焦元，可由式（8-2）表示：

$$\begin{cases} m(\Phi) = 0 \\ \sum_{A \in \Omega} m(A) = 1 \\ m(A) \geq 0, \forall A \in \Omega \text{且} A \neq \Phi \end{cases} \quad (8-2)$$

式中 $m(\Phi) = 0$ ——空集 Φ 不具有可信度。

式（8-2）表明，识别框架 Θ 内所有假设或假设的组合，其信任水平的和等于1。

当式（8-3）成立时，称 Bel 为识别框架 Θ 的信任函数。

$$\mathrm{Bel}(A) = \sum_{B \subseteq A} m(B) \quad \forall A \subseteq \Theta \tag{8-3}$$

当函数 $\mathrm{Pls}: 2^{\Theta} \to [0, 1]$ 满足式（6-4）时，称 Pls 为 Θ 的似然函数，$\overline{A}$ 是 A 的补集，$\overline{A} = \Theta - A$。

$$\mathrm{Pls}(A) = 1 - \mathrm{Bel}(\overline{A}) = \sum_{B \cap A \neq \Phi} m(B) \quad \forall A \subseteq \Theta \tag{8-4}$$

$\mathrm{Bel}(A)$ 为证据对 A 的总支持度，$\mathrm{Pls}(A)$ 为不否认 A 的信任度，是支持 A 的总信任度可能的极大值，则 $[\mathrm{Bel}(A), \mathrm{Pls}(A)]$ 是 A 的信任区间，A 的不确定度表示为 $u(A) = \mathrm{Pls}(A) - \mathrm{Bel}(A)$，该区间存在的原因是多元素 A 的存在，证据理论中的信任区间如图8-1所示。可见，在 D-S 证据理论的融合过程中，采用信任函数 Bel 和似然函数 Pls 表达对 A 支持力度的上下限。两者存在如下关系：

$$\mathrm{Pls}(A) \geqslant \mathrm{Bel}(A) \quad \mathrm{Pls}(A) \geqslant 1 - \mathrm{Bel}(\overline{A}) \tag{8-5}$$

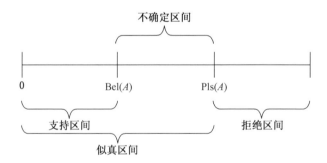

图8-1 证据理论中的信任区间

2. Dempster 组合规则

假设 m_1 和 m_2 为识别框架 Θ 中的两个基本概率赋值函数，其焦元分别为 A_1、A_2、$\cdots$、A_m 和 B_1、B_2、$\cdots$、B_n，$\mathrm{Bel}_{12} = \mathrm{Bel}_1 \oplus \mathrm{Bel}_2$ 分别为 m_1、m_2 及 $m_{12} = m_1 \oplus m_2$ 的信任函数，如果：

$$k = \sum_{A_i \cap B_j = \Phi} m_1(A_i) \cdot m_2(B_j) < 1 \tag{8-6}$$

那么 $m_{12} = m_1 \oplus m_2$ 定义为

$$m(\boldsymbol{\Phi}) = 0 \qquad\qquad (8-7)$$

$$m(A) = m_1 \oplus m_2 = \frac{1}{1-k} \sum_{A_i \cap B_j = A} m_1(A_i) m_2(B_j) \quad \forall A \subseteq \boldsymbol{\Theta} \qquad (8-8)$$

$$k = \sum_{A_i \cap B_j = \boldsymbol{\Phi}} m_1(A_i) \cdot m_2(B_j) \qquad\qquad (8-9)$$

上述公式即 Dempster 组合规则，它可以推广至多个 m 函数或 Bel 函数的组合，其融合公式为

$$m(\boldsymbol{\Phi}) = 0 \qquad\qquad (8-10)$$

$$m(A) = m_1 \oplus m_2 \oplus \cdots = \frac{1}{1-k} \sum_{A_i \cap B_j \cap C_1 \cap \cdots = A} m_1(A_i) \cdot m_2(B_j) \cdot m_3(C_1) \cdots$$
$$\forall A \subseteq \boldsymbol{\Theta} \qquad\qquad (8-11)$$

$$k = \sum_{A_i \cap B_j \cap C_1 \cap \cdots = \boldsymbol{\Phi}} m_1(A_i) \cdot m_2(B_j) \cdot m_3(C_1) \cdots \qquad (8-12)$$

式中 $\quad k$——表征冲突大小；

$1/(1-k)$——归一化因子，用于控制空集 $\boldsymbol{\Phi}$ 概率为零。

3. 经典 D－S 理论存在的问题

D－S 证据理论在各种融合算法中的应用最普遍，利用该方法可以实现对不同理论的解释。当然任何信息融合方法都不具备绝对意义上的普遍性，需要在某些条件得到满足的情况下进行应用。由于采用多种手段获得的冲击地压信息存在不确定性、复杂性和冲突性，因此利用经典 D－S 证据理论进行冲击地压多源信息融合时仍存在一些问题，主要表现在以下几个方面。

（1）冲突性：D－S 理论存在的问题之一在于，当处理相互冲突的信息时，常常出现因组合规则归一化处理而出现的违背常理的结论，在极端条件下，即当 $k=1$ 时，式（8－8）将无法使用。

通过 Zadeh 的融合结果，设识别框架 $\boldsymbol{\Theta} = \{A,B,C\}$ 有两个证据的基本概率分配为

$$S_1: m_1(A) = 0.99, m_1(B) = 0.01, m_1(C) = 0 \qquad\qquad (8-13)$$
$$S_2: m_2(A) = 0, m_2(B) = 0.01, m_2(C) = 0.99$$

从基本概率分配看，两个证据存在很大冲突（$k=0.99$），采用经典 D－S 融合方法合成后：$m(A) = 0$，$m(C) = 0$，$m(B) = 1$，虽然证据源 S_1、S_2 对命题 B 的支持程度都极低，但融合结果仍然认为 B 为真，结果与实际不符，这显然有悖直觉。

（2）鲁棒性：在某些情况下，即使 m 有微小的改变，最终融合结果却完全不同，这与证据理论中的鲁棒性条件不相符。

（3）公平性：采用 D - S 理论进行信息的融合分析时，有时对具有冲突的 BPA 分配不公平。

（4）一票否决：虽然支持 A 的证据很多，但如果出现极少的证据不支持 A，比如仅有一条证据与其他证据冲突，也可能出现否定的结论。

8.1.2 改进的 D - S 证据理论

1. Yager 理论存在的弊端

对于式（8 - 8），当 $k = 1$ 时，分母为 0，该式没有意义。当 $k \to 1$ 时，表明证据极端矛盾，此时得到的结果有悖直觉，如 Zadeh 反例。基于此，许多学者采用 Yager 理论对 D - S 理论进行了修正，公式如下：

$$m(\Phi) = 0 \tag{8 - 14}$$

$$m(A) = \sum_{A_i \cap B_j = A} m_1(A_i) \cdot m_2(B_j) \quad (A \neq \Phi \, \backslash X) \tag{8 - 15}$$

$$m(X) = \sum_{A_i \cap B_j = X} m_1(A_i) m_2(B_j) + k \tag{8 - 16}$$

式（8 - 8）中去掉了 $1/(1 - k)$，将 k 合成后赋予 $m(X)$。Yager 的改进方式是：将不确定或者难以取舍的部分纳入未知领域 X，即认为高冲突的证据不能提供任何有用信息，则上述案例的合成结果为：$m(A) = 0, m(C) = 0, m(B) = 0.0001, m(X) = 0.9999$。

Yager 合成公式表明，当列举的证据存在明显的相互矛盾时，虽然 A 得到了绝大多数证据的支持，最终的融合结果也可能不支持 A，与事实不符。当 $k = 0$ 时，两种合成结果表现得完全一致。

虽然 Yager 合成公式能对高冲突证据进行合成，但在避免出现证据间高冲突性的同时，也基本否定了存在冲突的其他证据，当证据来源较多时，融合结果容易出现较大的偏差。

假设存在两个证据来源 S_1、S_2，即

$$S_1 : m_1(A) = 0.98, m_1(B) = 0.01, m_1(C) = 0.01 \tag{8 - 17}$$

$$S_2 : m_2(A) = 0, m_2(B) = 0.01, m_2(C) = 0.99 \tag{8 - 18}$$

计算结果为：$k = 0.99, m(A) = 0, m(B) = 0.0001, m(C) = 0.0099, m(X) = 0.99$

当增加 1 个证据源 S_3：$m_3(A) = 0.9, m_3(B) = 0, m_3(C) = 0.1$ 时，m_1、m_2 和 m_3 的合成结果为：$k = 0.99901, m(A) = 0, m(B) = 0, m(C) = 0.00099, m(X) = 0.99901$。可见，虽然支持 A 的证据增加了，但融合结果不变，即 $m(A) = 0, m(B) = 0, m(C) \to 0, m(X) \to 1$。Yager 合成公式表明，尽管大部分证据都支持 A，当有一个证据不支持 A 时，最终融合结果也可能出现不支持 A 的情况。由此可见，在对不同传感器监测获得的大量冲击地压监测进行数据融合分析时，由于少

部分传感器出现故障或线路临时断路等问题，即使大部分传感器工作状态良好，最后也可能导致整个系统无法正常运行。

2. 算法的改进

针对经典 D－S 证据理论的弊端和 Yager 理论的不足，针对冲击地压信息类型多、监测信息量大、冲突性强等特点，本文采用 D－S 证据冲突概率平均加权融合算法进行处理，即用 $\lambda f(A)$ 替代证据冲突概率赋值函数，也就是说，概率赋值函数是按各命题的平均支持程度进行加权分配的。

假设有辨识框架 $\Theta = \{A, \overline{A}\}$，其中 A 为"发生冲击地压"，$\overline{A}$ 为"不发生冲击地压"；$2^{\Theta} = \{\phi, A, \overline{A}, H\}$ 为 Θ 的幂集，ϕ 表示"既发生冲击地压，又不发生冲击地压"，为不可能事件，H 表示"可能发生冲击地压，也可能不发生冲击地压"的事件。m 函数表示为 $m_{id}(\phi) = 0$；$m_{id}(A) = P_{id}(A)$；$m_{id}(\overline{A}) = P_{id}(\overline{A})$；$m_{id}(H) = 0$，id 为信息的编号。根据对 D－S 合成公式进行推导，得到 n 个监测参量冲击地压发生概率的合成公式。

$$\begin{cases} m(\phi) = 0 \\ m(A) = \prod_{id=1}^{n} m_{id}(A) + \lambda f(A) \\ m(\overline{A}) = 1 - m(A) \\ m(H) = 0 \end{cases} \qquad (8-19)$$

其中，$\lambda = 1 - \prod_{id=1}^{n} m_{id}(A) - \prod_{id=1}^{n} m_{id}(\overline{A})$，$f(A) = \frac{1}{n} \sum_{id=1}^{n} m_{id}(A)$。

根据式（8－19）对多源信息进行融合分析，可计算得到冲击地压发生的支持概率 $\delta_{hp} = m(A)$。冲击地压发生伴随的前兆信息一般有微震、地音、应力、电磁、变形等，当监测前兆信息为微震、地音和应力时，$n = 3$。推导出 3 类信息的冲击地压发生概率合成公式为

$$\begin{cases} m(\phi) = 0 \\ m(A) = \prod_{id=1}^{3} m_{id}(A) + \lambda f(A) \\ m(\overline{A}) = 1 - m(A) \\ m(H) = 0 \end{cases} \qquad (8-20)$$

其中，$\lambda = 1 - \prod_{id=1}^{3} m_{id}(A) - \prod_{id=1}^{3} m_{id}(\overline{A})$，$f(A) = \frac{1}{3} \sum_{id=1}^{3} m_{id}(A)$。

3. 改进模型的应用效果

为验证 D－S 合成公式的融合效果，可采用两个简单的实例进行说明，假设

实例 1 为两个证据源，实例 2 为 3 个证据源。

实例 1：设 $\Theta = \{A, B, C\}$ 具有两个证据源，即 S_1 中 $m_1(A) = 0.99$，$m_1(B) = 0.01$；S_2 中 $m_2(B) = 0.01$，$m_2(C) = 0.99$。通过经典 D−S 证据理论、Yager 合成公式、改进的 D−S 证据理论合成公式进行分析，得到结果见表 8−1。

该实例中，虽然两个证据源之间的冲突概率 k 接近 1，但采用 D−S 理论的融合结果是：在 S_1 与 S_2 都不支持 B 的情况下，融合结果却为真，这明显有悖于常理。Yager 合成公式则拒绝了存在冲突的证据，虽然有多个证据的支持，但由于证据之间相互冲突，合成结果仍然与事实不符。采用改进的 D−S 证据理论，根据两个证据源的支持程度，融合后支持概率都接近 0.5，与事实基本相符。

表 8−1　不同方法的融合结果（两个证据源）

序号	融　合　方　法	k	$m(A)$	$m(B)$	$m(C)$	$m(\Theta)$
1	经典 D−S 证据理论	0.9999	0	1	0	0
2	Yager 合成公式	0.9999	0	0.0001	0	0.9999
3	改进的 D−S 证据理论合成公式	0.9999	0.495	0.0100	0.495	0

实例 2：假设 $\Theta = \{A, B, C\}$ 存在 3 个证据源，即 S_1 中 $m_1(A) = 0.98$，$m_1(B) = 0.01$，$m_1(C) = 0.01$；S_2 中 $m_2(A) = 0$，$m_2(B) = 0.01$，$m_2(C) = 0.99$；S_3 中 $m_3(A) = 0.9$，$m_3(B) = 0$，$m_3(C) = 0.1$。不同方法的融合结果（3 个证据源）见表 8−2。

表 8−2　不同方法的融合结果（3 个证据源）

序号	融　合　方　法	k	$m(A)$	$m(B)$	$m(C)$	$m(\Theta)$
1	经典 D−S 证据理论	0.99901	0	0	1	0
2	Yager 合成公式	0.99901	0	0	0.00099	0.99901
3	改进的 D−S 证据理论合成公式	0.99901	0.626	0.01	0.36730	0

根据该实例中 3 个证据源的表征，支持 A 的证据有 2 个，不支持 A 的证据有 1 个，根据常理推断，最终支持 A 的概率接近 2/3 是比较合理的，经典 D−S 证据理论和 Yager 公式合成结果对 A 的支持率都为 0，结果有悖于常理，改进后的 D−S 理论计算结果为 0.626，比较接近事实。

8.1.3 基于改进 D－S 理论的冲击地压数据融合方法

冲击地压监测获得大量的动态信息，包括微震、地音、应力、钻屑法等，首先要把这些监测信息转化为时间序列，根据数据样本设置统一的滑动时间窗口 ΔT。结合日志审计等方法对滑动时间窗口内各种监测信息反映的冲击概率进行定量计算，然后根据改进的 D－S 证据理论对各种信息进行融合分析，最终得到一个融合后的动态危险值。同时，根据新获得的监测信息不断对结果进行修正，以满足一段时间内预测冲击危险变化的要求。

在采用改进的 D－S 证据理论进行冲击危险性评估前，首先定义 3 个概念，即冲击期望、冲击概率和冲击态势，冲击期望 $P_{id}(A)$ 是单一数据信息或日志信息对冲击地压发生的支持概率，其取值介于 0 到 1 之间，为支持冲击地压发生的概率，id 为多源信息的唯一标识符，A 代表发生冲击地压，$\bar{A}$ 代表不发生冲击地压，$P_{id}(\bar{A}) = 1 - P_{id}(A)$。

冲击概率 δ_{hp} 由多个冲击期望融合计算求得，其取值范围为 $\delta_{hp} \in [0,1]$。冲击态势 δ_{rs} 为冲击危险状态的量化值，取值范围为 $\delta_{rs} \in [0,1]$。可以利用获得的实时信息对 δ_{hp} 进行修正，进而获得实时的冲击地压发生概率。

冲击地压动态评估流程如图 8－2 所示，可以分为 4 个阶段：第 1 个阶段为数据预处理，第 2 个阶段为数据挖掘，第 3 个阶段为信息融合，第 4 个阶段为预测预警与信息发布。首先进行数据的筛选与除噪，并对筛选后的各种类型的监测数据及日志信息进行时间序列化，分别计算各物理参量对应的冲击期望，然后采用改进的 D－S 证据理论对冲击期望进行融合处理，得到融合后的冲击地压发生的概率，同时基于新获得的实时数据资料对冲击概率进行修正，得到更全面的冲击态势。

前兆信息以微震、地音、应力 3 种为例，具体计算方法如下。

1. 计算冲击期望

在冲击地压发生前后伴随多种物理信息的变化，各种监测方法在一定规则的基础上形成了各种预警信息，一般包含预警时间、预警位置及危险等级，采用日志审计方法，将预警日志中的各种预警信息量化为冲击地压发生的支持概率，也就是冲击期望 $P_{id}(A)$。

设编号为 id 的信息中预警日志集合为 LS_P，其中 $id = 1$ 表示微震信息，$id = 2$ 表示地音信息，$id = 3$ 表示应力信息。设滑动时间窗口为 ΔT，多源信息 id 在 ΔT 段的真实预警数据集合为 LS_d。假设 LS_d 已经涵盖所能取得的全部冲击地压预警信息，采用三元组的方法表示为 $LS_d(id, \alpha, w)$，其中 id 为多源信息的唯一标识符，α 是发布的预警等级编码，w 代表预警的权值。对预警日志集合与滑动时

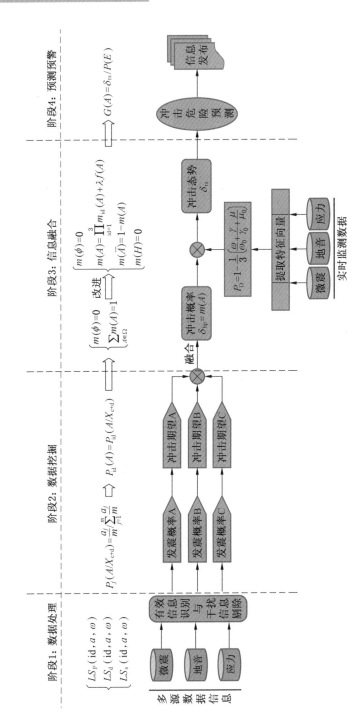

图 8 - 2　冲击地压动态评估流程图

间窗口的预警日志集合进行算法匹配分析，可获得成功匹配的预警日志集合。

根据监测数据进行冲击危险评价时，其危险等级分为 a、b、c、d 4 级，分别对应无、弱、中等和强，通常将危险等级 c 级和 d 级作为预警等级，则冲击期望可由下式计算：

$$P_{id}(A) = P_{id}(A/X_{c+d}) \tag{8-21}$$

$$P_{id}(A/X_{c+d}) = \sum_{j=1}^{n} j P_j(A/X_{c+d}) \tag{8-22}$$

式中　$P_{id}(A/X_{c+d})$——编号为 id（id = 1、2、3）的监测信息的预警等级为 c 级和 d 级时发生冲击地压的概率，简称发震概率；

　　　　$P_{id}(A/X_{c+d})$——编号为 id 的监测信息当有 j 个传感器发生预警等级为 c 级和 d 级时的发震概率；

　　　　n——编号为 id 的监测信息中的传感器数量。

当 id = 1 时，监测信息为微震信息，由于微震为区域性监测手段，$n = 1$，冲击期望等同于微震系统的发震概率。

当 id = 2 或 id = 3 时，监测信息为地音和应力信息，n 为预测区域地音或应力传感器的数量。

$$P_j(A/X_{c+d}) = \frac{a_j}{m} / \sum_{j=1}^{m} \frac{a_j}{m} \tag{8-23}$$

式中　a_j——地音或应力信息中有 j 个传感器发出预警信息时，成功预警的传感器数量；

　　　　m——对应的预警总次数；

　　　　a_j、m——通过预警日志信息获得。

可见，$\sum_{j=1}^{m} P_j(A/X_{c+d}) = 1$。

2. 计算冲击地压发生概率

用改进的 D-S 证据理论对所有的冲击期望 $P_{id}(A)$ 进行融合分析，得到冲击地压发生概率 δ_{hp}。冲击地压发生前后伴随微震、地音、应力信息的变化，采用式（8-19），取 $n = 3$。推导得出上述 3 种信息对应的监测系统的冲击地压发生概率的合成公式为

$$\begin{cases} m(\phi) = 0 \\ m(A) = \prod_{id=1}^{3} m_{id}(A) + \lambda f(A) \\ m(\bar{A}) = 1 - m(A) \\ m(H) = 0 \end{cases} \tag{8-24}$$

式中，$\lambda = 1 - \prod\limits_{id=1}^{3} m_{id}(A) - \prod\limits_{id=1}^{3} m_{id}(\overline{A})$，$f(A) = \dfrac{1}{3}\sum\limits_{id=1}^{3} m_{id}(A)$。

根据式（8-24）对多源信息的预警日志数据进行融合分析，得到冲击地压的发生概率 $\delta_{hp} = m(A)$。

3. 冲击态势实时修正

上述冲击地压发生概率是基于设置的滑动时间窗口计算出的，由于时间窗口总是存在一定的滞后性，因此无法动态地体现冲击危险态势，需要进行多源信息的实时数据修正。

以微震、地音和应力为例，冲击地压前兆信息特征集为三元组 $D = \{\omega, \gamma, \mu\}$，其中 ω、γ、μ 分别是微震、地音和应力信息表征的冲击危险性的特征向量，若微震、地音和应力的预警值为 $\{\omega_0, \lambda_0, \mu_0\}$，则冲击地压可能发生的实时概率 P_D：

$$P_D = 1 - \frac{1}{3}\left(\frac{\omega}{\omega_0} + \frac{\gamma}{\gamma_0} + \frac{\mu}{\mu_0}\right) \tag{8-25}$$

当 $\omega \geq \omega_0$ 时，$\omega/\omega_0 = 1$；当 $\lambda \geq \lambda_0$ 时，$\lambda/\lambda_0 = 1$；当 $\mu \geq \mu_0$ 时，$\mu/\mu_0 = 1$，可得 $P_D \in [0,1]$。

假设设置的时间窗口 ΔT 起始时的特征集为 $\{\omega_1, \lambda_1, \mu_1\}$，结束时的特征集为 $\{\omega_2, \lambda_2, \mu_2\}$，根据式（8-25）得到这两个起止时间点的冲击地压发生概率 P_{D1} 和 P_{D2}：

$$P_{D1} = 1 - \frac{1}{3}\left(\frac{\omega_1}{\omega_0} + \frac{\lambda_1}{\lambda_0} + \frac{\mu_1}{\mu_0}\right) \tag{8-26}$$

$$P_{D2} = 1 - \frac{1}{3}\left(\frac{\omega_2}{\omega_0} + \frac{\lambda_2}{\lambda_0} + \frac{\mu_2}{\mu_0}\right) \tag{8-27}$$

$$\Delta P_D = \frac{1}{3}\left(\frac{\omega_2 - \omega_1}{\omega_0} + \frac{\lambda_2 - \lambda_1}{\lambda_0} + \frac{\mu_2 - \mu_1}{\mu_0}\right) \tag{8-28}$$

用式（8-29）对冲击地压发生概率 δ_{hp} 进行实时修正，求得 ΔT 时间段内的冲击地压发生态势 δ_{rs}：

$$\delta_{rs} = (1-\xi) \times \delta_{hp} + \xi \times \Delta P_D \tag{8-29}$$

式中 $\xi \in [0,1]$——修正系数，可以根据实际情况确定。

4. 综合动态预警指标及分级

采用冲击地压发生态势 δ_{rs} 作为冲击危险性综合监测评价指标，根据监测数据实现动态预警，还要确定指标异常出现的"度"，定义概率增益 $G(A)$ 为

$$G(A) = \delta_{rs}/P(E) \tag{8-30}$$

式中 $P(E)$——冲击地压发生的背景概率，同样可以通过预警日志信息获得。

$$P(E) = b/n \qquad\qquad (8-31)$$
$$n = T/\Delta T \qquad\qquad (8-32)$$

式中　b——发生冲击地压的次数，一般以超过一定能级的微震事件进行统计；

　　　ΔT——统一的滑动时间窗口；

　　　T——总时间，一般为 ΔT 的整数倍。

计算 $G(A)$ 值后，可根据表 8-3 进行冲击危险等级划分。

表 8-3　依据 $G(A)$ 值的冲击危险等级划分原则

危险等级	危险状态	$G(A)$ 取值范围
a	无危险	$0 \leqslant G(A) < 0.5$
b	弱危险	$0.5 < G(A) \leqslant 1.0$
c	中等危险	$1.0 < G(A) \leqslant 5.0$
d	强危险	$G(A) > 5.0$

8.2　冲击地压综合预警模型

当前对冲击地压发生时空强的准确预测预报，虽然已经形成不少理论和方法，但是如何对这些理论进行有效整合和综合判断是冲击地压预测预报研究领域的难点和关键。由于冲击地压发生的模糊性、不确定性和矛盾性，要想准确预报冲击地压的发生具有相当大的难度。目前大多数学者通过不同预报模型探索冲击地压预测预报的可行性，但普遍都是根据冲击地压案例做出的经验性、趋势性预报及事后监测数据的回溯性分析，不仅分析方法存在重大缺陷，而且分析过程往往忽视各种信息之间的内在关联性，因此能真正经受严格前瞻性检验的案例并不多。

8.2.1　模型构建

冲击地压综合预警模型包括两部分，一是冲击危险性的区域静态评估，二是冲击地压动态监测预警。静态评估详见第二章，动态预警是以监测信息为基础，运用系统工程原理和方法，执行科学、有效的决策，达到控制灾害风险的目的，其步骤如下。

第一，在冲击地压静态评估的基础上，利用时间、空间、信息上的冗余和互补性建立科学合理的监测方案，既要避免监测盲区，又要突出监测重点；第二，对传感器采集到的各种信息进行预处理，去除干扰信号，保证采集数据的完整性和可靠性；第三，在获得可靠信息的基础上，对监测信息的特征进行分析，找出监测信息与冲击危险性的内在规律；第四，针对各种监测信息，建立并筛选出科学敏感的评价指标，实现各指标对冲击危险性发展变化趋势的预测；第五，对多源信息进行融合分析，充分利用各种信息，寻找各指标之间的内在联系，通过在时间、空间和监测信息上对冲击危险性的各种信息进行合理的优化组合，使各种复杂、重复甚至矛盾的信息融合为一个统一的结果，以实现对评价对象的一致性描述，从而提高监测数据的预警效果。

对于静态评估和动态预警两种方法，最终要融合为一个统一的预警结果，就需要有一个合理的综合预警模型，不同预警模型的预警效果是不一样的，因此需要预测效能检验。实际上，预测效能检验是一个复杂而困难的问题，从以往研究成果看，一般用被报准率（报对次数/发生总次数）或报准率（报对次数/预报总次数）衡量冲击地压的预报效能，这显然是不行的。如果单独考虑被报准率，则无法考虑误报的影响；如果仅考虑报准率，则漏报又得不到反映。同时，进行预测效能检验时，还要考虑背景概率的影响，有些短期临震预测指标报准率虽然很低，但是背景概率更低，仍然认为是有效的；若背景概率为40%，此时50%、60%的报准率虽高，也无太大的预测意义。

因此，要科学反映综合预警模型的效能检验，冲击地压效能检验可以分为前瞻性检验（真正的检验）和回溯性统计检验两种，虽然前瞻性检验对冲击地压预测方法极为重要、不可取代，但回溯性统计检验仍旧是当前和今后一段时间内的主要方法。前瞻性检验不仅需要耗费大量的时间，而且采用该方法，当预测人员做出冲击危险预报时，可能提前采取一些解危措施，如果在预测的时空强范围内未发生冲击地压，那么是预测失败了，还是解危措施发挥了作用，预测者是无从判断的，这必然影响效能检验结果的客观性。目前冲击地压短期预测水平还不能有效指导现场防治，导致大多数冲击地压矿井将冲击地压防治工作列为日常规范实施。因此，只要保证足够长的时间窗口，采用回溯性统计检验便能大大减小上述影响。

8.2.2 预测效能检验方法

1. R 值评分法

采用回溯性统计检验时，提高报准率和被报准率是其主要目标之一，但这对预测方法和指标的改进是远远不够的，因为只考虑被报准率，预测人员可以天天做出预报，被报准率总为 1，但不可避免地出现大量误报，若只用报准率，漏报又得不到反映。对某种预测方法和指标进行统计检验时应综合考虑报准率、漏报、虚报、背景概率及数据服务时间等因素的影响，也就是说，检验必须是严格、系统和全面的。许绍燮于 1987 年提出了基于 R 值评分法的地震预测效能检验方法，目前已经成为地震历年年度预测效能检验的主要方法之一。其原理与评价过程如下。

冲击地压预报与实际发生的冲击（矿震）次数可概括为一个 2×2 列 R 值评分联表（表 8-4）。

表 8-4　R 值 评 分 联 表

项　　目		预 报 结 果		
		有	无	冲击次数
实际情况	有	n_1^1（$P_{有}$）	n_1^0（$P_{漏}$）	N_1
	无	n_0^1（$P_{误}$）	n_0^0（$P_{无}$）	N_0
	冲击次数	N^1	N^0	N

表中：n_1^1、n_0^0 分别为有冲击报准的次数、无冲击报准次数，n_0^1、n_1^0 分别为误报次数、漏报次数，N^1、N^0 分别为预报有冲击次数、预报无冲击次数，N_1、N_0 分别为实际有冲击次数、实际无冲击次数，N 为预报总次数。

上述参数之间有如下关系：

$$N = N_1 + N_0 \tag{8-33}$$

$$n_1^1 + n_1^0 = N_1, n_0^1 + n_0^0 = N_0 \tag{8-34}$$

定义：

漏报率为

$$P_{漏} = n_1^0 / N_1 = \frac{漏报次数}{实际有冲击次数}$$

误报率为

$$P_{误} = n_0^1 / N_0 = \frac{误报次数}{实际无冲击次数}$$

有冲击报准率为

$$P_{有} = n_1^1 / N_1 = \frac{有冲击报准次数}{实际有冲击次数}$$

无冲击报准率为

$$P_无 = n_0^0/N_0 = \frac{无冲击报准次数}{实际无冲击次数}$$

通常用的漏报率 $P_漏$ 与误报率 $P_误$ 是不同的，区别在于分母，$P_误$ 是无冲击预报是否正确地表示。

分析 2×2 列 R 值评分联表可知，只要知道两个适宜的参数，列联表就可以完全确定，故将 R 值定义为

$$R = 1 - P_漏 - P_误 \tag{8-35}$$

$$R = P_有 + P_无 - 1 \tag{8-36}$$

$$R = P_有 - P_误 \tag{8-37}$$

$$R = P_无 - P_漏 \tag{8-38}$$

$R = 1$ 时，必有 $P_漏 = 0$，$P_误 = 0$，即无漏报、无误报、有冲击预报和无冲击预报均正确；$R = 0$ 时，必有 $P_有 = P_误$，$P_漏 = P_无$，则：

$$n_0^1/n_1^1 = n_0^0/n_1^0 = N_0/N_1 = K \tag{8-39}$$

K 表示实际无冲击与实际有冲击的比例，当报无和报有的比例与其相同时，表示预报未起作用。

$R = -1$ 时，必有 $P_有 = 0$，$P_无 = 0$，表示无冲击和有冲击都报错了。

R 值介于 -1 到 1 之间，当 $R = 0$ 时，可以视为该区域冲击地压发生的背景概率，$R > 0$ 时，表明预测成功率高于背景概率，说明预测是有效的，$R < 0$ 时，说明无效。R 越大，预测效果越好。

由以上分析可知，R 值评分在考虑了冲击地压发生概率 P 的同时，既包含了对有冲击的评价，也包含了对无冲击的评价。

一般采用式（8-40）进行计算，故其含义为

$$R = P_有 - P_误 = \frac{报准次数}{应预报总次数} - \frac{预报占用时间}{预报研究总时间} \tag{8-40}$$

需要特别指出的是，在回溯性统计检验时，一种适当的研究策略是减少虚报，容忍漏报（这种研究策略只是用于指标的有效性统计检验，而非真实预报，与预测者的职业道德并不冲突）。因为任何一种前兆不可能在所有冲击类型中出现，故根据某一指标进行冲击危险预报会不可避免地出现漏报。可将冲击地压预测与医学研究类比，要求一种技术或仪器能诊断所有的疾病是毫无道理的，同样，要求一种冲击前兆预测所有类型的冲击地压也是不合情理的。减少漏报可以通过研究其他新指标和新手段实现。

2. 概率增益法

指标的有效性分析可以通过计算发震概率并与之背景概率对比实现：对于低

值危险的指标，当评价指标值小于某一预警值时，其发震概率明显大于背景概率，则这个指标是有效的，反之，则无效；对于高值危险的指标，当评价指标大于某一预警值时，其发震概率明显大于背景概率，则这个指标是有效的，反之，则无效。指标有效性辨别对一项前兆指标来讲是最基本的要求，其次才要求较低的误报率和漏报率。

发震概率计算式为

发震概率 = 预测正确次数/(预测正确次数 + 预测失误次数)

一般来说，只要一个指标的发震概率大于随机预测的概率（背景概率），指标就有预测意义，但指标有预测意义并不等于可以直接应用，指标的有效性分析仅用于判定一项前兆和冲击地压有无关系。破坏性冲击地压发生前，发震区域往往出现各种异常现象，但是如何掌握异常出现的"度"，是冲击地压预测预报决策需要解决的关键问题。

由于发震概率和背景概率的大小均与时空强范围的大小有关，冲击地压短期预测是指冲击地压发生之前几天、几小时甚至几分钟内作出预报，因此目前要求短期预测估算出很高的发震概率是很困难的，重要的是要有足够的概率增益。

概率增益 $G(A)$ 为

$$G(A) = \frac{P(E \mid A)}{P(E)} \tag{8 - 41}$$

$$P(E \mid A) = \frac{r}{n} \tag{8 - 42}$$

式中　$P(E \mid A)$——发震概率；

　　　$P(E)$——背景概率。

当 $G(A) > 1$ 时，表明预警模型是有效的，$G(A)$ 越大，预警效果越好。

8.2.3　综合效能检验

1. 数据样本的选择

数据样本的合理选择是预警模型预测效能检验的基础和前提，效果检验所用的数据样本要求如下。

（1）矿井或工作面至少采用微震、地音、应力、钻屑法等中的 3 种，且监测时间不少于 1 年。

（2）资料齐全完整，包括微震、地音、应力、钻屑等冲击地压监测数据，监测传感器位置信息，工作面推进速度，卸压解危时间及位置等。

（3）监测数据连续性强，设备故障率低。

2. 预警效能的判别准则

进行预警效能评价，首先要明确何为报准，当危险等级达预警级别时，即可作出危险预警，如果未来一定时间范围内预警区域确实发生了冲击地压，可以认为是报准了，但是如果没有发生冲击地压，是否一定是报错了？不尽然。因为监测数据反映的仅是监测区域应力/能量等物理参量反映出的当前状态，而冲击地压最终发生与否还取决于危险区域内的多种因素，如支护条件、能量释放速度、解危效果等。因此，针对冲击地压监测预警特点，为了更科学合理地判断预警模型的有效性，对预警报准的界定如下。

（1）预警发出后，3 天内发生了冲击地压或高能量震动事件，视为报准。

（2）预警发出后，采用钻屑法或其他方法进行再次验证，如果验证存在危险，视为报准。

（3）预警发出后，3 天内虽然未发生冲击地压或大的震动事件，但是预警区域内微震总能量明显增加，则表明围岩能量是通过平稳的方式释放的，也应视为报准。

（4）预警发出后，矿方采取了主动降低危险性的应对措施，如降低开采强度、采取爆破解危等，虽然未发生冲击，也视为报准。

根据危险分级，冲击危险性分为 4 级：a—无冲击危险，b—弱冲击危险，c—中等冲击危险，d—强冲击危险。以危险等级不低于 b、c、d 为预警等级，可用下式计算综合预警效能，根据综合预警效能评价预警模型的优劣。

$$R_{综} = k_b R_b + k_c R_c + k_d R_d \tag{8-43}$$

$$k_b = \frac{P_b}{P_b + P_c + P_d}, k_c = \frac{P_c}{P_b + P_c + P_d}, k_d = \frac{P_d}{P_b + P_c + P_d} \tag{8-44}$$

式中　　　　　$R_{综}$——预警模型的综合效能；

　　R_b、R_c、R_d——以不低于 b 级、c 级、d 级为预警等级的预警效能；

　　P_b、P_c、P_d——以不低于 b 级、c 级、d 级为预警等级的有冲击报准率。

静态评估和动态预警结果的融合方案示意图如图 8-3 所示，$A_{ij}(i,j=1、2、3、4)$ 为两种预警结果融合后的危险等级。根据该融合方案，最终将形成 4^{16} 个可能的预警模型，分别对这 4^{16} 个预警模型进行预测效能评价计算量巨大。为提高检验效率，首先根据经验设置一个初始模型，其示意图如图 8-4 所示，A_{ij} 取 a、b、c、d 时，分别计算其综合预警效能，根据式（8-45）确定 A_{ij} 的危险等级：

$$R_{ij} = \max[R_{综}(A_{ij})] \tag{8-45}$$

式中　$R_{综}(A_{ij})$——A_{ij} 取 a、b、c、d 时的综合预测效能；

R_{ij}——对应的危险等级就是 A_{ij} 的最优融合结果。通过对 4×16 个模型的检验，可得到最终的融合模型。

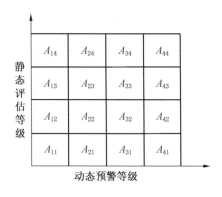

图 8-3 静态预警和动态预警
结果的融合方案示意图

图 8-4 初始模型示意图

图 8-5 为吉林省龙家堡煤矿 2015—2018 年数据资料检验确定的综合预警模型图，采用该模型对山东华丰煤矿等 7 个矿井的预测效能进行了检验，以危险等级不低于 c 级为预警等级，检验结果见表 8-5，冲击地压发生前的平均报准率为 91.2%，平均漏报率为 8.8%，平均 R 值为 0.587，平均概率增益达 1229.44%，检验结果较为理想。

表 8-5 部分矿井的预测效能检验结果

矿井名称	背景概率/%	发震概率/%	有冲击报准率/%	漏报率/%	R 值	概率增益/%
华丰煤矿	3.90	38.20	91.50	8.50	0.636	979.49
华亭煤矿	2.10	39.80	92.30	7.70	0.652	1895.24
峻德煤矿	3.70	48.20	89.70	10.30	0.537	1302.70
古山煤矿	3.60	54.40	93.50	6.50	0.571	1511.11
胡家河矿	3.30	35.70	91.70	8.30	0.643	1081.82
千秋煤矿	5.30	38.50	90.30	9.70	0.549	726.42
红庆河矿	4.30	47.70	89.40	10.60	0.523	1109.30
平均值	3.74	43.21	91.20	8.80	0.587	1229.44

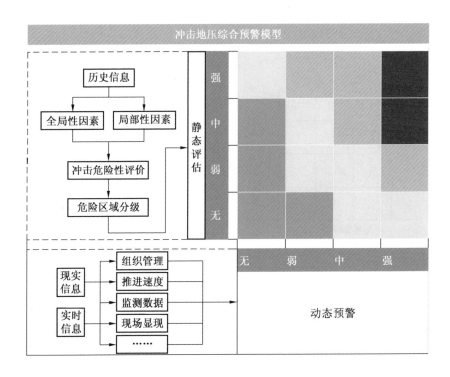

注：蓝、黄、橙、红分别表示无、弱、中等、强

图 8-5 吉林省龙家堡煤矿 2015—2018 年数据资料检验确定的综合预警模型图

冲击地压综合监测预警平台

在冲击地压分源监测基础上开发冲击地压综合监测预警平台，实现多种类数据的自动接入、存储、联合分析、实时预警。采用"云技术"，实现了原始数据与分析结果的云实时同步存储，通过互联网可建立"矿井—集团—远程数据分析团队和政府监管部门"多级监控、管理与协作体系，为冲击地压大数据监测预警奠定了基础。

9.1 预警系统开发

基于冲击地压动－静态全息综合评价理论模型开发了冲击地压动－静态综合全息预警平台。本节主要介绍冲击地压动－静态综合全息预警平台的主要功能及应用效果。

9.1.1 平台开发的目的

冲击地压综合预警平台集接口融合、格式转化、统计分析、指标优先、权重计算、等级预警等为一体，可实现对历史信息、现实信息和实时信息（微震、地音、应力、钻屑、支架阻力等）多参量、多尺度信息的深度开发与融合。系统具有信息管理、查询、数据分析、三维显示、实时监测预警、信息发布与远程控制等功能，不仅能实现冲击地压海量数据的有效组织和管理，而且能根据实时监测数据进行自动处理和深度挖掘、集中分析和展示（图9－1），可显著提高现场冲击地压预测预报的科学性、时效性和可靠性。

9.1.2 平台开发的要求

该系统平台设计的基本要求如下所述。

（1）具有良好的冲击地压相关信息的输入界面，系统能够在流行的 Windows 环境下运行，支持二维和三维显示，用户界面良好。

（2）具备监测数据的人工导入和实时动态读取功能。

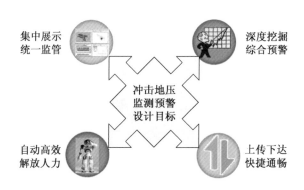

图 9-1 冲击地压监测预警平台设计目标

（3）进行微震事件的时空动态显示，自动进行平面、剖面投影。

（4）自动计算和评价冲击危险性，进行动态预警，并以声音和灯光等多种方式发出警示信号。

（5）实时显示危险区域及等级，自动生成预警单。

（6）提供多种日报表格式供选择，报表为一键式生成。

（7）自动生成多种数据分析曲线，并据此分析冲击地压的孕育过程。

（8）实现多终端展示，实现多层级调阅和查看。

（9）具备多种渠道（邮件、短信、微信等）信息发布功能，能及时将重要信息发送至相关人员。

9.1.3 系统原理及框架设计

1. 系统原理

冲击地压综合预警平台能实现对井下传感器采集并传输到平台的监测数据进行预处理，由监测主机对监测数据进行分析处理、存储、显示、控制、查询、报警、打印等，并通过 WEB 服务器进行网上发布，实现多部门、多单位的数据实时共享，可实现矿井—集团—科研团队的有效融合，提高冲击地压监测预警效果和事故应急管理水平。

图 9-2 所示为煤矿冲击地压监测预警系统工作原理示意图。

2. 平台基本框架

冲击地压监测预警平台框架（图 9-3）由以下 4 个层次组成。

（1）数据采集层：采集各类冲击地压监测数据，涵盖不同尺度、不同物理意义、不同格式等。

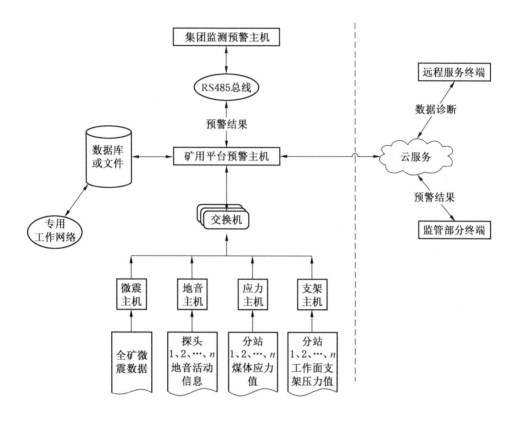

图 9 - 2　煤矿冲击地压监测预警系统工作原理示意图

（2）数据存储层：建立统一的冲击地压多参量监测数据管理中心，统筹各类型数据。

（3）业务层：基于统计学、地球物理学及工程相关性，对多参量数据进行规律性分析。

（4）展示层：将结论性分析成果以适当的形式和便捷的途径传递给阅读方。

9.1.4　平台多终端基本功能

1. 矿井终端（基于 C/S）

建设形成功能强大、预警准确、操作方便、兼容性强的煤矿冲击地压监测预警平台，具体包括以下方面。

1）多用户分级控制

预警平台登录界面如图 9 - 4 所示，平台设置管理员账户和普通用户，为不

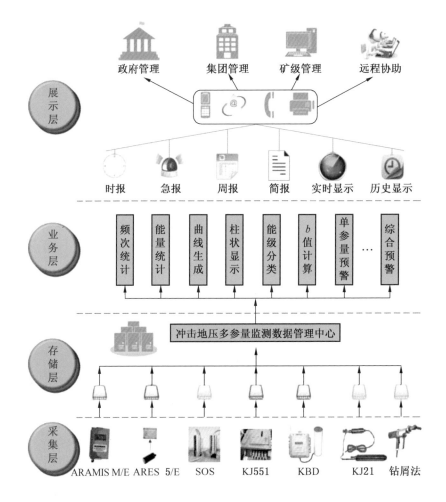

图 9-3　冲击地压监测预警平台框架

同的用户分配不同的权限，根据权限设置不同角色的操作功能，从而使预警平台达到通用化、高效化和标准化。

　　2）平台采用模块化结构模型，兼容多参量，可灵活增减

　　平台软件主界面如图 9-5 所示，平台采用模块化结构，根据现场监测系统配备情况，可包含模型构建模块、微震模块、地音模块、煤体应力模块、支架压力模块、钻屑模块、综合评价及预警模块、报表模块及系统管理模块等。矿井可根据新配置的监测系统对软件进行升级，从而使预警平台实现通用化、高效化和标准化。

图 9-4 预警平台登录界面

图 9-5 平台软件主界面

煤矿冲击地压监测预警平台系统菜单及子菜单结构如图9-6所示，包括矿井建模（矿井、构造、进尺）、数据分析（曲线、柱状图、投影图、数据编辑）、监测预警、设备管理（微震、应力、地音、支架设备）、三维可视化、信息设置6部分。

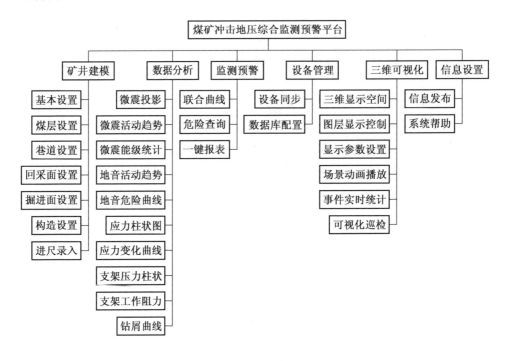

图9-6 冲击地压预警系统菜单及子菜单结构图

（1）矿井建模：设置矿井生产/检修班次，对矿井各煤层冲击倾向性、巷道、采掘工作面及断层褶曲构造进行建模，每日对采掘工作面进尺进行录入和管理。

（2）数据分析：对微震数据进行平剖面投影、频次/能量活动趋势分析、能级柱状分析等；对地音、应力及支架压力数据进行常规的时空分析及危险趋势曲线生成；用钻屑法进行数据分析等。

（3）监测预警：查看具体时空点监测数据及危险趋势分析；查看过去任意时间点的危险等级；一键生成定制报表。

（4）设备管理：将各监测系统矿井实际位置及编号与预警平台矿井模型进行对应识别；自动连接微震、地音等监测系统数据库，数据库接口配置及工况实时监控。

（5）三维可视化：可推演煤矿采掘作业及微震事件发生情况，通过鼠标左键及滚轮对三维矿井、微震模型进行友好操作；具有不同区域矿山采掘活动与微震事件动态变化巡检功能；可对微震、矿井、监测设备等图层进行显示设置。

（6）信息设置：可通过手机短信等方式自动或半自动发布高能事件及冲击地压预警信息等险情，具有声光报警功能；提供预警平台的使用帮助。

3）各监测系统数据库直连，数据统一管理

各监测参量数据管理界面如图9-7所示，平台预留数据接口，可实现国内外多种常用监测设备数据库直连，同时自动关联 Aramis 等微震监测系统、Ares 等地音监测系统、KJ21 等应力监测系统及钻屑法数据，大幅提高煤矿冲击地压监测数据处理效率。

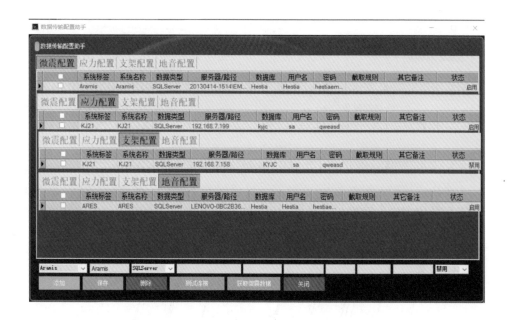

图9-7　各监测参量数据管理界面

4）微震三维可视化及采掘工程结构构建

微震三维动态显示界面如图9-8所示，平台能对矿井采掘工程结构及微震事件进行三维动态显示，可实现任意角度旋转、三维快速移动和缩放；动态演示微震事件随时间和开采进度的发展变化情况，便于实时把握采掘空间相对位置及微震演化进程；实时分类统计固定时间事件分布情况，具备区域微震活动动态巡检功能。

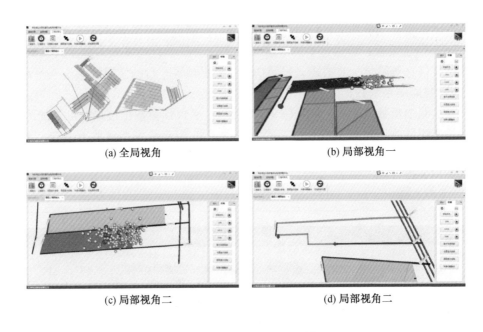

(a) 全局视角

(b) 局部视角一

(c) 局部视角二

(d) 局部视角二

图 9-8　微震三维动态显示界面

　　主要构造建模效果如图 9-9 所示，可根据井下断层、褶曲的特征参数，在采掘工程结构中进行建模，以更接近现场实际情况。

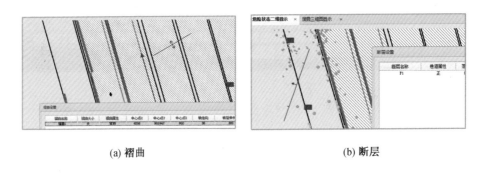

(a) 褶曲

(b) 断层

图 9-9　主要构造建模效果

5）微震事件自动投影、成图

预设切片参数界面如图 9-10 所示，平台可预设切片角度、坐标、基点及投影图片保存路径。软件能对选定时间段、区域和不同类型的微震事件进行平面和剖面投影，能够在采掘工程平面及剖面图上自动生成投影结果，微震事件投影效果如图 9-11 所示。

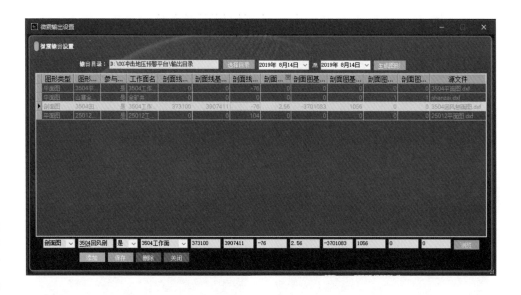

图 9-10　预设切片参数界面

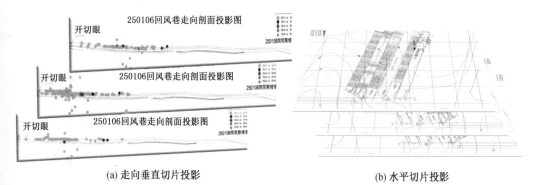

(a) 走向垂直切片投影　　　　　　　　(b) 水平切片投影

图 9-11　微震事件投影效果图

6）冲击地压多参量信息统计分析及图表展示

各监测参量数据处理功能界面如图9-12所示，软件能综合利用现场实测的多参量监测信息，实现对各种监测结果的调用、查看及分析，并能快速查看各种监测设备的运行状态及相关参数，实现对各种监测数据的统一管理。将各监测数据以图表形式展示，便于分析人员了解各监测参量的变化规律和发展趋势，多参量联合曲线如图9-13所示。

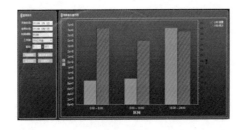

(a) 微震能量直方图

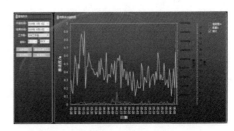

(b) 微震能量、频次曲线图

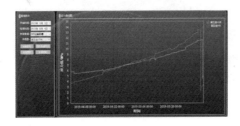

(c) 煤层应力曲线图

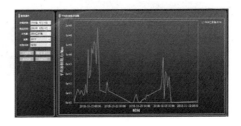

(d) 支架工作阻力曲线图

图9-12　各监测参量数据处理功能界面

7）冲击危险性多参量综合评价与自动预警

多参量综合监测预警信息界面如图9-14所示，平台可实时动态查看各监测区域当前班的危险状态及历史危险评价结果，当某一区域危险状态达到预警级别时，发出危险预警（发出声音提示＋弹出对话框），提醒监测人员进行处理，并自动生成多参量冲击危险综合预警通知单（图9-15），预警单包含预警时间、预警位置、预警等级等关键信息。

功能包括：自动计算并显示当班危险状态；自动生成预警单；自动输出预警区域图像。

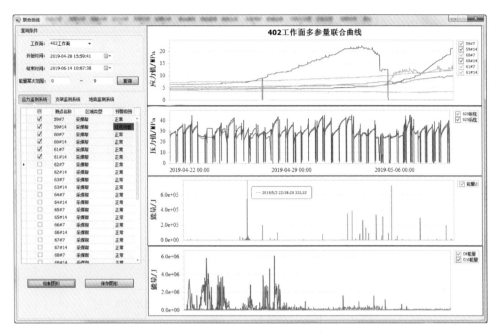

图 9 – 13　多参量联合曲线

工作面	煤层	日期	班次	时间段	微震法	地音法	应力法	钻屑法	综合
305工作面	2-3	2019-06-03	3	06-02 22:00-06-03 22:00	a	d	d	N	d
305工作面	2-3	2019-06-04	1	06-03 06:00-06-04 06:00			d	N	d
305工作面	2-3	2019-06-04	2	06-03 14:00-06-04 14:00	b		b	N	
305工作面	2-3	2019-06-04	3	06-03 22:00-06-04 22:00	b	b	b	N	b
305工作面	2-3	2019-06-05	1	06-04 06:00-06-05 06:00	a		a	N	
305工作面	2-3	2019-06-05	2	06-04 14:00-06-05 14:00	a	a	a	N	
305工作面	2-3	2019-06-05	3	06-04 22:00-06-05 22:00	a		a	N	
305工作面	2-3	2019-06-06	1	06-05 06:00-06-06 06:00	a		a	N	
305工作面	2-3	2019-06-06	2	06-05 14:00-06-06 14:00	a	a		N	
305工作面	2-3	2019-06-06	3	06-05 22:00-06-06 22:00	a		a	N	
305工作面	2-3	2019-06-07	1	06-06 06:00-06-07 06:00	a		a	N	
305工作面	2-3	2019-06-07	2	06-06 14:00-06-07 14:00	a	a	b	N	
305工作面	2-3	2019-06-07	3	06-06 22:00-06-07 22:00	d		a	N	
305工作面	2-3	2019-06-08	1	06-07 06:00-06-08 06:00	b		a	N	
305工作面	2-3	2019-06-08	2	06-07 14:00-06-08 14:00	a	a		N	
305工作面	2-3	2019-06-08	3	06-07 22:00-06-08 22:00	a		a	N	
305工作面	2-3	2019-06-09	1	06-08 06:00-06-09 06:00	a		a	N	
305工作面	2-3	2019-06-09	2	06-08 14:00-06-09 14:00	a	a		N	
305工作面	2-3	2019-06-09	3	06-08 22:00-06-09 22:00	a		b	N	
305工作面	2-3	2019-06-10	1	06-09 06:00-06-10 06:00	b		a	N	
305工作面	2-3	2019-06-10	2	06-09 14:00-06-10 14:00	b		a	N	
305工作面	2-3	2019-06-10	3	06-09 22:00-06-10 22:00	b	b	a	N	a

图 9 – 14　多参量综合监测预警信息界面

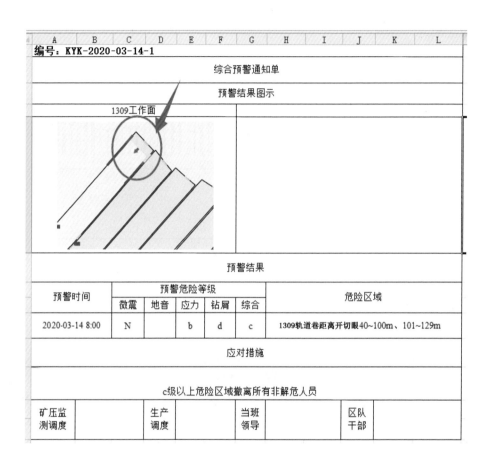

图9-15 多参量冲击危险综合预警通知单

8)"一键生成"多参量综合报表

报表生成界面如图9-16所示,平台能自动生成和打印日报表,日报表格式可根据现场需要内容设计,设计后的日报表模板可自动保存,后期可根据矿井监测设备、开采区域和数量的变化进行调整。报表为多参量综合监测预警日报表(图9-17),设定好模板后,可"一键生成"。

9)具有信息发布功能

信息发布设置界面如图9-18所示,系统设置了信息发布模块,可通过短信或邮件等方式发布相关信息(包括冲击事件信息、预警信息、日报表信息等),供相关人员进行查阅。

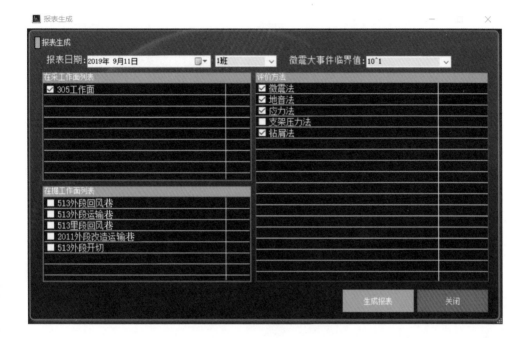

图 9 - 16　报表生成界面

2. 网页终端（基于 B/S）

将预警平台矿井终端采集的全过程数据、分析功能及预警结果集成至 GIS 底图，开发了基于 GIS 的冲击地压动 - 静态综合预警平台网页终端。在矿井端完成数据自动采集、标准化处理及日常预警计算，将标准化数据及预警结果存储在专用数据服务器中，一方面通过专用网络传输至矿井相关部门展示终端，另一方面通过云服务发布至各级监管部门、远程服务终端等。监管部门、矿井上级公司及远程服务端根据矿区 GIS 底图及各矿归集的数据构建矿区实时煤矿综合监测预警展示平台。同时，应用煤矿等各级终端可根据各自权限查阅、分析及调出各种监测数据、预警结果及风险指数。

1）数据管理、共享

冲击地压大数据中心负责国内各矿区煤矿企业冲击地压监测数据、已采区开采情况及工作面推进程度数据的上传和管理。采用"云技术"，实现了原始数据与分析结果的云实时同步存储，建立"矿井—集团—远程数据分析团队和政府监管部门"多级监控、管理与协作体系（图 9 - 19）。目前接入该平台的冲击地压矿井已有 20 余个，为冲击地压灾害"大数据"监测预警奠定了基础。

1309回采工作面冲击地压监测日报表

监测时间：2017-5-4 7:00-2017-5-5 7:00　　制表时间：2017/5/5 7:30　　制表部门：东滩煤矿防冲办

进尺统计	当日进尺/m	上巷		当月进尺/m	上巷		累计进尺/m	上巷	
		下巷			下巷			下巷	
		平均			平均			平均	

微震统计	总频次	总能量/J	最大能量/J	平均能量/J	微震能级统计 10^2	10^3	10^4	10^5	$\geqslant 10^6$
	13	3.86E+04	3.46E+03	2.46E+03	2	1	0	0	0

微震平面投影

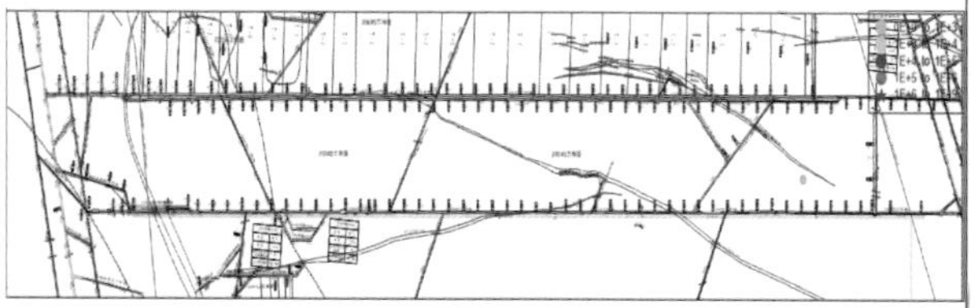

微震活动趋势

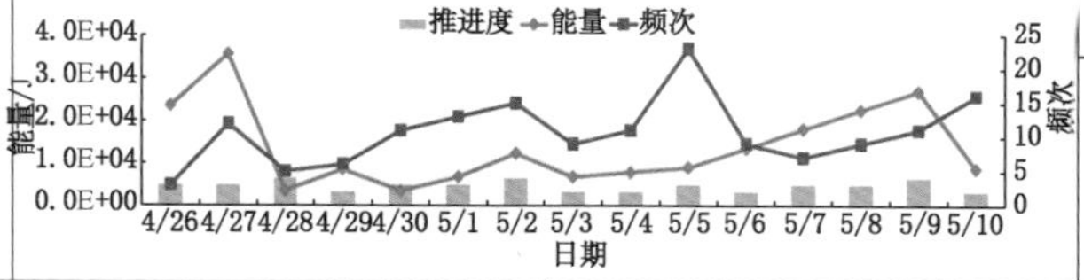

地音监测活动趋势

胶带巷距面80 m	班危险性		胶带巷距面40 m	班危险性	
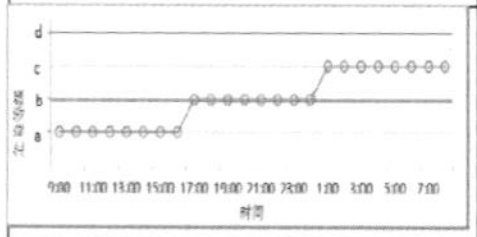	中班	a	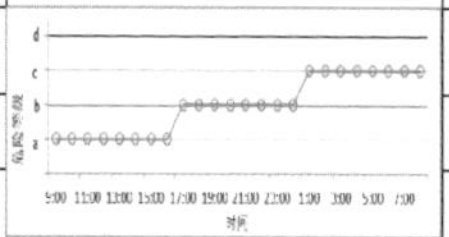	中班	a
	夜班	b		夜班	b
	早班	c		早班	c
胶带巷距面80 m	班危险性		胶带巷距面40 m	班危险性	
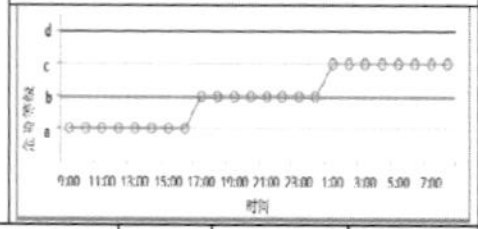	中班	a	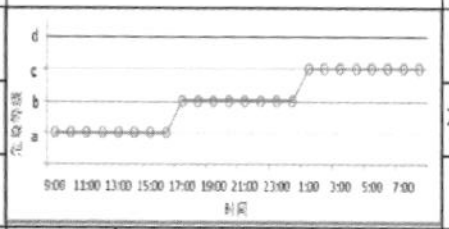	中班	a
	夜班	b		夜班	b
	早班	c		早班	c

应力监测数据

胶带巷测点编号	深度/m	距面/m	初值	末值	变化量	备注	轨道巷测点编号	深度/m	距面/m	初值	末值	变化量	备注
21	8	15					21	8	15				
22	12	15					22	12	15				
23	8	40					23	8	40				
24	12	40					24	12	40				
25	8	65					25	8	65				
26	12	65					26	12	65				
27	8	90					27	8	90				
28	12	90					28	12	90				
29	8	115					29	8	115				
30	12	115					30	12	115				
31	8	140					31	8	140				
32	12	140					32	12	140				
33	8	165					33	8	165				
34	12	165					34	12	165				
35	8	190					35	8	190				
36	12	190					36	12	190				
37	8	215					37	8	215				
38	12	215					38	12	215				
39	8	240					39	8	240				
40	12	240					40	12	240				

应力云图

胶带巷

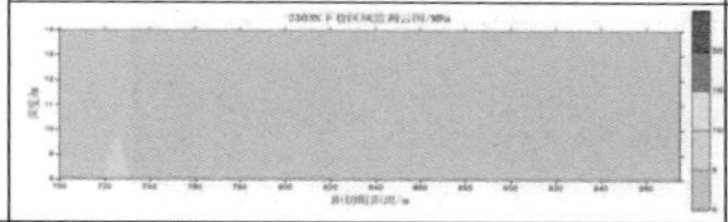

轨道巷

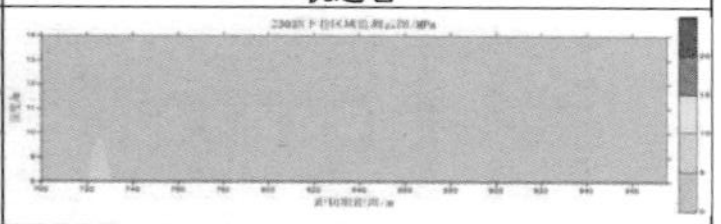

钻屑法数据

巷道名称	钻孔编号	孔深/m	方位	距面/m	平均/(kg·m)	最大/(kg·m) 位置/m	动力效应	备注
轨道巷	112	12	煤柱帮	13			卡钻	钻杆断裂
轨道巷	113	14	回采帮	15			无	
轨道巷	114	14	回采帮	30			无	
胶带巷	115	14	煤柱帮	15			无	
胶带巷	116	14	回采帮	15			无	

钻屑量曲线

胶带巷

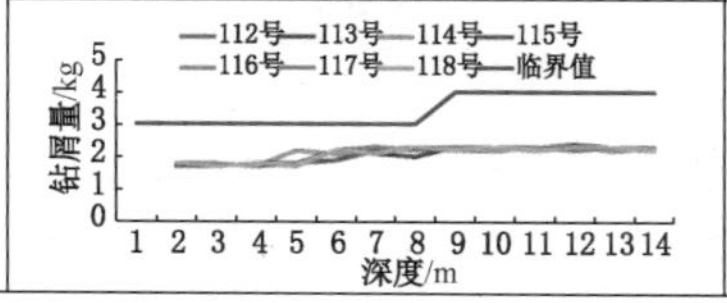

轨道巷

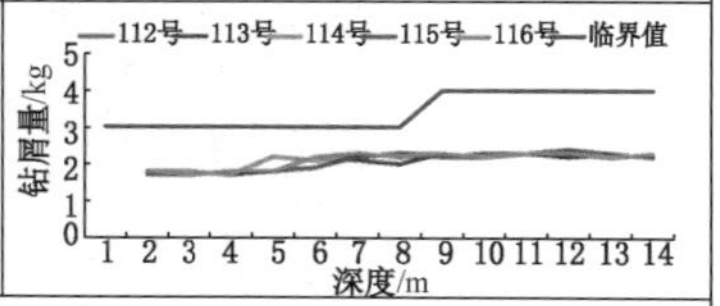

综合预警等级	微震	低音	应力	钻屑	综合	分析结果及处理意见	
	a	c	c	d	c		

制表人：　　防冲负责人：　　矿领导：

图9-17　多参量综合监测预警日报表

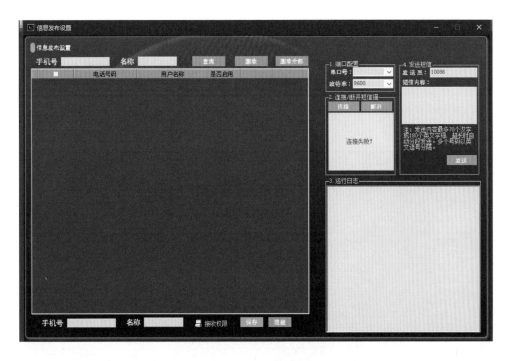

图 9 – 18 信息发布设置界面

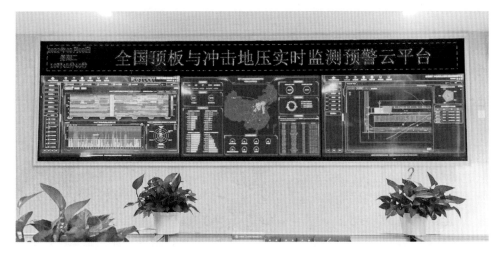

图 9 – 19 全国顶板与冲击地压实时监测预警云平台

2）危险预警

以煤矿提供的冲击地压静态数据、实时动态监测数据为基础，利用统一的冲击地压监测指标体系、预警模型及危险等级判别标准，得出煤矿冲击地压危险等级，危险等级达到预警指标时，指导煤矿企业及时、有针对性地采取解危措施，同时矿井上级公司、煤监部门及远程服务机构可以监督指导开展监管监察措施。某矿预警平台冲击危险预警列表如图 9－20 所示。

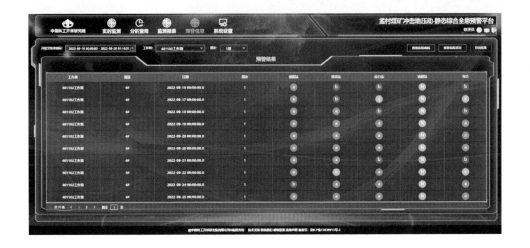

图 9－20　某矿预警平台冲击危险预警列表

3）可视化展示

基于 GIS 底图建立矿区内煤矿冲击地压展示平台。将煤矿微震、地音、应力等基础数据、曲线柱状图信息、危险预警信息等基于行政区域底图叠加或以图表形式进行可视化展示。可自动生成实时危险指数雷达图、历史危险趋势图、工作面压力空间云图、微震数据分布及工作面采掘位置等。以上信息可以从时间、空间多维度统计分析显示。某矿预警平台可视化展示界面如图 9－21 所示。

4）预警信息推送

支持多种方式及时推送区域危险态势及预警信息，指导企业安全生产，也便于相关部门精准监管监察。

5）智能终端 APP

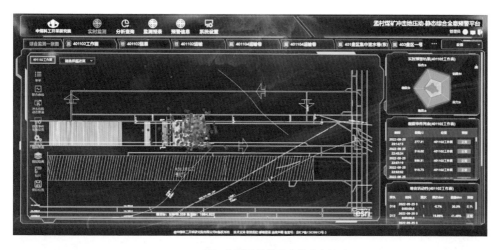

(a) 随工作面回采微震事件动态显示

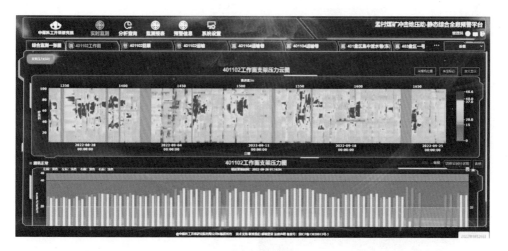

(b) 支架压力云图

图 9 - 21 某矿预警平台可视化展示界面

矿井、集团公司、远程服务及监管人员利用移动智能终端 APP，可动态访问授权范围内各类监测数据及预警结果。具备在线巡查、实时监测、数据查询、报警查询、图表分析等功能。某矿预警平台手机 APP 界面如图 9 - 22所示。

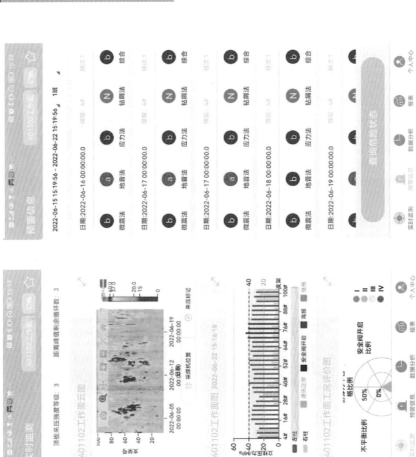

图 9-22 某矿预警平台手机 APP 界面

9.1.5 应用效果分析

2012 年至今，中煤科工开采研究院有限公司采矿分院投入 3 个研究所人力，持续研究煤矿冲击地压综合监测预警平台已 10 余年，其中冲击地压研究室负责指标制定与算法等，微震研究室负责硬件与定位等，大数据研究室负责平台开发与云计算等。至今平台已经过数次改革与优化，革命性的版本实践应用已经历三代。

第一代煤矿冲击地压综合监测预警平台 2010 年开始立项探索，命名为"煤矿冲击地压危险性综合评价及预警系统"，是国内首套综合预警平台。系统包括五大模块，分别为三维模型构建、模型及监测三维展示、监测数据管理、办公应用和系统管理。主要特点在于地层、构造及微震真三维建模，首次采用分源权重综合评价算法。

受甘肃华亭煤业集团委托，第二代冲击地压综合监测预警平台 2016 年开始研发。界面比较简洁，大部分内容包含在下拉菜单中，主要应用于华亭煤田砚北、华亭、山寨、陈家沟及东峡等煤矿。平台主要特点如下：①模块组合基于现场装备配置，可添加、定制，不受限，更为灵活。②预警算法基于预警区域现场开采条件、有效数据的种类自动选择，可差异化对待，更为科学。③具有常规数据处理、分析功能，便于现场技术人员日常应用，更为全面。④平台留有接口，便于开发后期个性化、定制化的深度分析模块，更为开放。

第三代冲击地压综合监测预警平台于 2019 年着手改进，并对界面进行了全面变革，主要特点如下：①对预警算法进行了较大的优化修改，增加了掘进工作面评价算法。②增加了动、静态危险区域实时显示功能及历史危险状态播放功能。③优化了平台主界面，雷达图展示预警结果，增加了掘进工作面快捷入口。④开发了基于 mapgis 的单矿终端网页版平台及网页版集团、全国终端，实现了微震波形的实时传输及存储。⑤开发了冲击地压预警平台信息手机 APP，主要应用于陕西孟村煤矿、小庄煤矿、大佛寺煤矿、胡家河煤矿、文家坡煤矿等。

冲击地压动－静态综合全息预警平台目前已在华亭、兖矿、淄矿、鹤岗、辽矿、伊泰、彬长、蒙陕等近十个矿区所属矿井投入使用。冲击地压预警平台部分应用矿井及接入系统见表 9－1。

1. 华亭矿区应用情况

在华亭煤业公司华亭煤矿、砚北煤矿、山寨煤矿、东峡煤矿 5 对矿井进行了应用（图 9－23）。以其中一矿为例，介绍其应用情况。

表9-1 冲击地压预警平台部分应用矿井及接入系统

序号	年份	应 用 单 位	接 入 监 测 系 统
1	2015	义马集团千秋煤矿	ARAMIS、ESG 微震系统，KJ21 应力，钻屑
2	2016	华亭煤业华亭煤矿	SOS 微震，KJ550 应力，ARES 地音，钻屑
3	2016	华亭煤业砚北煤矿	SOS 微震，KJ21 应力，ARES 地音，钻屑
4	2017	兖矿东滩煤矿	SOS 微震，K550、KJ730 应力，钻屑
5	2017	山能新巨龙煤矿	ARAMIS、KJ551 微震，K550、KJ730 应力，钻屑
6	2017	鹤岗峻德煤矿	SOS、KJ551 微震，K550、KJ730 应力，ARES 地音，钻屑
7	2018	华亭煤业山寨煤矿	SOS 微震，KJ743 应力，KJ623 地音，钻屑
8	2018	华亭煤业陈家沟煤矿	SOS 微震，KJ216 应力，钻屑
9	2018	华亭煤业东峡煤矿	SOS 微震，K550 应力，钻屑
10	2018	伊泰红庆河煤矿	ARAMIS 微震，ARES 地音，KJ21、KJ649 应力，钻屑
11	2019	吉煤集团龙家堡煤矿	ARAMIS 微震，ARES 地音，KJ21 应力，钻屑
12	2019	东坡煤矿	KJ1160 微震、钻屑等
13	2020	核桃峪煤矿	SOS 微震，KJ623 地音，KJ649 应力，钻屑等
14	2020	彬长文家坡煤矿	ARMIS 微震，ARES 地音，KJ649 应力，钻屑
15	2020	彬长大佛寺煤矿	ARMIS 微震，ARES 地音，KJ649 应力，钻屑
16	2020	彬长小庄煤矿	ARMIS 微震，ARES 地音，KJ649 应力，钻屑
17	2021	彬长胡家河煤矿	ARMIS 微震，ARES 地音，KJ649 应力，钻屑
18	2021	彬长孟村煤矿	ARMIS、SOS 微震，ARES 地音，KJ649 应力，钻屑
19	2021	潞安余吾煤矿	ARMIS 微震，KJ649 应力，钻屑

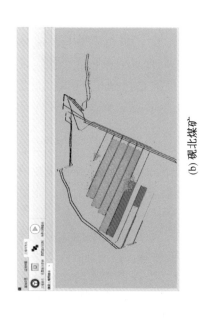

(b) 砚北煤矿

(e) 东峡煤矿

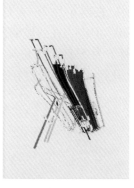

(d) 陈家沟煤矿

(a) 华亭煤矿

(c) 山寨煤矿

图 9 - 23　华亭煤业公司 5 对矿井冲击地压预警平台主要界面

采用预警平台软件对甘肃某矿250202上工作面范围内的冲击地压进行危险评价与预警测试工作，2019年6月正式投入使用，截至2019年10月16日，共进行了139天的有效预警验证。在此期间，井田范围内共发生5次方以上高能事件9次，预警软件共发出班次危险预警41次（折合1天为1预警周期），验证冲击地压或高能事件7次，漏报2次。长期现场效果检验表明，采用冲击地压预警软件，在报警率为29%的条件下，报准率达到了77.8%，发震概率为74.1%，相对于5.8%的背景概率，其效益增益达到12.8倍，验证效果良好。

1）案例一

2019年6月6日凌晨2时12分，正在开采的250202上工作面发生一起高能事件（图9-24及图9-25），事件位于工作面后方约35 m处，释放能量1.06×10^5 J，震源距运输巷煤帮约39 m，靠近煤层底板。

6月5日以前，根据6月2—4日监测数据，SOS微震及地音评价结果均为危险性较低的a级，但应力在线监测已达到c级预警，巷道静载荷水平保持在较高水平，微震指标6月5日零点班突升至c级，综合预警指标在6月4日早班（2班）由b级上升到c级，一直持续到6日凌晨2时12分发生高能事件，释放能量1.06×10^5 J。

图9-24 微震事件定位三维显示图（"6·6"高能事件，红色为5次方事件）

预警结果展示

选择日期：2019年6月2日 ∨　2019年6月6日 ∨　1班 ∨　250202工作面 ∨　查看危险状态　生成预警单　重新分析　导出预警列表

工作面	煤层	日期	班次	时间段	微震法	地音法	应力法	钻屑法	综合
250202工作面	5#煤	2019-06-02	1	06-01 08:00-06-02 08:00		-	c	N	b
250202工作面	5#煤	2019-06-02	2	06-01 16:00-06-02 16:00		-	c	N	c
250202工作面	5#煤	2019-06-02	3	06-02 24:00-06-03 00:00			c	N	c
250202工作面	5#煤	2019-06-03	1	06-02 08:00-06-03 08:00		a	c	N	b
250202工作面	5#煤	2019-06-03	2	06-02 16:00-06-03 16:00		a	c	N	c
250202工作面	5#煤	2019-06-03	3	06-03 24:00-06-04 00:00		a	c	N	b
250202工作面	5#煤	2019-06-04	1	06-03 08:00-06-04 08:00		a	c	N	b
250202工作面	5#煤	2019-06-04	2	06-03 16:00-06-04 16:00		a	c	N	c
250202工作面	5#煤	2019-06-04	3	06-04 24:00-06-05 00:00		a	c	N	c
250202工作面	5#煤	2019-06-05	1	06-04 08:00-06-05 08:00	c	a	c	N	c
250202工作面	5#煤	2019-06-05	2	06-04 16:00-06-05 16:00	c	a	c	N	c
250202工作面	5#煤	2019-06-05	3	06-05 24:00-06-06 00:00	c	a	c	N	c
250202工作面	5#煤	2019-06-06	1	06-05 08:00-06-06 08:00	c	a	c	N	c
250202工作面	5#煤	2019-06-06	2	06-05 16:00-06-06 16:00	c	a	c	N	c
250202工作面	5#煤	2019-06-06	3	06-06 24:00-06-07 00:00	c	a	c	N	c

图 9-25　"6·6"高能事件前后平台软件预警结果（N表示无数据，-表示未参与）

2）案例二

2019年6月22日凌晨3时40分，正在开采的250202^上工作面发生1起高能事件（图9-26及图9-27），事件位于工作面前方约20 m范围内，释放能量 1.12×10^5 J，该事件震源距运输巷煤帮约32 m，底板以下约7 m。

图 9-26　微震事件定位三维显示图（"6·22"高能事件，红色为5次方事件）

6月22日以前，根据6月20—21日监测数据，地音评价结果均为危险性较低的 a 级，SOS 微震评价危险等级由 20 日的 b 级逐步上升到 22 日零点班（1 班）的 c 级，应力在线监测也持续 c 级预警，同时综合预警指标持续保持 c 级，持续到 22 日凌晨 3 时 40 分发生高能事件，释放能量 1.12×10^5 J。事件发生后下一班微震评价指标迅速降至 a 级，综合评价指标在两个班后也降至 a 级，表明这次高能事件的发生促使 250202^{上}工作面聚集弹性能得到暂时有效的释放。

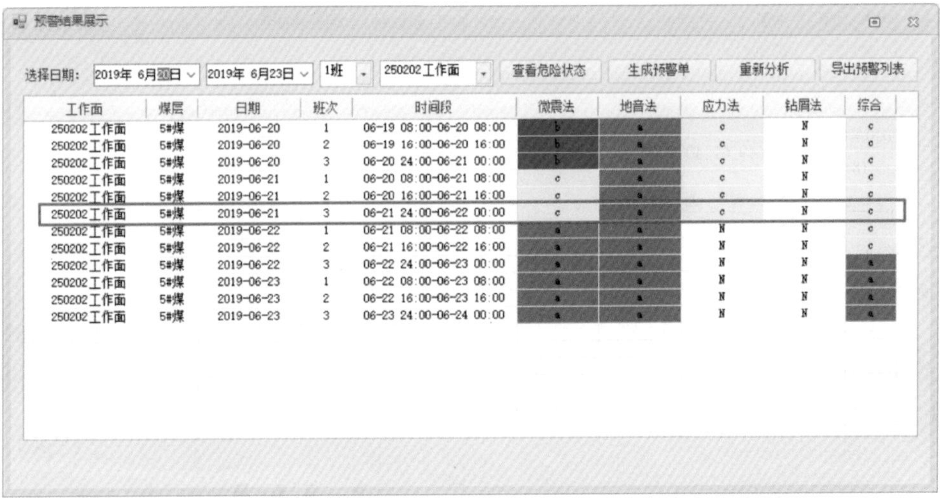

图 9-27 "6·22" 高能事件前后平台软件预警结果（N 表示无数据）

表 9-2 2019 年 6 月 1 日至 2019 年 10 月 16 日高能冲击事件发生情况及预测结果

编号	冲击地压发生情况				冲击危险评价等级					是否通过检验
	时 间	坐标 (x, y, z)	能量	破坏情况	SOS监测	ARES监测	煤体应力监测	钻屑法监测	综合	
1	2019-06-06 02:12	6637.79,4057.05,-998.65	1.06E+05	无伤亡	c	a	c	N	c	是
2	2019-06-14 01:48	6593.08,3953.02,-981.84	1.88E+05	无伤亡	c	a	c	N	c	是

表9-2（续）

编号	冲击地压发生情况				冲击危险评价等级					是否通过检验
	时　间	坐标 (x, y, z)	能　量	破坏情况	SOS监测	ARES监测	煤体应力监测	钻屑法监测	综合	
3	2019-06-15 04:54	6629.75,4019.72,-971.88	1.01E+05	无伤亡	d	a	c	N	c	是
4	2019-06-15 04:54	6611.48,4025.18,-997.07	1.15E+05	无伤亡	d	a	c	N	c	是
5	2019-06-17 18:17	6649.61,4005.99,-997.95	1.30E+05	无伤亡	b	a	c	N	b	否
6	2019-06-22 03:40	6633.27,3955.08,-1001.9	1.12E+05	无伤亡	c	a	c	N	c	是
7	2019-06-26 18:30	6602.2,3882.14,-988.1	1.27E+05	无伤亡	d	a	N	N	a	否
8	2019-07-19 18:36	6668.22,3876.08,-990.2	1.45E+05	无伤亡	c	d	c	a	c	是
9	2019-07-25 00:56	6635.21,3914.24,-998	3.00E+05	无伤亡	d	b	c	a	c	是

2. 彬长矿区应用情况

为解决冲击地压监测目标盲目与警情矛盾难题，于2020—2021年建立了彬长集团5对矿井冲击地压动-静态综合全息预警平台，集成了微震、地音、应力、支架压力等监测数据。各矿监测室、展示大屏等预警平台软硬建设情况如图9-28所示。

关于预警平台现场应用效果，以文家坡矿为例，预警平台于2020年10月开始投入使用，其中对11月14日一次4次方事件进行了准确预警。预警过程如

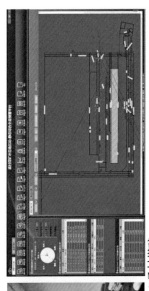

(a) 孟村煤矿

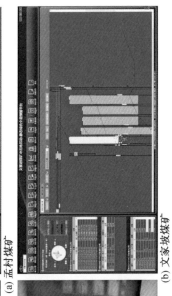

(b) 文家坡煤矿

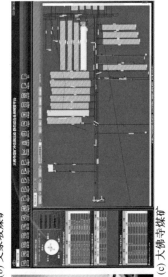

(c) 大佛寺煤矿

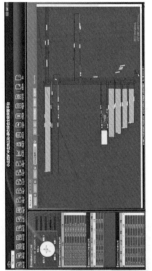

(d) 小庄煤矿

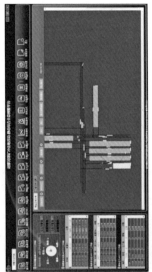

(e) 胡家河煤矿

图 9－28　彬长集团 5 对矿井冲击地压动－静态综合全息预警平台

下：11 月 13 日晚班开始，综合预警等级由 b 级上升至 c 级，持续两个班后上升至 d 级，又持续 2 个班至 11 月 14 日晚班，此时微震、应力监测为 b 级，地音监测为 d 级（图 9 - 29 及图 9 - 30），预警了冲击地压发生风险。4105 工作面于 11 月 14 日 17 时 49 分发生一次动力显现，释放能量 2.80×10^4 J。

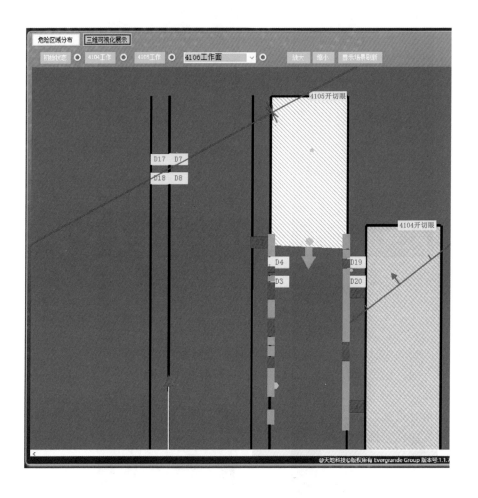

图 9 - 29　预警结果实时显示界面

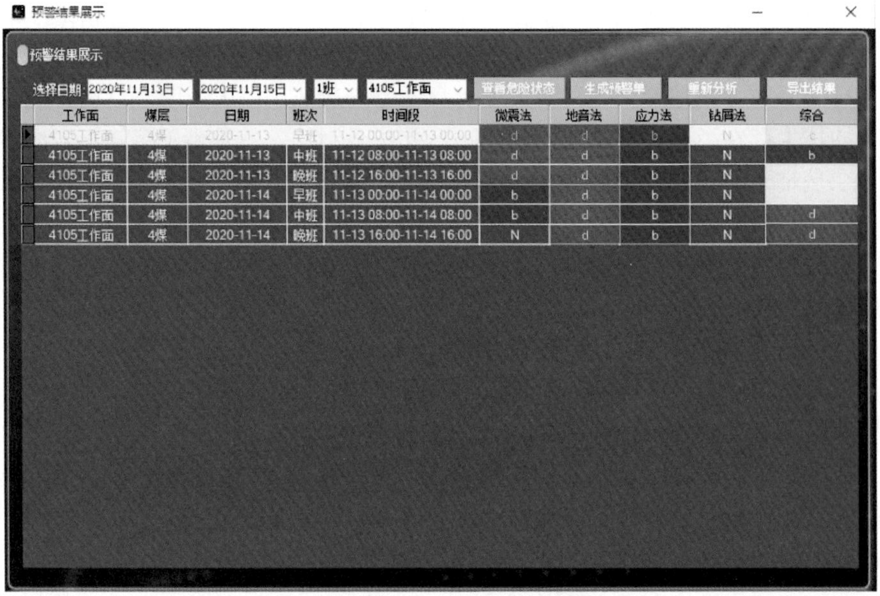

图9-30 "11·14"高能事件前后平台软件预警结果展示（N表示无数据）

9.2 冲击地压煤层智能控采技术初探

煤矿智能化是煤炭工业高质量发展的核心技术支撑，代表着煤炭先进生产力的发展方向，也是冲击地压矿井实现"减人、防灾、提效"发展目标的必由之路。对此，2020年2月国家发展改革委等八部委发布的《关于加快煤矿智能化发展的指导意见》明确指出"冲击地压、煤与瓦斯突出等灾害严重的矿井，优先开展智能化采掘（剥）和危险岗位的机器人替代，建设一批智能化示范煤矿，凝练出可复制的智能化开采模式、技术装备、管理经验等，向类似条件煤矿进行推广应用"。

然而，对于目前规划建设智能化开采的冲击地压矿井而言，防冲与智能开采均存在一些尚待解决的技术短板，制约了智能开采技术的发展，主要表现为：在冲击地压防治过程中，开采过程监测到冲击危险时，仍须坚持"先解危后开采"的原则，并且严格按照"监测→及时解危→效果检验→再治理"的基本程序开展防冲工作。由此必然导致以下问题：①在冲击地压卸压解危时，采掘工作面需要封闭管理，严重影响其他作业工序的正常开展；②监测预警、卸压解危与效果检验环节相互分离，造成监而不控、控而不馈的局面，无法实现对冲击地压的精准防控；③防冲各环节均需大量人员参与，不仅防灾减灾效率低下，而且井下作业人员暴露在冲击危险之中，对人员自身的安全造成了巨大威胁。目前智能开采与防冲技术存在不融合、不协同的问题，受技术制约，一是难于感知煤岩冲击风险，二是难于实现风险预警、主动解危、自卸压开采，导致强采、强扰动、强冲击。因此，探索智能防冲开采新模式，破解智能开采瓶颈、突破防冲困境，是现阶段亟待解决的科学难题。本章介绍将冲击地压全息预警与智能开采相结合的科学构想及实现途径。

9.2.1 智能防冲开采的科学构想

针对深部冲击地压矿井智能化工作面防冲开采面临的技术难题，围绕冲击地压煤层安全、高效开采，拟将新一代信息技术充分运用到生产活动和防冲管理中，提出煤矿智能防冲开采的科学构想（图9-31），即通过防冲与智能开采技术的结合，将风险感知、防冲预警、精准响应、智能调控、优化开采相结合，形成智能煤矿防冲开采的科学理念，主要包括以下3个方面：①突破精准地质探测，通过构建可动态自优化的工作面精确三维模型，实现前方预采"黑匣子"煤层的透明化；②冲击危险信息的智能感知与可靠预警，通过对地质开采信息、监测数据信息自动进行动态参数预测和异常叠置分析，实现多源异构信息的有机融合和综合预警，实时揭示开采稳定区、风险区、突变区的范围及程度；③数据高效连续传输、智能响应与协同控制的系统，通过预警信息的高效反馈实现采掘、运输、安全保障、经营管理等环节的智能化运行。

9.2.2 煤矿智能防冲开采的实现途径

1. 总体思路

煤矿智能防冲开采的整体研究思路如图9-32所示，主要包括信息感知、信息融合、风险辨识和智能调控4个模块。信息感知可以分为静态信息和动态信息感知，通过系统研究地质历史、开采布局等静态信息，以及监测数据、工况环境等动态信息与冲击地压的相关性及规律，建立物理意义明确、灵敏性高和实用性强的冲击地压风险评判指标体系；建立冲击地压多源信息数据库，通过多源信息分析及有机融合，建立包含静态地质、工况环境和监测数据的冲击地压统一全息预警模型。在上述基础上，开发互联互通、分析决策、动态预测、协同控制的冲击地压防控大数据平台与智能开采响应控制系统，实现工作面冲击地压危险信息智能感知与智能开采的动态耦合与协调控制。

2. 信息快速采集技术

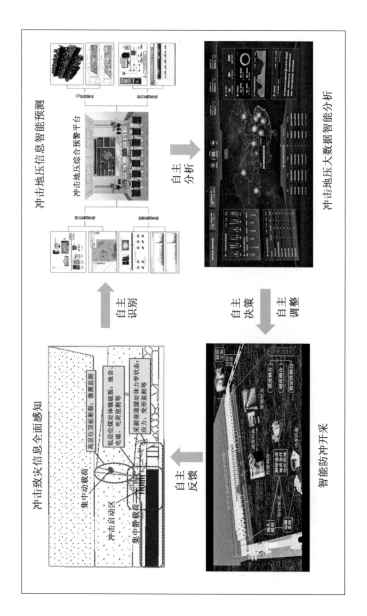

图 9-31 智能防冲开采的科学构想

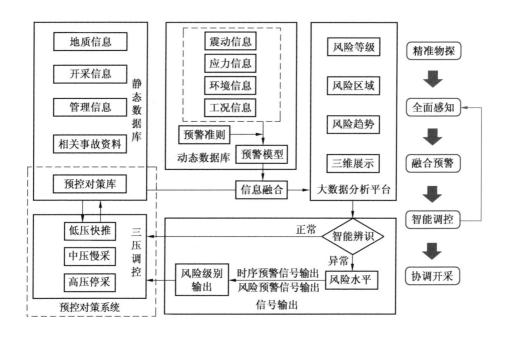

图9-32 煤矿智能防冲开采的整体研究思路

　　涉及智能防冲与开采的信息主要包括历史资料信息、防冲监测信息、工况环境信息等。

　　1）历史资料信息

　　历史资料信息包含地质历史和开采历史中形成的地质信息和开采信息：地质信息包括开采深度、顶板条件、煤层厚度及变化、地质构造、冲击倾向性等；开采信息包括巷道布置方式、开拓开采布局、煤柱留设、巷道支护等。煤矿井下工程具有隐秘性、复杂性、多变性，以及勘探程度不足等因素，导致地质信息往往不完整、不精确，通常与工程实际存在一定的偏差甚至错误，因此需要及时修正，其中最常用、最有效的方法是现场探测法。地震波层析成像是目前应用最广泛的手段之一，便携式CT探测系统及探测效果如图9-33所示，该技术通过接收穿过地质体的震动波，应用震波反演技术，推断内部由地质及开采因素造成的应力异常区、煤岩体破碎区、地质构造等典型地质异常区域的分布情况，辅助采用数字观测技术和计算机成像技术，最终以图像等形式直观地展现出来。为满足信息的快速采集与更新，需要开采连续探测和影像智能识别技术。

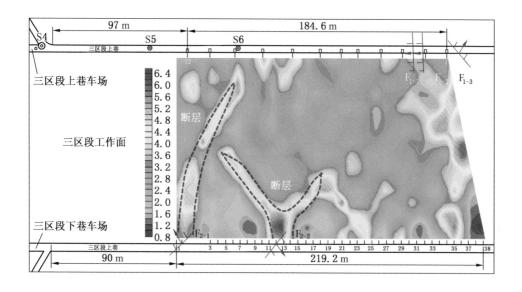

图9-33 便携式CT探测系统及探测效果

2）防冲监测信息

目前获取防冲监测信息的方法主要有地球物理方法和岩石力学方法。地球物理方法主要包括微震法、地音法、电磁辐射法等，不仅监测范围大、成本低、信息量大，而且属于非接触无损监测技术，快速便捷，其缺点是监测数据量大、易受干扰、具有多解性等。岩石力学方法主要有煤体应力、围岩变形和钻屑法等，具有简单实用且成本低等优点，但也存在适应性差、监测范围小等不足。由于冲击地压具有异常复杂性和多变性，单一方法在时间、空间和监测信息上均无法实现全覆盖，因此难以全面反映冲击地压孕育过程中的各种复杂现象，需要运用多学科、多种观测方法，对多种数据进行联合分析和处理（图9-34）。在选择监测方法时既要考虑监测信息获取的全面性，也要考虑互补性，包括空间互补、时间互补和监测信息互补。

3）工况环境信息

工况环境信息包括设备运行的工况参数和作业区域的环境感知。设备运行的工况参数可通过综采设备群工况监测设备获得，包括支架压力、立柱行程、支架高度、采煤机运行速度等。作业区域的环境感知可采用相位式高精度三维激光扫描仪，对冲击危险巷道重点区域进行连续自动扫描，能够动态监测巷道变形

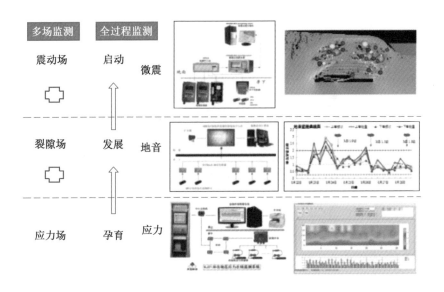

图9-34 冲击地压多场、多源、多信息综合监测

（底鼓、帮鼓、顶板下沉）、巷帮裂隙、支护体形态、巷道空间等数据。激光扫描效果如图9-35所示。

图9-35 激光扫描效果

3. 风险智能感知与大数据融合分析预警技术

1）多源信息融合

针对海量监测信息，研发具有高吞吐量、低延时特性的分布式数据采集系

统，收集微震、地音、矿压、应力监测等多源异构数据；研发支持微震、地音、矿压、应力监测等数据的数据抽取转换技术，对不同数据格式进行解析处理；研发灵活、可扩展的冲击地压时空大数据混合存储系统，针对结构化数据、半结构化数据和非结构化数据等不同类型的数据，采用相应的数据存储技术。

　　在此基础上，对分类储存的数据进行聚类分析，形成多个预警预报决策类别（图9-36），通过对每一决策类别单独进行训练，形成对应的实时辨识模型。具体来说，首先，通过数据采集系统，收集微震、地音、应力、环境参数，以及来自开采控制系统的支架、采煤机数据、刮板输送机实时数据。其次，对上述数据分别进行数据清洗、提取其时域频域特征。为克服数据"不平衡"问题，采用过采样方法对特征数据进行处理；考虑监测数据的特点，采用时间窗口法的数据流处理分析手段；考虑到监测数据呈现异构特性，采用集成学习方法，对数据块进行训练学习和辨识分类。最后，对各分类器结果进行决策融合（图9-37）。在上述研究过程中，将开展多项数据科学实验，通过分析确定学习模型和辨识方法，探索揭示多源信息间的耦合关系，确定开采稳定区、风险区、突变区的范围和程度。

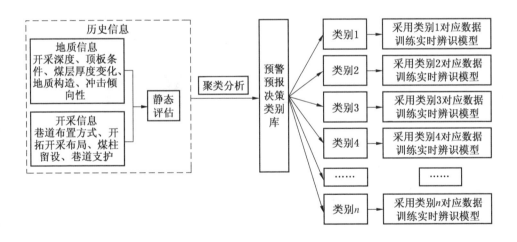

图9-36　进行聚类分析，形成多个预警预报决策类别

2）大数据分析平台

　　对研究结果进行软件集成，开发一套集接口融合、格式转化、统计分析、指标优先、权重计算、等级预警、信息模型可视化等为一体的煤矿冲击地压智能防控大数据分析系统。大数据分析平台框架如图9-38所示。

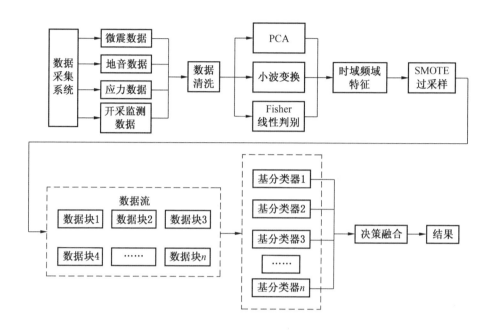

图 9 – 37 对各分类器结果进行决策融合

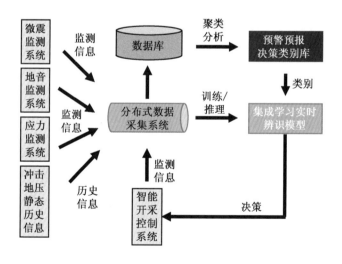

图 9 – 38 大数据分析平台框架

4. 智能化开采控制技术

在冲击地压多源信息精准识别与数据融合的基础上，开发融合冲击地压决策信息的智能化开采控制系统，主要包括智能采煤机控制系统、自适应液压支架控制系统、智能刮板输送机控制系统、智能供电系统、智能供液系统等。系统平台软件通过冲击地压大数据分析平台给出的决策信息，结合综采工作面矿压监测情况及当前综采工作面采煤设备实际运行状况，给出综采工作面采煤工艺调整决策方案并下发给对应的智能化设备子系统，实现综采工作面低压快采、中压慢采和高压停采的自控开采模式，智能化开采控制系统联动逻辑如图9-39所示。

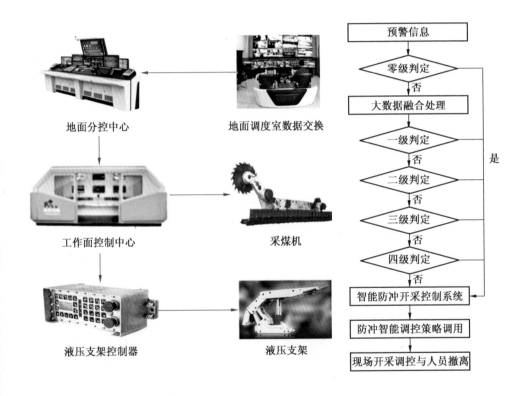

地面分控中心　　　　　　　地面调度室数据交换

工作面控制中心　　　　　　采煤机

液压支架控制器　　　　　　液压支架

预警信息
↓
零级判定 —否→ 大数据融合处理
↓否
一级判定
↓否
二级判定
↓否
三级判定
↓否
四级判定
↓否
智能防冲开采控制系统
↓
防冲智能调控策略调用
↓
现场开采调控与人员撤离

是

图9-39　智能化开采控制系统联动逻辑

如图9-40所示，智能防冲开采控制系统主要功能架构如下。

（1）在现有智能化开采控制系统基础上，根据需要融合的冲击地压监测预警系统软件及其信息数据的特点，开发相应的软硬件接口，以及对应的软件模型、图形和逻辑控制组态,实现冲击地压监测预警系统评判结果的实时接收与显示报警。

(2)根据不同冲击地压监测预警等级给出的开采策略,通过系统分析综采工作面采煤机、液压支架、刮板输送机、转载机、带式输送机、泵站、供电等设备的协同控制关系,给出不同冲击地压监测预警等级对应的各设备调整参数,实现采煤工艺各工序下的设备运行标准化数据库,在系统软件上实现标准化展示。

(3)结合综采工作面开采过程中的矿压显现情况、煤壁片帮支护情况、采煤机回采过程中的振动情况等信息,以数据挖掘和机器学习技术为主,建立在线学习机制,构建适用于不同综采工作面地质开采条件的智能化开采控制系统。

(4)根据大数据分析平台给出的冲击危险性,给出工作面安全等级(安全级、警示级、预警级),实施调控开采设备工作状态(快采、慢采和停采),形成低压快推、中压慢采、高压停采的防冲智能开采模式,实现开采过程的围岩低损伤、工程低伤害。

(5)在煤矿井下5G网络通信技术的基础上,搭建灾害预警信息传播体系,

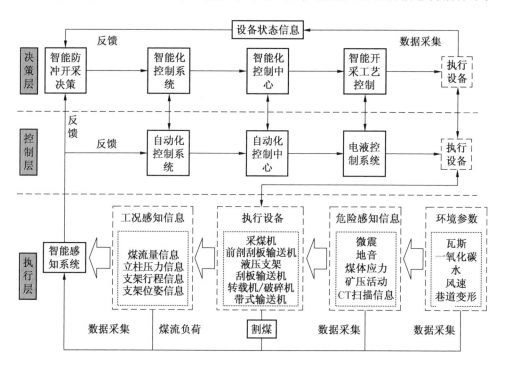

图 9-40 智能防冲开采控制系统主要功能架构

实现冲击危险信息的智能快速传播；基于冲击地压危险信息与人员信息，规划安全快速的井下人员最优疏散路径。

9.2.3 思考与展望

（1）根据智能防冲开采监测的对象，将防冲与开采信息划分为历史资料信息、防冲监测信息、工况环境信息等。采用多场、分源监测的信息快速采集技术，攻克冲击地压监测数据抽取、清洗、存储技术和多源异构时空监测数据融合难题，构建冲击地压危险性全息智能感知和精准预警模型，是实现智能防冲开采的基础和前提。

（2）在冲击地压多源信息精准识别与数据融合的基础上，开发互联互通、分析决策、动态预测、协同控制的冲击地压全防控大数据平台与智能开采响应控制系统，实现工作面冲击地压危险信息识别与智能开采的动态耦合，形成三级调压的智能开采防冲模式，是实现智能防冲开采的关键。

（3）仅提出了智能化矿井防冲开采的科学构想和技术途径，目前相关技术正在进行有序研发和重点攻关。通过相关技术的系统研究，有望实现深部冲击地压矿井安全、高效、智能开采，为我国深部煤炭资源开采提供有力支撑。

参 考 文 献

[1] Gibowicz S J, Kijko A. 矿山地震学引论 [M]. 修济刚, 译. 北京: 地震出版社, 1996

[2] 张少泉, 关杰, 刘力强, 等. 矿山地震研究进展 [J]. 国际地震动态, 1994 (2): 1 - 6.

[3] Cook N G W. The application of seismic techniques to problems in rock mechanies [J]. International Joumal of rock mechanies and mining seienee, 1964 (1): 169 - 179.

[4] 唐礼忠. 深井矿山地震活动与岩爆监测及预测研究 [D]. 长沙: 中南大学, 2008.

[5] 潘俊锋, 毛德兵, 等. 冲击地压启动理论与成套技术 [M]. 徐州: 中国矿业大学出版社, 2016.

[6] 潘俊锋, 蓝航, 毛德兵, 等. 冲击地压危险源层次化辨识理论研究 [J]. 岩石力学与工程学报, 2011, 30 (S1): 2843 - 2849.

[7] 佩图霍夫. 煤矿冲击地压 [M]. 王右安, 译. 北京: 煤炭工业出版社, 1980.

[8] 夏永学, 潘俊锋, 王元杰, 等. 基于高精度微震监测的煤岩破裂与应力分布特征研究 [J] 煤炭学报, 2011, 36 (2): 239 - 244.

[9] 夏永学, 蓝航, 毛德兵, 等. 基于微震监测的超前支承压力分布特征研究 [J]. 中国矿业大学学报, 2011, 40 (6): 868 - 873.

[10] 耿荣生. 声发射技术发展现状: 学会成立20周年回顾 [J]. 无损检测, 1998 (6): 151 - 154, 158.

[11] 夏永学. 矿山微震三维显示及应用软件的开发 [J]. 煤炭技术, 2014, 33 (12): 110 - 113.

[12] 耿宪. 波兰防治冲击矿压技术 [J]. 煤矿开采, 2008 (5): 6 - 9.

[13] 邓志刚, 任勇, 毛德兵, 等. 波兰EMAG矿压监测系统功能及应用 [J]. 煤炭科学技术, 2008 (10): 1 - 4.

[14] 耿宪. 冲击地压矿井微震监测技术体系建设研究 [J]. 黑龙江科技信息, 2008 (31): 1.

[15] 桑玉发. 波兰矿山技术考察及启示 [J]. 长沙矿山研究院季刊, 1989 (1): 20 - 25.

[16] 艾拉佩强. 矿井冲击地压的预测与预防 [J]. 国外金属矿山, 1989 (10): 15 - 38.

[17] 张钦礼. 南非金矿岩爆危险定量评估系统 [J]. 世界采矿快报, 1998 (11): 15 - 19.

[18] 刘忠友, 严鹏, 姚香. 南非深井岩爆控制技术与中国引进应用评述 [J]. 黄金, 2011 (8): 30 - 34.

[19] Alexander J, Trifu C - 1. Monitoring mine seismicity in Canada [A]. In: Controlling seismic risk - Proceedings of sixth international symposium on rockburst and seismicity in mines (Edited byPotvin Y, Hudyma M) [C]. Nedlands: Australian Centre for Geomechanies, 2005: 353 - 358.

[20] Ebrahim - Trllope R, Jooste Y. Seismic hazard quantification [A]. In: Controlling seismierisk - Proceedings of sixth international symposium on rockburst and seismicity in mines (Edited

by PotVin Y, HudymaM) [C]. Nedlands: Australian Centre for Geomeehanies, 2005: 157 – 164.

[21] Riemer K L. Interpreting comPlex waveforms from some mining related seismic events [A]. In: Controlling seismic risk – Proceedings of sixthin temational symposium on rockburst and seismicity in mines (Edited by Potvin Y, Hudyma M) [C]. Nedlands: Australian Centre for Geomeehanies, 2005: 247.

[22] Kijko A, Seiocatti M. Optimal spatial distribution of seismic stations in mines [J]. Int. J. Rock Mech and Mining soc., 1995 (32): 607 – 615.

[23] 赵刚, 王焕义, 张银平. 寿王坟铜矿采空区管理与监测 [J]. 有色金属, 1998, 50 (4): 1 – 3.

[24] 陈锐. 关于煤矿瓦斯问题 [J]. 煤矿安全技术, 1984 (4): 62 – 76.

[25] 深井哲. 在煤层打钻孔时 AE 的监测: 关于煤层钻孔中 AE 活动的研究 (第一报) [J]. 煤矿安全, 1984 (8): 46 – 54.

[26] 王佑安. 第十二届煤、岩和瓦斯突出国际研讨会评述 [J]. 煤矿安全, 1990 (1): 36 – 41.

[27] 陈瑛, 宋俊磊. 地震仪的发展历史及现状综述 [J]. 地球物理学进展, 2013, 28 (3): 1311 – 1319.

[28] 徐扬, 郝恩元. 改进 DD – 1 型地震仪标定方法的探讨 [J]. 山西地震, 1983 (2): 17 – 18.

[29] 鲁振华, 王国民, 朱连明. 对 SYLOK 系统监测门头沟矿冲击地压的分析 [J]. 阜新矿业学院学报 (自然科学版), 1990 (4): 37 – 41.

[30] 郑治真. 我国前兆地声的观测与研究 [J]. 地球物理学报, 1994 (S1): 251 – 260.

[31] 陆其鹄. 磁带记录在地震观测上的应用 [J]. 国际地震动态, 1982 (9): 14 – 16, 30, 32.

[32] 张兆平, 王国民, 王时浩. 地声与微震系统在矿山地震研究中的应用 [J]. 地震地磁观测与研究, 1988 (3): 51 – 54, 44.

[33] 余克圣, 唐绍辉, 吴迪文. 岩体工程灾害微震监测系统的新进展 [J]. 矿业研究与开发, 1999 (2): 42 – 44, 52.

[34] 唐礼忠, 潘长良, 杨承祥, 等. 冬瓜山铜矿微震监测系统建立及应用研究 [J]. 采矿技术, 2006 (3): 272 – 277.

[35] 王焕义, 赵刚. 区域性岩体微震活动的监测 [J]. 矿冶, 1995, 4 (1): 12 – 16.

[36] 潘俊锋, 蓝航, 夏永学, 等. 冲击危险性分源权重层次化辨识理论研究 [J]. 岩石力学与工程学报, 2011 (S1): 2843 – 2849.

[37] 任勇, 夏永学, 张修峰. 基于地音活动规律的冲击危险性评价技术 [J]. 煤矿开采, 2010 (6): 90 – 92, 102.

[38] 王元杰, 齐庆新, 毛德兵, 等. 基于地音监测技术的冲击危险性预测 [J]. 煤矿安全,

2010 (4): 52 – 54.

[39] 牛立生, 刘涛, 张琛. 应力实时在线监测系统在冲击地压危险工作面的应用 [J]. 煤矿现代化, 2014 (3): 69 – 71.

[40] 窦林名, 何学秋, 王恩元. 冲击矿压预测的电磁辐射技术及应用 [J]. 煤炭学报, 2004 (4): 396 – 399.

[41] 鞠文君, 潘俊锋. 我国煤矿冲击地压监测预警技术的现状与展望 [J]. 煤矿开采, 2012, 17 (6): 1 – 5.

[42] 齐庆新, 李一哲, 赵善坤, 等. 我国煤矿冲击地压发展 70 年: 理论与技术体系的建立与思考 [J]. 煤炭科学技术, 2019, 47 (9): 1 – 40.

[43] 姜福兴, 曲效成, 于正兴, 等. 冲击地压实时监测预警技术及发展趋势 [J]. 煤炭科学技术, 2011, 39 (2): 59 – 64.

[44] 付东波, 齐庆新, 秦海涛, 等. 采动应力监测系统的设计 [J]. 煤矿开采, 2009, 14 (6): 13 – 16.

[45] 王恩元, 徐文全, 何学秋, 等. 煤岩体应力动态监测系统开发及应用 [J]. 岩石力学与工程学报, 2017, 36 (S2): 3935 – 3942.

[46] 赵本钧. 冲击地压及其防治 [M]. 北京: 煤炭工业出版社, 1995.

[47] 岳立新, 杨全春, 郝志勇. 基于钻杆转速和钻屑量测定煤体应力实验研究 [J]. 机械设计与研究, 2018, 34 (4): 127 – 132, 147.

[48] 徐连满. 煤矿冲击地压钻屑温度检测理论及应用 [D]. 阜新: 辽宁工程技术大学, 2012.

[49] 潘一山, 徐连满, 李国臻, 等. 煤体强度对钻屑温度影响的试验研究 [J]. 煤炭学报, 2012, 37 (3): 463 – 466.

[50] 唐巨鹏, 李卫军, 潘一山, 等. 钻杆直径及钻进速度对钻屑量影响试验研究 [J]. 采矿与安全工程学报, 2019, 36 (1): 166 – 174.

[51] 朱丽媛, 李忠华, 徐连满. 钻屑扭矩法测定煤体应力与煤体强度研究 [J]. 岩土工程学报, 2014, 36 (11): 2096 – 2102.

[52] 窦林名, 蔡武, 巩思园, 等. 冲击危险性动态预测的震动波 CT 技术研究 [J]. 煤炭学报, 2014, 39 (2): 238 – 244.

[53] 王书文, 徐圣集, 蓝航, 等. 震波 CT 技术在采煤工作面的应用研究 [J]. 煤炭科学技术, 2012, 40 (7): 24 – 27, 84.

[54] 王书文, 毛德兵, 杜涛涛, 等. 基于震波 CT 技术的冲击地压危险性评价模型 [J]. 煤炭学报, 2012, 37 (S1): 1 – 6.

[55] 孙刘伟, 鞠文君, 潘俊锋, 等. 基于震波 CT 探测的宽煤柱冲击地压防控技术 [J]. 煤炭学报, 2019, 44 (2): 377 – 383.

[56] 窦林名. 弹性波 CT 透视深部采面冲击危险区研究 [C]. 中国煤炭学会开采专业委员会. 煤炭开采新理论与新技术——中国煤炭学会开采专业委员会 2012 年学术年会论文

集. 中国煤炭学会开采专业委员会：中国煤炭学会，2012：280 – 287.

[57] 张平松，刘盛东，吴荣新. 地震波 CT 技术探测煤层上覆岩层破坏规律 [J]. 岩石力学与工程学报，2004（15）：2510 – 2513.

[58] 许永忠，张爱敏，周明，等. 深部开采地应力异常及陷落柱最小走时层析成像研究 [J]. 中国矿业大学学报，2003（5）：109 – 112.

[59] 王恩元，何学秋，刘贞堂，等. 煤岩动力灾害电磁辐射监测仪及其应用 [J]. 煤炭学报，2003（4）：366 – 369.

[60] 刘金海. 煤矿冲击地压监测预警技术新进展 [J]. 煤炭科学技术，2016，44（6）：71 – 77.

[61] 蓝航，杜涛涛，彭永伟，等. 浅埋深回采工作面冲击地压发生机理及防治 [J]. 煤炭学报，2012，37（10）：1618 – 1623.

[62] 刘少虹，潘俊锋，王洪涛，等. 基于冲击启动过程的近场围岩冲击危险性电磁波 CT 评估方法 [J]. 煤炭学报，2019，44（2）：384 – 396.

[63] 刘少虹，潘俊锋，秦子晗，等. 基于电磁波 CT 探测的掘进工作面冲击危险性评价技术研究 [J]. 岩石力学与工程学报，2017，36（S2）：4093 – 4101.

[64] 窦林名，何学秋. 煤矿冲击矿压的分级预测研究 [J]. 中国矿业大学学报，2007（6）：717 – 722.

[65] 姜福兴，冯宇，刘晔. 采场回采前冲击危险性动态评估方法研究 [J]. 岩石力学与工程学报，2014，33（10）：2101 – 2106.

[66] 蒲文龙，张宏伟，郭守泉. 地质动力区划法在预测矿井动力现象中应用 [J]. 矿山压力与顶板管理，2004（4）：96 – 97，114.

[67] 宋来智，王同旭，何勇，等. 基于可能性指数诊断法的半孤岛工作面冲击危险性评价 [J]. 煤矿安全，2015，46（8）：209 – 211，215.

[68] 雷毅. 冲击危险性评价模型的建立及应用研究 [D]. 北京：煤炭科学研究总院，2005.

[69] 秦子晗. 沿空工作面冲击危险性动态权重评价方法研究 [J]. 煤矿开采，2014，19（1）：87 – 90.

[70] 阿瑟梭尔，康清生. 冲击地压的排除及监测 [J]. 煤矿安全，1983（5）：47 – 53.

[71] 李洪，蒋金泉. 利用复合特征对电磁辐射监测进行模式识别的冲击地压预测研究 [J]. 岩石力学与工程学报，2006（S2）：3775 – 3781.

[72] 吕进国，姜耀东，赵毅鑫，等. 冲击地压层次化监测及其预警方法的研究与应用 [J]. 煤炭学报，2013（7）：1161 – 1167.

[73] 潘俊锋，秦子晗，夏永学，等. 冲击危险性分源权重综合评价方法 [J]，煤炭学报，2015（10）：2327 – 2335.

[74] 姜福兴，姚顺利，魏全德，等. 矿震诱发型冲击地压临场预警机制及应用研究 [J]. 岩石力学与工程学报，2015（S1）：3372 – 3380.

[75] 窦林名，姜耀东，曹安业，等. 煤矿冲击矿压动静载的"应力场 – 震动波场"监测预

警技术 [J]. 岩石力学与工程学报，2016，35（12）：1-9.

[76] 徐林生，王兰生，李天斌. 国内外岩爆研究现状综述 [J]. 长江科学院院报，1999（4）：25-28，39.

[77] 刘炜，宋先月，刘峥，等. 地震活动性的定量化及其在地震中短期预报中的应用 [J]. 地震学刊，1998，12（4）：1-9.

[78] 陆远忠，陈章立，王碧泉，等. 地震预报的地震学方法 [M]. 北京：地震出版社，1985.

[79] 刘正荣. 刘正荣地震预报方法 [M]. 北京：地震出版社，2004.

[80] Spottiswoode S M，MeGarr A. Source Parameters of tremors in a deep-level gold mine [J]. Bull. Seism. Soc. Am. 65，1975：93-112.

[81] 李铁，张建伟，吕毓国，等. 采掘活动与矿震关系 [J]. 煤炭学报，2011（12）：2127-2132.

[82] A. F. Emanov，A. A. Emanov，A. V. Fateev，et al. Mining-induced seismicity at open pit mines in Kuzbass（Bachatsky earthquake on June 18，2013）[J]. Journal of Mining Science，2014，50（2）：224-228.

[83] 杜涛涛. 矿震震动传播与响应规律 [J]. 岩土工程学报，2016，38（12）：1-9.

[84] 蔡武，窦林名，李振雷，等. 矿震震动波速度层析成像评估冲击危险的验证 [J]. 地球物理学报，2016（1）：252-262.

[85] 秦忠诚，刘贝贝，陶雄兵. 采掘诱发断层冲击地压的能量判据及监测 [J]. 煤炭技术，2016（1）：105-108.

[86] 陆菜平，窦林名，吴兴荣，等. 煤岩冲击前兆微震频谱演变规律的试验与实证研究 [J]. 岩石力学与工程学报，2008（3）：519-525.

[87] 姜福兴，尹永明，朱权洁，等. 单事件多通道微震波形的特征提取与联合识别研究 [J]. 煤炭学报，2014，39（2）：229-237.

[88] 吕进国，潘立. 微震预警冲击地压的时间序列方法 [J]. 煤炭学报，2010，35（12）：2002-2005.

[89] 王恩元，刘晓斐，李忠辉，等. 电磁辐射技术在煤岩动力灾害监测预警中的应用 [J]. 辽宁工程技术大学学报（自然科学版），2012，31（5）：642-645.

[90] 潘一山，罗浩，赵扬锋. 电荷感应监测技术在矿山动力灾害中的应用 [J]. 煤炭科学技术，2013，41（9）：29-33，78.

[91] 齐庆新，李首滨，王淑坤. 地音监测技术及其在矿压监测中的应用研究 [J]. 煤炭学报，1994（3）：221-232.

[92] 窦林名，何学秋，BernardDrzezls. 冲击矿压危险性评价的地音法 [J]. 中国矿业大学学报，2000（1）：85-88.

[93] 贺虎，窦林名，巩思园，等. 冲击矿压的声发射监测技术研究 [J]. 岩土力学，2011，32（4）：1262-1268.

[94] 陆闯，夏永学，李岩，等. 基于滑动时步和预警阈值的双参数地音预警模型研究 [J].
煤矿开采，2019，24（1）：104 – 109.

[95] 王平，姜福兴，王存文，等. 冲击地压的应力增量预报方法 [J]. 煤炭学报，2010，35
（S1）：5 – 9.

[96] 王书文，毛德兵，潘俊锋，等. 基于煤层围岩波速结构探测的工作面冲击危险性预评价
技术 [J]. 岩石力学与工程学报，2014，33（S2）：3847 – 3855.

[97] 章梦涛，赵本钧，徐曾和，等. 钻屑法在估测松碎岩体应力中的应用 [J]. 阜新矿业
学院学报，1988（1）：1 – 8.

[98] 陆振裕，窦林名，徐学锋，等. 钻屑法探测巷道围岩应力及预测冲击危险新探究 [J].
煤炭工程，2011（1）：72 – 74.

[99] 曲效成，姜福兴，于正兴，等. 基于当量钻屑法的冲击地压监测预警技术研究及应用
[J]. 岩石力学与工程学报，2011，30（11）：2346 – 2351.

[100] 唐宝庆，曹平. 回归分析法在建立岩爆数学模型上的应用 [J]. 数学理论与应用，
2003（2）：37 – 42.

[101] 杨凯，陈建宏. 基于主成分分析与 BP 神经网络的冲击地压预测 [J]. 广西大学学报
（自然科学版），2012，37（5）：997 – 1003.

[102] 尹光志，谭钦文，魏作安. 基于混沌优化神经网络的冲击地压预测模型 [J]. 煤炭学
报，2008（8）：871 – 875.

[103] 朱栋，王恩元，马衍坤，等. 灰色理论在冲击地压预测中的应用 [J]. 煤矿安全，
2009，40（10）：45 – 47.

[104] 蒋金泉，李洪. 基于混沌时序预测方法的冲击地压预测研究 [J]. 岩石力学与工程学
报，2006（5）：889 – 895.

[105] 潘岳，刘英，顾善发. 矿井断层冲击地压的折迭突变模型 [J]. 岩石力学与工程学
报，2001（1）：43 – 48.

[106] 夏永学，蓝航，魏向志. 基于微震和地音监测的冲击危险性综合评价技术研究 [J].
煤炭学报，2011，36（S2）：358 – 364.

[107] 王存文. 基于微震监测和应力实时监测系统的冲击地压发生机理和预警方法 [C]. 中
国科学技术协会学会学术部. 新观点新学说学术沙龙文集 51：岩爆机理探索. 中国科
学技术协会学会学术部：中国科学技术协会学会学术部，2010：147 – 160，177 – 178.

[108] 杨威. 煤岩变形破裂电磁和微震信号关联响应机理及特征研究 [D]. 北京：中国矿业
大学（北京），2014.

[109] 潘俊锋，秦子晗，夏永学，等. 冲击地压危险性预评价与实践 [J]. 煤炭工程，2011
（10）：83 – 86.

[110] 王书文，冯美华. 观测系统对回采工作面震波 CT 成像质量影响规律研究 [J]. 中国
煤炭，2017，43（10）：33 – 38，59.

[111] 陈颙. 声发射技术在岩石力学研究中的应用 [J]. 地球物理学报，1977（4）：

312 – 322.

[112] 夏永学，冯美华，李浩荡. 冲击地压地球物理监测方法研究 [J]. 煤炭科学技术，2018，46（12）：54 – 60.

[113] 潘俊锋，秦子晗，王书文，等. 冲击危险性分源权重综合评价方法 [J]. 煤炭学报，2015，40（10）：2327 – 2335.

[114] 杨金艳，江曾杰，陈伟. 稳健统计与格拉布斯准则在能力验证结果分析中的应用 [J]. 计量学报，2018，39（6）：862 – 867.

[115] 张学昌，高学军. 基于小波包的点云数据平滑处理 [J]. 机械设计，2008，25（12）：11 – 14.

[116] 白燕燕，胡晓霞. 数字滤波在语音信号降噪中的应用 [J]. 电子测试，2019（17）：12 – 14，28.

[117] 潘一山，李忠华，章梦涛. 我国冲击地压分布、类型、机理及防治研究 [J]. 岩石力学与工程学报，2003（11）：1844 – 1851.

[118] 夏永学. 不同冲击启动类型的地音前兆信息识别 [J]. 中国煤炭，2015，41（3）：49 – 53.

[119] 潘俊锋. 煤矿冲击地压启动理论及其成套技术体系研究 [J]. 煤炭学报，2019，44（1）：173 – 182.

[120] 许红杰，夏永学，蓝航，等. 微震活动规律及其在煤矿开采中的应用 [J]. 煤矿开采，2012，17（2）：93 – 95，16.

[121] 潘俊锋，张寅，夏永学，等. 基于地球物理响应的冲击地压危险源辨识研究 [J]. 煤炭工程，2012（1）：96 – 98，101.

[122] 任雪梅. 地震区划中 b 值统计的若干问题研究 [D]. 北京：中国地震局地球物理研究所，2011.

[123] 夏永学，康立军，齐庆新，等. 基于微震监测的 5 个指标及其在冲击地压预测中的应用 [J]. 煤炭学报，2010，35（12）：2011 – 2016.

[124] 赵得秀. 地震探源与地震预报 [M]. 西安：西北工业大学出版社，2007.

[125] 李志雄，陶本藻，A. V. Ponomarev. 基于岩石声发射实验结果探讨地震活动状态变化的预测意义 [J]. 中国地震，2007，27（3）：10 – 18.

[126] 朱传镇，王琳瑛. 前震活动特征及其识别的研究 [J]. 地球物理学报，1996，39（1）：80 – 88.

[127] 张国民，李丽，焦明若. 我国地震预报研究近十年的发展与展望 [J]. 地球物理学报，1997（S1）：3321 – 3324.

[128] 王林瑛，陈学忠，朱传镇，等. 地震活动性总体参量 Rt 及其在地震预测中应用的研究 [J]. 地震，2006，26（2）：54 – 65.

[129] 吴佳翼，曹学锋. 全球地震活动性的定量研究（二）：1964 至 1983 年全球 6 级以上地震活动的分析 [J]. 地震，1987，12（3）：146 – 168.

［130］吕悦军，陆远忠，郑月军. 用算法复杂性分析地震活动演化特征［J］. 地震，1997（1）：25-33.

［131］常明，罗龙，罗国富. 2015 年 4 月 15 日内蒙古阿拉善左旗 5.8 级地震前地震活动度 S 时空扫描计算（修改稿）［J/OL］. 防灾减灾学报，2019（4）［2020-01-05］.

［132］罗兰格，侯建明. 地震活动性的标度［J］. 地震，1987（6）：40-45.

［133］刘桂平，李闽峰，李圣强，等. 利用并行计算方法实现地震活动速率变化参数 Z 值的空间扫描处理及其计算效能评价［J］. 地震，2009，29（4）：131-138.

［134］潘立友. 冲击地压前兆信息的可识别性研究及应用［D］. 青岛：山东科技大学，2003.

［135］Dempster A P. Upper and low probabilities induced by a multi-valued mapping［J］. Annuals of Mathematical statistics，1967，38（2）：325-339.

［136］Shafer G. Amathematical theory of evidence［M］. Princeton：Princeton University Press，1976.

［137］张英梅，程珍珍. D-S 证据理论在煤矿水害预测中的应用［J］. 太原理工大学学报，2008（6）：589-591.

［138］韩进，施龙青，翟培合，等. 多属性决策及 D-S 证据理论在底板突水决策中的应用［J］. 岩石力学与工程学报，2009，28（S2）：3727-3732.

［139］韩立岩，周芳. 基于 D-S 证据理论的知识融合及其应用［J］. 北京航空航天大学学报，2006（1）：65-68，73.

［140］马志刚，张文栋，王红亮. D-S 改进算法在数据融合中的应用［J］. 微计算机信息，2007（3）：194-195，193.

［141］陈炜军，景占荣，袁芳菲，等. D-S 证据理论的不足及其数学修正［J］. 中北大学学报（自然科学版），2010，31（2）：161-168.

［142］Zadeh L. A. Review of a mathematical theory of evidence［J］. AI Magazine，1984，5（3）：81-83

［143］Yager R R. On the D-S framework and new combination rules［J］. Information Sciences，1987，41（2）：93-138.

［144］谢和平. "深部岩体力学与开采理论"研究构想与预期成果展望［J］. 工程科学与技术，2017，49（2）：1-16.

［145］潘俊锋，刘少虹，马文涛，等. 深部冲击地压智能防控方法与发展路径［J］. 工矿自动化，2019，45（8）：19-24.

［146］康红普，王国法，姜鹏飞，等. 煤矿千米深井围岩控制及智能开采技术构想［J］. 煤炭学报，2018，43（7）：1789-1800.

［147］王国法. 煤矿综采自动化成套技术与装备创新和发展［J］. 煤炭科学技术，2013，41（11）：1-5.

［148］王虹. 综采工作面智能化关键技术研究现状与发展方向［J］. 煤炭科学技术，2014，

42（1）：60－64.

［149］王国法，杜毅博，任怀伟，等. 智能化煤矿顶层设计研究与实践［J］. 煤炭学报，
2020，45（6）：1909－1924.

［150］夏永学. 冲击地压动－静态评估方法及综合预警模型研究［D］. 北京：煤炭科学研究
总院，2020.

［151］毛善君，刘孝孔，雷小锋，等. 智能矿井安全生产大数据集成分析平台及其应用
［J］. 煤炭科学技术，2018，46（12）：169－176.

［152］杜毅博，赵国瑞，巩师鑫. 智能化煤矿大数据平台架构及数据处理关键技术研究
［J］. 煤炭科学技术，2020，48（7）：177－185.

［153］王国法，庞义辉，任怀伟，等. 煤炭安全高效综采理论、技术与装备的创新和实践
［J］. 煤炭学报，2018，43（4）：903－913.

［154］祁和刚，夏永学，陆闯，等. 冲击地压矿井智能化防冲控采技术的思考［J］. 煤炭科
学技术，2022，50（1）：151－158.

［155］夏永学，冯美华，王书文，等. 基于理论和现场探测相结合的冲击危险性评价方法
［J］. 采矿与岩层控制工程学报. 2021，3（4）：112－119.

［156］夏永学，陆闯，冯美华. 基于改进 D－S 证据理论的冲击地压预警方法［J］. 地下空间
与工程学报. 2022，18（4）：82－1088.

［157］陆闯，王元杰，陈法兵，等. 基于地音监测技术的多类型冲击地压前兆特征研究［J］.
采矿与岩层控制工程学报，2023，5（1）：89－97.